CAD/CAM/CAE 微视频讲解大系

ANSYS Workbench 17.0
有限元分析从入门到精通
（实战案例版）

天工在线　编著

U0281067

中国水利水电出版社
www.waterpub.com.cn

·北　京·

内 容 提 要

《ANSYS Workbench 17.0 有限元分析从入门到精通（实战案例版）》是一本 ANSYS Workbench 视频教程，也是一本 ANSYS Workbench 网格划分教程，以 17.0 版本为依据，对 ANSYS Workbench 分析的基本思路、操作步骤、应用技巧进行了详细介绍，并结合典型工程应用实例详细讲述了 ANSYS Workbench 的具体工程应用方法。

《ANSYS Workbench 17.0 有限元分析从入门到精通（实战案例版）》前 9 章为操作基础，详细介绍了 ANSYS Workbench 分析全流程的基本步骤和方法，具体内容包括 ANSYS Workbench 17.0 基础、项目管理、DesignModeler 图形用户界面、草图模式、三维特征、高级三维建模、概念建模、一般网格控制和 Mechanical 简介。后 9 章为专题实例，按不同的分析专题讲解了各种分析专题的参数设置方法与技巧，具体内容包括静力结构分析、模态分析、随机振动分析、屈曲分析、谐响应分析、响应谱分析、结构非线性分析、热分析和优化设计。基础知识和专题案例相结合，知识掌握更容易，学习更有目的性。

《ANSYS Workbench 17.0 有限元分析从入门到精通（实战案例版）》适用于 ANSYS 软件的初中级用户，以及有初步使用经验的技术人员；本书可作为理工科院校相关专业的高年级本科生、研究生及教师学习 ANSYS 软件的教材，也可作为从事结构分析相关行业的工程技术人员使用 ANSYS 软件的参考书。

图书在版编目（CIP）数据

ANSYS Workbench 17.0有限元分析从入门到精通 ：
实战案例版 / 天工在线编著. -- 北京 ： 中国水利水电
出版社，2018.1（2018.8重印）
（CAD/CAM/CAE微视频讲解大系）
ISBN 978-7-5170-5703-1

Ⅰ．①A… Ⅱ．①天… Ⅲ．①有限元分析—应用软件
Ⅳ．①O241.82-39

中国版本图书馆CIP数据核字(2017)第185453号

丛 书 名	CAD/CAM/CAE 微视频讲解大系
书 名	ANSYS Workbench 17.0 有限元分析从入门到精通（实战案例版） ANSYS Workbench 17.0 YOUXIANYUAN FENXI CONG RUMEN DAO JINGTONG (SHIZHAN ANLI BAN)
作 者	天工在线 编著
出版发行	中国水利水电出版社 （北京市海淀区玉渊潭南路 1 号 D 座　100038） 网址：www.waterpub.com.cn E-mail：zhiboshangshu@163.com 电话：（010）62572966-2205/2266/2201（营销中心）
经 售	北京科水图书销售中心（零售） 电话：（010）88383994、63202643、68545874 全国各地新华书店和相关出版物销售网点
排 版	北京智博尚书文化传媒有限公司
印 刷	三河市龙大印装有限公司
规 格	203mm×260mm　16 开本　25 印张　570 千字　4 插页
版 次	2018 年 1 月第 1 版　2018 年 8 月第 2 次印刷
印 数	3001—6000 册
定 价	79.80 元

凡购买我社图书，如有缺页、倒页、脱页的，本社营销中心负责调换

联轴器

桥梁模型

托架

轴装配体

档杆防尘套装配

基座基体

齿轮泵基座

传动装配体基座

机盖壳体

机盖模型

升降架

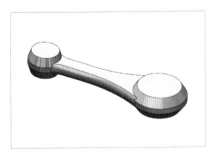

连杆基体

ANSYS Workbench 17.0有限元分析
从入门到精通（实战案例版）
本书部分案例

Try your best
Never underestimate your power to change yourself!

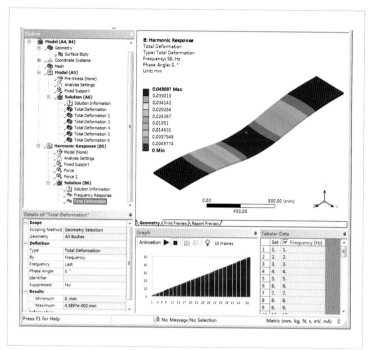

■ 固定梁总变形

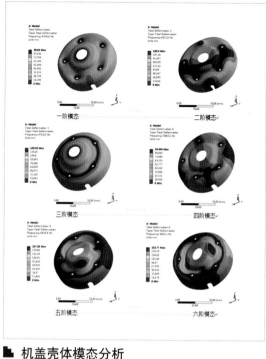

■ 机盖壳体模态分析

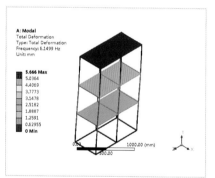

■ 三层框架结构一阶模态

三层框架结构二阶模态

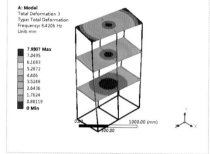

■ 三层框架结构三阶模态

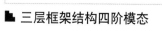

■ 三层框架结构四阶模态

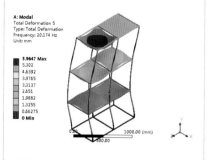

■ 三层框架结构五阶模态

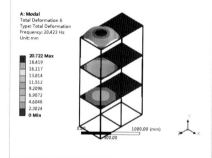

■ 三层框架结构六阶模态

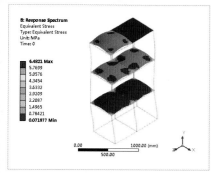

三层框架结构等效应力云图

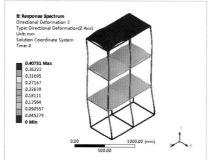

三层框架结构Z方向位移云图

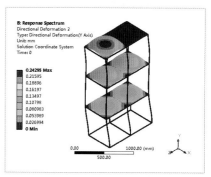

三层框架结构Y方向位移云图

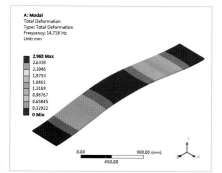

固定梁一阶模态

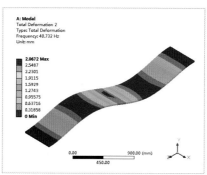

固定梁二阶模态

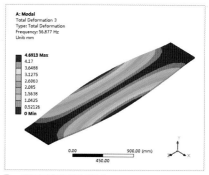

固定梁三阶模态

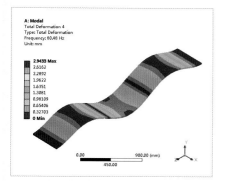

固定梁四阶模态

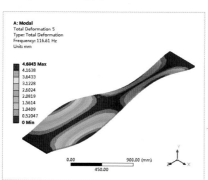

固定梁五阶模态

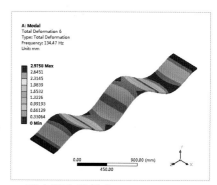

固定梁六阶模态

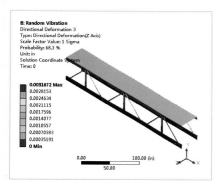

桥梁模型Z方向位移云图

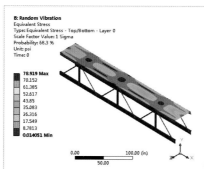

桥梁模型等效应力云图

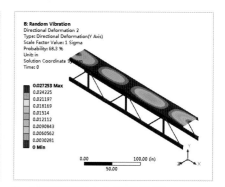

桥梁模型Y方向位移云图

ANSYS Workbench 17.0有限元分析
从入门到精通（实战案例版）

本书部分案例

Try your best
Never underestimate your power to change yourself!

■ 齿轮泵基座总热通量结果

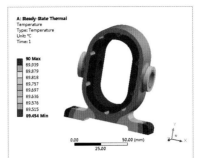

■ 齿轮泵基座温度结果

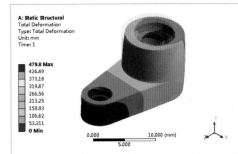

■ 联轴器静力分析

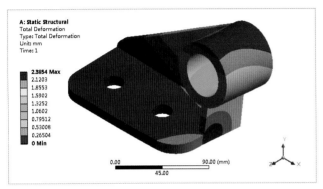

■ 托架总位移云图

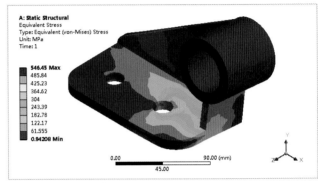

■ 托架应力云图

■ 传动装配体基座总热通量结果

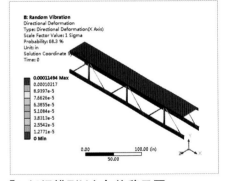

■ 传动装配体基座温度结果

■ 桥梁模型X方向位移云图

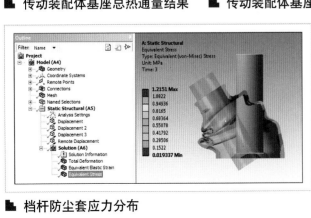

■ 档杆防尘套应力分布

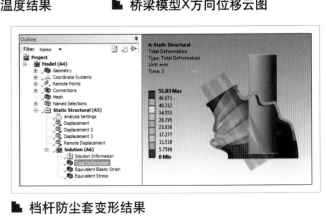

■ 档杆防尘套变形结果

Try your best
Never underestimate your power to change yourself!

ANSYS Workbench 17.0有限元分析
从入门到精通（实战案例版）

本书部分案例

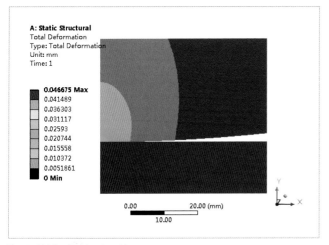

■ 刚性接触总变形结果

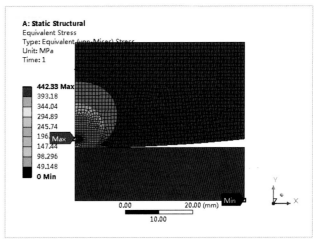

■ 刚性接触应力分布

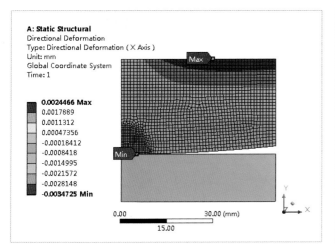

■ 刚性接触定向应变分布

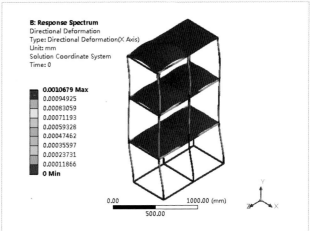

■ 三层框架结构X方向位移云图

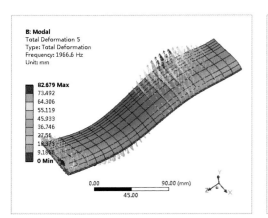

■ 机翼矢量图

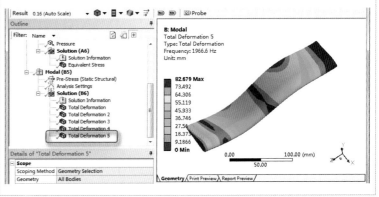

■ 机翼模态

ANSYS Workbench 17.0有限元分析
从入门到精通（实战案例版）

本书部分案例

Try your best
Never underestimate your power to change yourself!

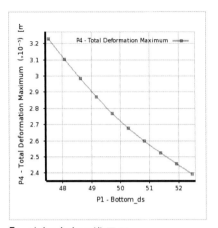

■ 连杆响应二维显示

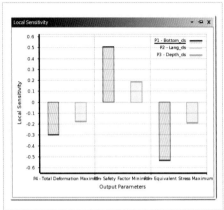

■ 连杆局部灵敏度图

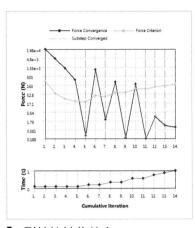

■ 刚性接触收敛力

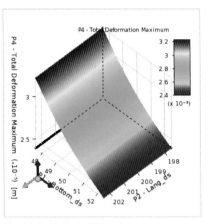

■ 连杆响应三维显示

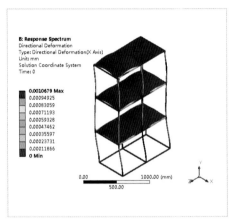

■ 三层框架结构X方向位移云图

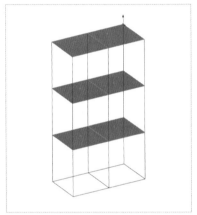

■ 三层框架结构

■ 连杆静力分析

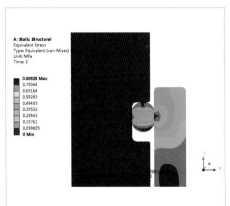

■ O形密封圈应力分布

■ 基座基体位移

前　言

Preface

有限元分析（FEA，Finite Element Analysis）是指利用数学近似的方法对真实物理系统进行模拟。利用简单而又相互作用的元素（即单元），就可以用有限数量的未知量去逼近无限未知量的真实系统。有限元分析可分成前置处理、计算求解和后置处理 3 个阶段，其中前置处理主要是建立有限元模型，完成单元网格划分；计算求解是通过各种方法对划分的单元网格进行求解计算，而网格划分决定着计算结果的精确程度；后置处理则是采集处理分析结果，使用户能够快速方便地提取信息，了解计算结果。

随着计算机技术的迅速发展，在工程领域中，有限元分析越来越多地用于仿真模拟，来求解真实的工程问题。由此也产生了一批非常成熟的通用和专业有限元商业软件。ANSYS 软件是由美国 ANSYS 开发，是融结构、流体、电场、磁场、声场分析于一体的大型通用有限元分析软件，能与多数 CAD 软件接口（如 Pro/Engineer），实现数据的共享和交换，是现代产品设计中的高级 CAE 工具之一。

Workbench 是 ANSYS 公司开发的新一代协同仿真环境，与传统 ANSYS 相比较，Workbench 有利于协同仿真、项目管理，可以进行双向的参数传输，具有复杂装配件接触关系的自动识别、接触建模功能，可对复杂的几何模型进行高质量的网格处理，自带可定制的工程材料数据库，方便操作者进行编辑、应用，支持所有 ANSYS 的有限元分析功能。

本书特点

➷　内容合理，适合自学

本书以 ANSYS Workbench 17.0 版本为基础，以初学者为主，并充分考虑到初学者的特点，对 ANSYS Workbench 分析的基本思路、操作步骤、应用技巧进行了详细介绍，由浅入深，循序渐进，能引领读者快速入门，并结合典型工程应用实例详细讲述了 ANSYS Workbench 的具体工程应用方法。在知识点上不求面面俱到，但求够用，学好本书，能满足实际设计工作中需要的所有技术。

➷　视频讲解，通俗易懂

为了提高学习效率，本书中的大部分实例都录制了教学视频。视频录制时采用模仿实际授课的形式，在各知识点的关键处给出解释、提醒和需注意事项，专业知识和经验的提炼，让你高效学习的同时，更多体会有限元分析的乐趣。

➷　内容全面，实例丰富

本书在有限的篇幅内，包罗了 ANSYS Workbench 17.0 常用的全部功能讲解，其中前 9 章为操作基础，详细介绍了 ANSYS Workbench 分析全流程的基本步骤和方法，包括 ANSYS Workbench 17.0

基础、建立模型、网格划分和 Mechanical 基础；后 9 章为专题实例，按不同的分析专题讲解了静力结构分析、模态分析、谐响应分析、响应谱分析、随机振动分析、热分析、线性屈曲分析、结构非线性分析和优化设计的参数设置方法与技巧。全书包含大小 30 多个实例，让读者在学习案例的过程中潜移默化地掌握 ANSYS Workbench 软件操作技巧。

本书显著特色

➥ **体验好，随时随地学习**

二维码扫一扫，随时随地看视频。书中大部分实例都提供了二维码，读者朋友可以通过手机微信扫一扫，随时随地看相关的教学视频。（若个别手机不能播放，请参考前言中介绍的方式下载后在电脑上观看）

➥ **实例覆盖范围广，用实例学习更高效**

案例覆盖范围广泛，边做边学更快捷。本书实例覆盖 8 大分析类型，跟着实例去学习，边学边做，从做中学，可以使学习更深入、更高效。

➥ **入门易，全力为初学者着想**

遵循学习规律，入门实战相结合。编写模式采用基础知识+实例的形式，内容由浅入深，循序渐进，入门与实战相结合。

➥ **服务快，让你学习无后顾之忧**

提供 QQ 群在线服务，随时随地可交流。提供公众号、网站下载等多渠道贴心服务。

✍ 说明：

本书提供所有实例的源文件、素材文件，以及相关的视频文件，用户可通过下面的方法下载后使用或观看。

（1）读者朋友可以加入下面的微信公众号下载资源或咨询本书的任何问题。

（2）读者可加入 QQ 群 814596227（若群满，会创建新群，请注意加群时的提示），作者在线提供本书学习指导、疑难问题解答等一系列后续服务，让读者无障碍地快速学习本书。

（3）登录网站 xue.bookln.cn，输入书名，搜索到本书后下载。

（4）如果在图书写作上有好的建议，可将您的意见或建议发送至邮箱 945694286@qq.com，我们将根据您的意见或建议在后续图书中酌情调整，以更方便读者学习。

◀᠉ **注意：**

按照本书上的实例进行操作练习，以及使用 ANSYS Workbench 17.0 进行分析，需要事先在电脑上安装 ANSYS Workbench 17.0 软件。"ANSYS Workbench 17.0"安装软件可以登录 ANSYS 官方网站联系购买正版软件，或者使用其试用版。另外，当地电脑城、软件经销商一般有售。

关于作者

本书由天工在线组织编写。天工在线是一个 CAD/CAM/CAE 技术研讨、工程开发、培训咨询和图书创作的工程技术人员协作联盟，包含 40 多位专职和众多兼职 CAD/CAM/CAE 工程技术专家。

天工在线负责人由 Autodesk 中国认证考试中心首席专家担任，全面负责 Autodesk 中国官方认证考试大纲制定、题库建设、技术咨询和师资力量培训工作，成员精通 Autodesk 系列软件。其创作的很多教材成为国内具有引导性的旗帜作品，在国内相关专业方向图书创作领域具有举足轻重的地位。

本书具体编写人员有张亭、秦志霞、井晓翠、解江坤、闫国超、吴秋彦、康士廷、毛瑢、王玮、王艳池、王培合、王义发、王玉秋、张红松、王佩楷、陈晓鸽、张日晶、左昉、禹飞舟、杨肖、吕波、李瑞、贾燕、刘建英、薄亚、方月、刘浪、穆礼渊、张俊生、郑传文、韩冬梅、卢园、杨雪静、孟培、闫聪聪、李兵、甘勤涛、孙立明、李亚莉、王敏、宫鹏涵、左昉、李谨、李瑞、张秀辉等，对他们的付出表示真诚的感谢。

致谢

本书能够顺利出版，是作者、编辑和所有审校人员共同努力的结果，在此表示深深地感谢。同时，祝福所有读者在通往优秀工程师的道路上一帆风顺。

编　者

目　录

Contents

第 1 章　ANSYS Workbench 17.0 基础

内容简介

本章首先介绍 CAE 技术及相关基础知识，并由此引出 ANSYS Workbench，详细讲述了其功能特点以及 ANSYS Workbench 17.0 程序结构和分析基本流程。

本章提纲挈领地介绍了 ANSYS Workbench 17.0 的基础知识，主要目的是让读者对 ANSYS Workbench 17.0 有一个感性认识。

内容要点

- ➷ CAE 软件简介
- ➷ 有限元法简介
- ➷ ANSYS 简介
- ➷ ANSYS Workbench 概述
- ➷ ANSYS Workbench 分析的基本过程
- ➷ ANSYS Workbench 17.0 的设计流程
- ➷ ANSYS Workbench 17.0 系统要求和启动
- ➷ ANSYS Workbench 17.0 的界面

案例效果

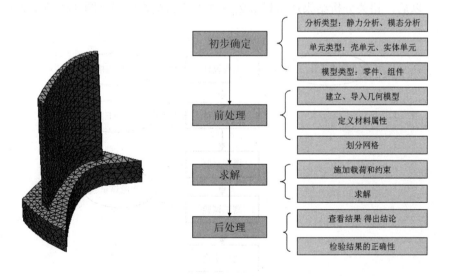

1.1　CAE 软件简介

由图 1-1 可以发现，在传统产品设计中，各项产品测试皆在设计流程后期方能进行。因此，一旦发生问题，除了必须付出设计成本，相关前置作业也需改动；而且发现问题越晚，重新设计所付出的成本将会越高，若影响交货期或产品形象，损失更是难以估计。为了避免此情形的发生，预期评估产品的特质便成为设计人员的重要课题。

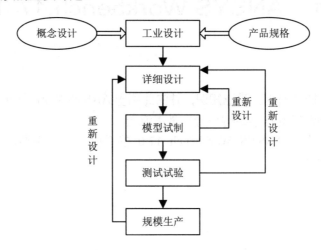

图 1-1　传统产品设计流程图

计算力学、计算数学、工程管理学特别是信息技术的飞速发展极大地推动了相关产业和学科研究的进步。有限元、有限体积及差分等方法与计算机技术相结合，诞生了新兴的跨专业和跨行业的学科。CAE 作为一种新兴的数值模拟分析技术，越来越受到工程技术人员的重视。

在产品开发过程中引入 CAE 技术后，在产品尚未批量生产之前，不仅能协助工程人员作产品设计，更可以在争取订单时，作为一种强有力的工具协助营销人员及管理人员与客户沟通；在批量生产阶段，可以协助工程技术人员在重新更改时，找出问题发生的起点。

在批量生产以后，相关分析结果还可以成为下次设计的重要依据。图 1-2 所示为引入 CAE 后产品设计流程图。

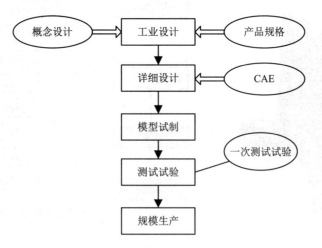

图 1-2　引入 CAE 后产品设计流程图

以电子产品为例，80%的电子产品都来自于高速撞击，研究人员往往耗费大量的时间和成本，针对产品做相关的质量试验，最常见的如落下与冲击试验，这些不仅耗费了大量的研发时间和成本，而且试验本身也存在很多缺陷，表现在：

➥　试验发生的历程很短，很难观察试验过程的现象。

➥　测试条件难以控制，试验的重复性很差。

➥　试验时很难测量产品内部特性和观察内部现象。

➥　一般只能得到试验结果，而无法观察试验原因。

引入 CAE 后可以在产品开模之前，透过相应软件对电子产品模拟自由落下试验（Free Drop Test）、模拟冲击试验（Shock Test）以及应力应变分析、振动仿真、温度分布分析等求得设计的最佳解，进而为一次试验甚至无试验可使产品通过测试规范提供了可能。

CAE 重要性：

（1）CAE 本身就可以看作一种基本试验。计算机计算弹体的侵彻与炸药爆炸过程以及各种非线性波的相互作用等问题，实际上是求解含有很多线性与非线性的偏微分方程、积分方程以及代数方程等的耦合方程组。利用解析方法求解爆炸力学问题是非常困难的，一般只能考虑一些很简单的问题。利用试验方法费用昂贵，还只能表征初始状态和最终状态，中间过程无法得知，因而也无法帮助研究人员了解问题的实质。而数值模拟在某种意义上比理论与试验对问题的认识更为深刻、更为细致，不仅可以了解问题的结果，而且可随时连续动态地、重复地显示事物的发展，了解其整体与局部的细致过程。

（2）CAE 可以直观地显示目前还不易观测到的、说不清楚的一些现象，容易为人理解和分析；还可以显示任何试验都无法看到的、发生在结构内部的一些物理现象。如弹性体在不均匀介质侵彻过程中的受力和偏转；爆炸波在介质中的传播过程和地下结构的破坏过程。同时，数值模拟可以替代一些危险、昂贵的甚至是难于实施的试验，如核反应堆的爆炸事故、核爆炸的过程与效应等。

（3）CAE 促进了试验的发展，对试验方案的科学制定、试验过程中测点的最佳位置、仪表量程等的确定提供更可靠的理论指导。侵彻、爆炸试验费用是昂贵的，并存在一定危险，因此数值模拟不但有很大的经济效益，而且可以加速理论、试验研究的进程。

（4）一次投资，长期受益。虽然数值模拟大型软件系统的研制需要花费相当多的经费和人力资源，但和试验相比，数值模拟软件可以进行复制移植、重复利用，并可进行适当修改而满足不同情况的需求。据相关统计数据显示，应用 CAE 技术后，开发期的费用占开发成本的比例从 80%～90% 下降到 8%～12%。

1.2　有限元法简介

有限元的基本概念：把一个原来是连续的物体划分为有限个单元，这些单元通过有限个节点相互连接，承受与实际载荷等效的节点载荷，并根据力的平衡条件进行分析，然后根据变形协调条件把这些单元重新组合成能够整体进行综合求解。有限元法的基本思想是离散化。

1.2.1　有限元法的基本思想

在工程或物理问题的数学模型（基本变量、基本方程、求解域和边界条件等）确定以后，有限元法作为对其进行分析的数值计算方法的基本思想可简单概括为如下 3 点。

（1）将一个表示结构或连续体的求解域离散为若干个子域（单元），并通过它们边界上的节点相互连接为一个组合体，如图 1-3 所示。

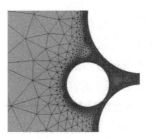

图1-3　有限元法单元划分示意图

（2）用每个单元内所假设的近似函数来分片地表示全求解域内待求解的未知场变量。而每个单元内的近似函数由未知场函数（或其导数）在单元各个节点上的数值和与其对应的插值函数来表达。由于在连接相邻单元的节点上，场函数具有相同的数值，因而将它们作为数值求解的基本未知量。这样一来，求解原待求场函数的无穷多自由度问题转换为求解场函数节点值的有限自由度问题。

（3）通过和原问题数学模型（如基本方程、边界条件等）等效的变分原理或加权余量法，建立求解基本未知量（场函数节点值）的代数方程组或常微分方程组。此方程组成为有限元求解方程，并表示成规范化的矩阵形式，接着用相应的数值方法求解该方程，从而得到原问题的解答。

1.2.2　有限元法的特点

（1）对于复杂几何构形的适应性：由于单元在空间上可以是一维、二维或三维的，而且每一种单元可以有不同的形状，同时各种单元可以采用不同的连接方式，所以，实际工程中遇到的非常复杂的结构或构造都可以离散为由单元组合体表示的有限元模型。图1-4所示为一个三维实体的单元划分模型。

（2）对于各种物理问题的适用性：由于用单元内近似函数分片地表示全求解域的未知场函数，并未限制场函数所满足的方程形式，也未限制各个单元所对应的方程必须有相同的形式，因此它适用于各种物理问题，例如线弹性问题、弹塑性问题、粘弹性问题、动力问题、屈曲问题、流体力学问题、热传导问题、声学问题、电磁场问题等，而且还可以用于各种物理现象相互耦合的问题。图1-5所示为一个热应力问题。

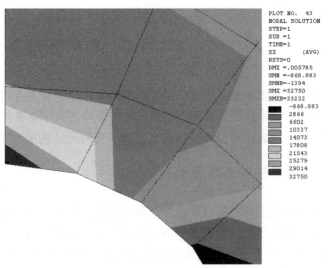

图1-4　三维实体的单元划分模型　　　　　图1-5　热应力问题

（3）建立于严格理论基础上的可靠性：因为用于建立有限元方程的变分原理或加权余量法在数学上已证明是微分方程和边界条件的等效积分形式，所以只要原问题的数学模型是正确的，同时用来求解有限元方程的数值算法是稳定可靠的，则随着单元数目的增加（即单元尺寸的缩小）或者是随着单元自由度数的增加（即插值函数阶次的提高），有限元解的近似程度不断地被改进。如果单元是满足收敛准则的，则近似解最后收敛于原数学模型的精确解。

（4）适合计算机实现的高效性：由于有限元分析的各个步骤可以表达成规范化的矩阵形式，最后导致求解方程可以统一为标准的矩阵代数问题，特别适合计算机的编程和执行。随着计算机硬件技术的高速发展以及新的数值算法的不断出现，大型复杂问题的有限元分析已成为工程技术领域的常规工作。

1.3　ANSYS 简介

ANSYS 软件是融合结构、热、流体、电磁、声学于一体的大型通用有限元分析软件，可广泛用于核工业、铁道、石油化工、航空航天、机械制造、能源、汽车交通、国防军工、电子、土木工程、造船、生物医学、轻工、地矿、水利、日用家电等一般工业及科学研究。该软件可在大多数计算机及操作系统中运行，从 PC 到工作站到巨型计算机，ANSYS 文件在其所有的产品系列和工作平台上均兼容。ANSYS 多物理场耦合的功能，允许在同一模型上进行各式各样的耦合计算成本，如：热-结构耦合、磁-结构耦合以及电-磁-流体-热耦合，在 PC 上生成的模型同样可运行于巨型机上，这样就确保了 ANSYS 对多领域多变工程问题的求解。

1.3.1　ANSYS 的发展

ANSYS 能与多数 CAD 软件结合使用，实现数据共享和交换，如 AutoCAD、I-DEAS、Pro/Engineer、NASTRAN、Alogor 等，是现代产品设计中的高级 CAD 工具之一。

ANSYS 软件提供了一个不断改进的功能清单，具体包括：结构高度非线性分析、电磁分析、计算流体力学分析、设计优化、接触分析、自适应网格划分、大应变/有限转动功能以及利用 ANSYS 参数设计语言（APDL）的扩展宏命令功能。基于 Motif 的菜单系统使用户能够通过对话框、下拉式菜单和子菜单进行数据输入和功能选择，为用户使用 ANSYS 提供"导航"。

1.3.2　ANSYS 的功能

1. 结构分析

- 静力分析：用于静态载荷。可以考虑结构的线性及非线性行为，如大变形、大应变、应力刚化、接触、塑性、超弹性及蠕变等。
- 模态分析：计算线性结构的自振频率及振形，谱分析是模态分析的扩展，用于计算由随机振动引起的结构应力和应变（也叫做响应谱或 PSD）。
- 谐响应分析：确定线性结构对随时间按正弦曲线变化的载荷的响应。
- 瞬态动力学分析：确定结构对随时间任意变化的载荷的响应。可以考虑与静力分析相同的结构非线性行为。
- 特征屈曲分析：用于计算线性屈曲载荷并确定屈曲模态形状（结合瞬态动力学分析可以实现非线性屈曲分析）。

➥ 专项分析：断裂分析、复合材料分析、疲劳分析。

专项分析用于模拟非常大的变形，惯性力占支配地位，并考虑所有的非线性行为。它的显式方程求解冲击、碰撞、快速成型等问题，是目前求解这类问题最有效的方法。

2．ANSYS 热分析

热分析一般不是单独的，其后往往进行结构分析，计算由于热膨胀或收缩不均匀引起的应力。热分析包括以下类型。

➥ 相变（熔化及凝固）：金属合金在温度变化时的相变，如铁合金中马氏体与奥氏体的转变。

➥ 内热源（如电阻发热等）：存在热源问题，如加热炉中对试件进行加热。

➥ 热传导：热传递的一种方式，当相接触的两物体存在温度差时发生。

➥ 热对流：热传递的一种方式，当存在流体、气体和温度差时发生。

➥ 热辐射：热传递的一种方式，只要存在温度差时就会发生，可以在真空中进行。

3．ANSYS 电磁分析

电磁分析中考虑的物理量是磁通量密度、磁场密度、磁力、磁力矩、阻抗、电感、涡流、耗能及磁通量泄漏等。磁场可由电流、永磁体、外加磁场等产生。磁场分析包括以下类型。

➥ 静磁场分析：计算直流电（DC）或永磁体产生的磁场。

➥ 交变磁场分析：计算由于交流电（AC）产生的磁场。

➥ 瞬态磁场分析：计算随时间随机变化的电流或外界引起的磁场。

➥ 电场分析：用于计算电阻或电容系统的电场。典型的物理量有电流密度、电荷密度、电场及电阻热等。

➥ 高频电磁场分析：用于微波及 RF 无源组件，波导、雷达系统、同轴连接器等。

4．ANSYS 流体分析

流体分析主要用于确定流体的流动及热行为。流体分析包括以下类型。

➥ CFD（Coupling Fluid Dynamic，耦合流体动力）：ANSYS/FLOTRAN 提供强大的计算流体动力学分析功能，包括不可压缩或可压缩流体、层流及湍流以及多组分流等。

➥ 声学分析：考虑流体介质与周围固体的相互作用，进行声波传递或水下结构的动力学分析等。

➥ 容器内流体分析：考虑容器内的非流动流体的影响。可以确定由于晃动引起的静力压力。

➥ 流体动力学耦合分析：在考虑流体约束质量的动力响应基础上，在结构动力学分析中使用流体耦合单元。

5．ANSYS 耦合场分析

耦合场分析主要考虑两个或多个物理场之间的相互作用。如果两个物理场之间相互影响，单独求解一个物理场是不可能得到正确结果的，因此需要一个能够将两个物理场组合到一起求解的分析软件。例如：在压电力分析中，需要同时求解电压分布（电场分析）和应变（结构分析）。

1.4　ANSYS Workbench 概述

Workbench 是 ANSYS 公司开发的新一代协同仿真环境。

1997 年，ANSYS 公司基于广大设计的分析应用需求、特点，开发了专供设计人员使用的分析软件 ANSYS DesignSpace（DS），其前后处理功能与经典的 ANSYS 软件完全不同，软件的易用性和与 CAD 接口非常好。

2000 年，ANSYS DesignSpace 的界面风格更加深受广大用户喜爱，ANSYS 公司决定提升 ANSYS DesignSpace 的界面风格，以供经典的 ANSYS 软件的前后处理也能应用，由此形成了协同仿真环境——ANSYS Workbench Environment（AWE）。其功能定位于：

重现经典 ANSYS PP 软件的前后处理功能。

- ↘ 新产品的风格界面。
- ↘ 收购产品转化后的最终界面。
- ↘ 用户的软件开发环境。

其后，在 AWE 的基础上，又相继开发了 ANSYS DesignModeler(DM)、ANSYS DesignXplorer (DX)、ANSYS DesignXplorer VT(DX VT)、ANSYS Fatigue Module (FM)、ANSYS CAE Template 等。当时，其目的是和 DS 共同提供给用户先进的 CAE 技术。

ANSYS Inc.允许以前只能在 ACE 上运行的 MP、ME、ST 等产品，也可在 AWE 上运行。用户在启动这些产品时，可以选择 ACE，也可选择 AWE。AWE 可作为 ANSYS 软件的新一代前后处理，还未支持 ANSYS 所有的功能，目前主要支持大部分的 ME 和 ANSYS Emag 的功能，而且与 ACE 的 PP 并存。

1.4.1　ANSYS Workbench 的特点

ANSYS Workbench 的特点如下。

（1）协同仿真、项目管理。集设计、仿真、优化、网格变形等功能于一体，对各种数据进行项目协同管理。

（2）双向的参数传输功能。支持 CAD-CAE 间的双向参数传输功能。

（3）高级的装配部件处理工具。具有复杂装配件接触关系的自动识别、接触建模功能。

（4）先进的网格处理功能。可对复杂的几何模型进行高质量的网格处理。

（5）分析功能。支持几乎所有 ANSYS 的有限元分析功能。

（6）内嵌可定制的材料库。自带可定制的工程材料数据库，方便操作者进行编辑、应用。

（7）易学易用。ANSYS 公司所有软件模块的共同运行、协同仿真与数据管理环境，工程应用的整体性、流程性都大大增强。完全的 Windows 友好界面，工程化应用，方便工程设计人员应用。实际上，Workbench 的有限元仿真分析采用的方法（单元类型、求解器、结果处理方式等）与 ANSYS 经典界面是一样的，只不过 Workbench 采用了更加工程化的方式来适应操作者，使即使是没有多长有限元软件应用经历的人也能很快地完成有限元分析工作。

1.4.2　ANSYS Workbench 应用分类

ANSYS Workbench 应用分类如下。

（1）本地应用（见图 1-6）。现有的本地应用有 Project Schematic、Engineering Data 和 Design Exploration。本地应用完全在 Workbench 窗口中启动和运行。

（2）数据整合应用（见图 1-7）。现有的应用包括 Mechanical、Mechanical APDL、FLUENT、CFX、AUTODYN 以及其他。

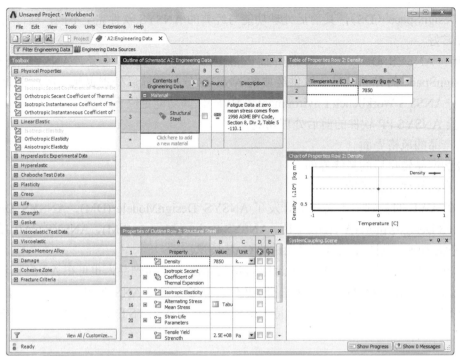

图 1-6　本地应用

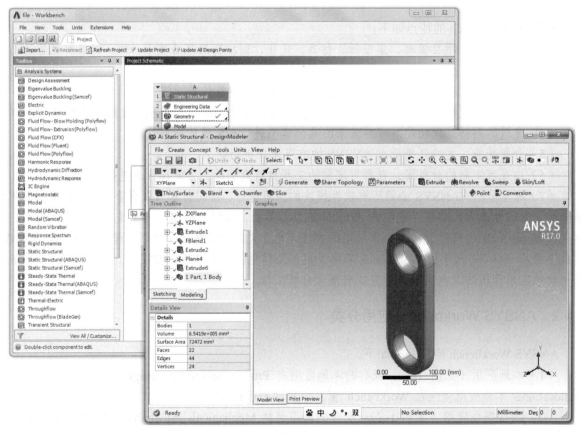

图 1-7　数据整合应用

在工业应用领域中，为了提高产品设计质量、缩短周期、节约成本，计算机辅助工程（CAE）技术的应用越来越广泛，设计人员参与 CAE 分析已经成为必然。这对 CAE 分析软件的灵活性、易学易用性提出了更高的要求。

1.5　ANSYS Workbench 分析的基本过程

ANSYS Workbench 分析过程主要包含 4 个环节：初步确定、前处理、加载并求解、后处理，如图 1-8 所示。其中初步确定为分析前的蓝图，操作步骤为后 3 个步骤。

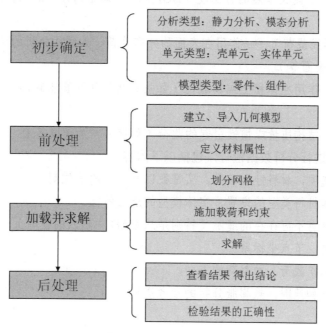

图 1-8　分析的基本过程

1.5.1　前处理

前处理是指创建实体模型以及有限元模型，包括创建实体模型、定义单元属性、划分有限元网格、修正模型等内容。现今大部分的有限元模型都是用实体模型建模，类似于 CAD，ANSYS 以数学的方式表达结构的几何形状，然后在里面划分节点和单元，还可以在几何模型边界上方便地施加载荷，但是实体模型并不参与有限元分析，所以施加在几何实体边界上的载荷或约束必须最终传递到有限元模型上（单元或节点）进行求解，这个过程通常是 ANSYS 程序自动完成的。可以通过 4 种途径创建 ANSYS 模型：

（1）在 ANSYS 环境中创建实体模型，然后划分有限元网格。

（2）在其他软件（如 CAD）中创建实体模型，然后读入到 ANSYS 环境，经过修正后划分有限元网格。

（3）在 ANSYS 环境中直接创建节点和单元。

（4）在其他软件中创建有限元模型，然后将节点和单元数据读入 ANSYS。

单元属性是指划分网格以前必须指定的所分析对象的特征，这些特征包括：材料属性、单元类型、实常数等。需要强调的是，除了磁场分析以外不需要告诉 ANSYS 使用的是什么单位制，只需要自己决定使用何种单位制，然后确保所有输入值的单位制统一，单位制影响输入的实体模型尺寸、材料属性、实常数及载荷等。

1.5.2 加载并求解

（1）自由度 DOF——定义节点的自由度（DOF）值（如结构分析的位移、热分析的温度、电磁分析的磁势等）。

（2）面载荷（包括线载荷）——作用在表面的分布载荷（如结构分析的压力、热分析的热对流、电磁分析的麦克斯韦尔表面等）。

（3）体积载荷——作用在体积上或场域内（如热分析的体积膨胀和内生成热、电磁分析的磁流密度等）。

（4）惯性载荷——结构质量或惯性引起的载荷（如重力、加速度等）。

在进行求解之前应进行分析数据检查，包括以下内容。

（1）单元类型和选项，材料性质参数，实常数以及统一的单位制。

（2）单元实常数和材料类型的设置，实体模型的质量特性。

（3）确保模型中没有不应存在的缝隙（特别是从 CAD 中输入的模型）。

（4）壳单元的法向，节点坐标系。

（5）集中载荷和体积载荷，面载荷的方向。

（6）温度场的分布和范围，热膨胀分析的参考温度。

1.5.3 后处理

（1）通用后处理（POST1）——用来观看整个模型在某一时刻的结果。

（2）时间历程后处理（POST26）——用来观看模型在不同时间段或载荷步上的结果，常用于处理瞬态分析和动力分析的结果。

1.6 ANSYS Workbench 17.0 的设计流程

在现在应用的新的版本中，ANSYS 对 Workbench 构架进行了重新设计，全新的"项目视图（Project Schematic View）"功能改变了用户使用 Workbench 仿真环境（Simulation）的方式。在一个类似"流程图"的图表中，仿真项目（Projects）中的各种任务以相互连接的图形化方式清晰地表达出来，如图 1-9 所示，使用户可以非常方便地理解项目的工程意图、数据关系、分析过程的状态等。

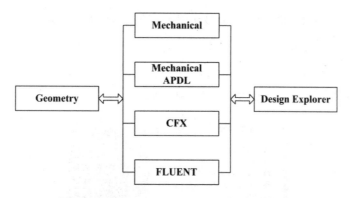

图 1-9　ANSYS Workbench 主要产品设计流程

1.7　ANSYS Workbench 17.0 系统要求和启动

1.7.1　系统要求

1．操作系统要求

（1）ANSYS Workbench 17.0 可运行于 HP-UX Itanium 64(hpia64)、IBM AIX 64 (aix64)、Sun SPARC 64 (solus64)、Sun Solaris x64 (solx64)、Linux 32 (lin32)、Linux Itanium 64 (linia64)、Linux x64 (linx64)、Windows x64 (winx64)、Windows 32 (win32)等各类计算机及操作系统中，其数据文件是兼容的。

（2）确定计算机安装有网卡、TCP/IP 协议，并将 TCP/IP 协议绑定到网卡上。

2．硬件要求

（1）内存：512MB（推荐 1GB）以上。

（2）计算机：采用 Intel 1.5GHz 处理器或主频更高的处理器。

（3）光驱：DVD-ROM 驱动器。

（4）硬盘：8GB 以上硬盘空间，用于安装 ANSYS 软件及其配套使用软件。

各模块所需硬盘容量如下。

```
Mechanical APDL (ANSYS): 6.1 GB
ANSYS AUTODYN: 3.1 GB
ANSYS LS-DYNA: 3.3 GB
ANSYS CFX: 3.8 GB
ANSYS TurboGrid: 3.1 GB
ANSYS FLUENT: 4.1 GB
POLYFLOW: 1.4 MB
ANSYS ASAS: 2.9 GB
ANSYS AQWA: 2.7 GB
ANSYS ICEM CFD: 1.4 GB
ANSYS Icepak: 1.7 GB
ANSYS TGrid: 2.7 GB
CFD Post only: 3.1 GB
ANSYS Geometry Interfaces: 1 GB
CATIA v5: 600 MB
```

（5）显示器：支持 1024×768 分辨率的显示器，可显示 16 位以上显卡。

1.7.2　启动

（1）从 Windows "开始" 菜单启动，如图 1-10 所示。

图 1-10　从 Windows "开始" 菜单启动

（2）从其支持的 CAD 系统中启动，如图 1-11 所示。

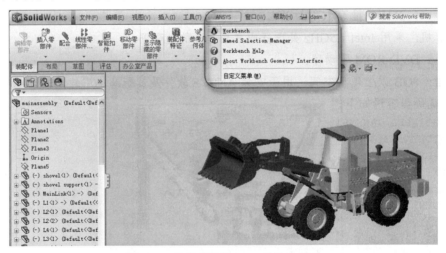

图 1-11　从其支持的 CAD 系统中启动

1.8　ANSYS Workbench 17.0 的界面

启动 ANSYS Workbench 17.0，进入如图 1-12 所示 ANSYS Workbench 17.0 的 GUI 图形界面。大

多数情况下 Workbench 的图形用户界面主要分成两部分，具体内容将在后续章节中介绍。

图 1-12　ANSYS Workbench 17.0 图形界面

第2章 项目管理

内容简介

ANSYS Workbench 17.0 项目管理是定义一个或多个系统所需要的工作流程的图形体现。一般情况下，项目管理中的工作流程通常放在 ANSYS Workbench 17.0 图形界面的右边。

内容要点

- ✎ 工具箱
- ✎ 项目概图
- ✎ ANSYS Workbench 17.0 选项窗口
- ✎ ANSYS Workbench 17.0 文档管理
- ✎ 创建项目概图实例

案例效果

2.1 工 具 箱

通过项目概图中的工作流程可以运行多种应用，分为以下两种方式。

（1）现有多种应用是完全在 ANSYS Workbench 17.0 窗口中运行的，包括 Project Schematic（项目示意图）、Material properties management（材料属性管理）与 Design Exploration（设计探索）。

（2）非本地应用是在各自的窗口中运行，包括 Mechanical(formerly Simulation)、Mechanical APDL(formerly ANSYS)、ANSYS FLUENT、ANSYS CFX 等。

ANSYS Workbench 17.0 的工具箱中提供了大量可供选用的应用程序和系统，可以通过工具箱将这些应用程序和系统添加到项目概图中。如图 2-1 所示，工具箱由 4 组内容构成，可以展开或折叠起来，也可以通过工具箱下面的 View All / Customize（查看全部/自定义）按钮来调整工具箱中应用程序或系统的显示或隐藏。

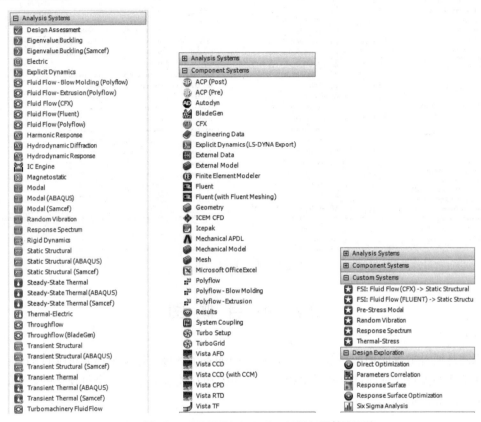

图 2-1　ANSYS Workbench 17.0 工具箱

- ❧　Analysis Systems（分析系统）：可用在示意图中的预定义模板。
- ❧　Component Systems（组件系统）：可调用多种程序来建立和扩展分析系统。
- ❧　Custom Systems（用户系统）：为耦合应用预定义分析系统（FSI、thermal-stress 等）。用户也可以建立自己的预定义系统。
- ❧　Design Exploration（设计探索）：参数管理和优化工具。

📢 注意：

工具箱的列出的系统和应用程序决定于安装的 ANSYS 产品。

单击 View All/Customize（查看全部/自定义）按钮，在右侧显示的窗口中通过勾选或取消勾选相应复选框，可以展开或闭合工具箱中的各项，如图 2-2 所示。不用工具箱中的专用窗口时一般将其关闭。

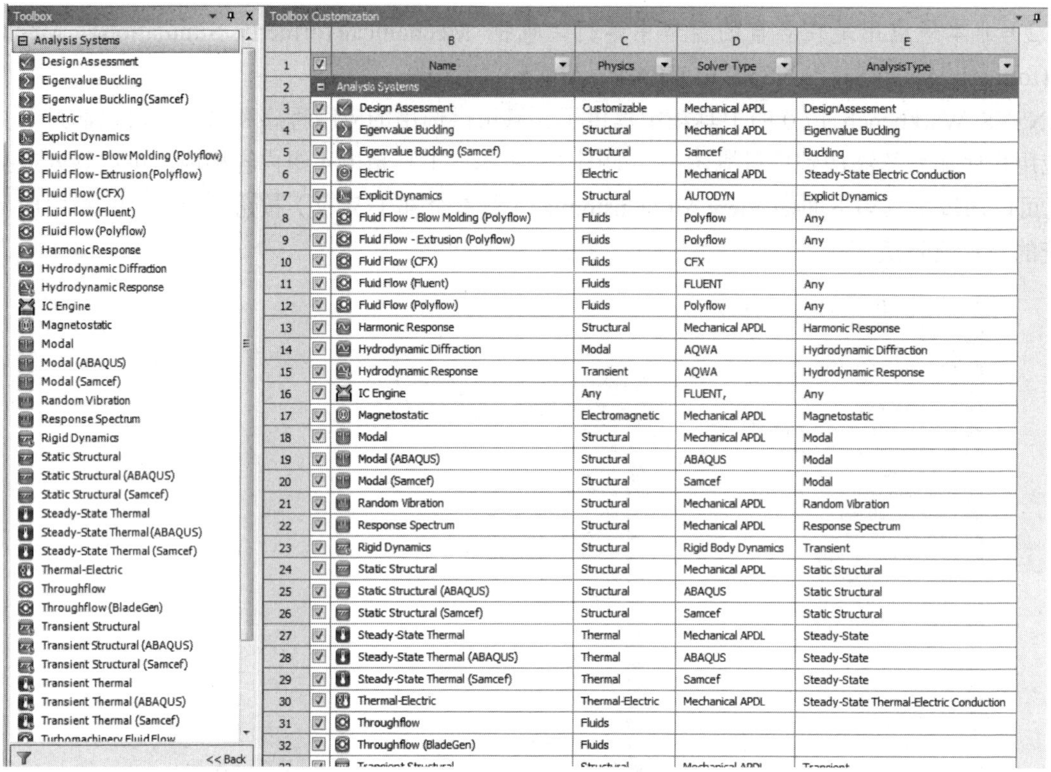

图 2-2　工具箱显示设置

2.2　项目概图

项目概图是通过放置应用或系统到项目管理区中的各个区域，定义全部分析项目的。它表示了项目的结构和工作的流程，对项目中各对象和它们之间的相互关系提供了一个可视化的表示。项目概图由一个个模块组成，如图 2-3 所示。

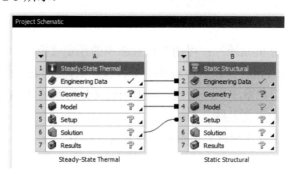

图 2-3　项目概图

项目概图随要分析的项目不同而不同，可以仅由一个单一的模块组成，也可以是含有一套复杂链接的系统耦合分析模型。

项目概图中的模块是通过将工具箱里的应用程序或系统直接拖动到项目管理界面中或是直接在项目上双击载入。

2.2.1 系统和模块

要生成一个项目，需要从工具箱中添加模块到概图中形成一个项目概图系统。一个项目概图系统由一个个模块所组成。要定义一个项目，还需要在模块之间进行交互。也可以在模块中右击，在弹出的快捷菜单中选择可使用的模块。通过一个模块，可以实现下面的功能。

- 通过模块进入数据集成的应用程序或工作区。
- 添加与其他模块间的链接系统。
- 分配输入或参考的文件。
- 分配属性分析的组件。

每个模块含有一个或多个单元，如图 2-4 所示。每个单元都有一个与它关联的应用程序或工作区，例如 ANSYS Fluent 或 Mechanical 应用程序。可以通过此单元单独打开这些应用程序。

图 2-4 项目概图中的模块

2.2.2 模块的类型

模块包含许多可以使用的分析和组件系统，下面介绍一些通用的分析单元。

1. 材料属性管理（工程数据）

使用工程数据组件定义或访问使用材料模型中的分析所用数据。双击工程数据的单元格，或右击打开右键快捷菜单，从中选择"编辑"，以显示工程数据的工作区。可以在工作区中定义数据材料等。

2. Geometry（几何模型）

可以使用几何模型单元来导入、创建、编辑或更新用于分析的几何模型。

（1）4 类图元。

- 体（3D 模型）：由面围成，代表三维实体。
- 面（表面）：由线围成，代表实体表面、平面形状或壳（可以是三维曲面）。
- 线（可以是空间曲线）：以关键点为端点，代表物体的边。
- 关键点（位于 3D 空间）：代表物体的角点。

（2）层次关系。从最低阶到最高阶，模型图元的层次关系为：

- Keypoints（关键点）
- Lines（线）
- Areas（面）
- Volumes（体）

如果低阶的图元连在高阶图元上，则低阶图元不能删除。

3. Model/Mesh（模型/分网）

模型建立之后，需要划分网格，涉及以下 4 个方面。

（1）选择单元属性（单元类型、实常数、材料属性）。

（2）设定网格尺寸控制（控制网格密度）。

（3）网格划分以前保存数据库。

（4）执行网格划分。

4．Setup（设置）

使用此设置单元可打开相应的应用程序，包括定义载荷、边界条件等；也可以在应用程序中配置分析。在应用程序中的数据会被纳入到 ANSYS Workbench 的项目中，这其中也包括系统之间的链接。

载荷是指加在有限单元模型（或实体模型，但最终要将载荷转化到有限元模型上）上的位移、力、温度、热、电磁等。载荷包括边界条件和内外环境对物体的作用。

5．Solution（解决方案）

在所有的前处理工作进行完后，要进行求解，求解过程包括选择求解器、对求解进行检查、求解的实施及对求解过程中会出现的问题的解决等。

6．Results（结果）

分析问题的最后一步工作是进行后处理，后处理就是对求解所得到的结果查看、分析和操作。结果单元即为显示的分析结果的可用性和状态。结果单元是不能与任何其他系统共享数据的。

2.2.3　了解模块状态

1．典型的模块状态

- 无法执行 ：丢失上行数据。
- 需要注意 ：可能需要改正本单元或是上行单元。
- 需要刷新 ：上行数据发生改变。需要刷新单元（更新也会刷新单元）。
- 需要更新 ：数据改变单元的输出也要相应更新。
- 最新的 。
- 发生输入变动 ：单元是局部刷新的，上行数据发生变化也可能导致其发生改变。

2．解决方案特定的状态

- 中断 ：表示您已经中断的解决方案。此选项执行的求解器正常停止，这将完成当前迭代，并写一个解决方案文件。
- 挂起 ：标志着一个批次或异步解决方案正在进行中。当一个模块进入挂起状态，可以与项目的其他部分退出 ANSYS Workbench 17.0 或工作。

3．故障状态

- ：刷新失败，需要刷新。
- ：更新失败，需要更新。
- ：更新失败，需要注意。

2.2.4　项目概图中的链接

链接的作用是连接系统之间的数据共享系统或数据传输。链接可能会在项目的原理图中显示的主要类型如下。

- 指示数据链接系统之间的共享。这些链接以方框终止。
- 指示数据的链接是从上游到下游系统。这些链接以圆形终止。

- ➤ 指示系统使用输入参数。这些链接将系统连接到参数设置栏，并绘制箭头进入系统。
- ➤ 指示系统提供输出参数。这些链接连接系统到参数设置栏，并绘制箭头从系统发出。
- ➤ 表明设计探索系统的链接与项目参数相连接。这些链接将设计探索系统与参数设置栏连接起来，如 D、E 与系统，如图 2-5 所示。

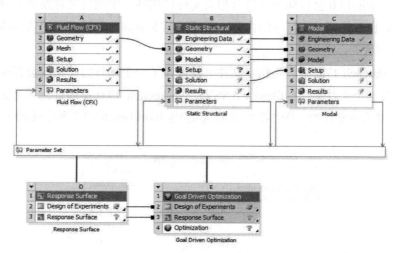

图 2-5　项目概图中的链接

2.3　ANSYS Workbench 17.0 选项窗口

利用 View（视图）菜单（或在项目概图上右击），在 ANSYS Workbench 17.0 环境下可以显示附加的信息。如图 2-6 所示，高亮显示 Geometry（几何模型）单元，从而显示其属性。可以在属性面板中查看和调整项目概图中单元的属性。

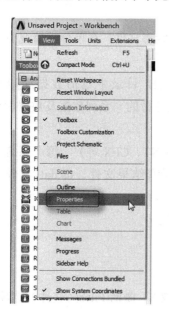
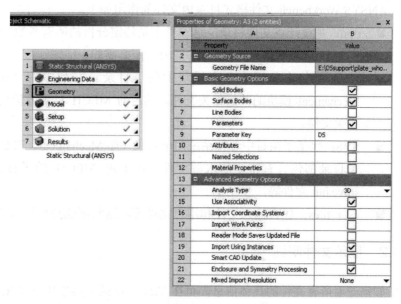

图 2-6　ANSYS Workbench 17.0 选项窗口

2.4　ANSYS Workbench 17.0 文档管理

ANSYS Workbench 17.0 会自动创建所有相关文件，包括一个项目文件及其子目录。用户应允许 ANSYS Workbench 17.0 管理这些目录的内容，最好不要手动修改项目目录的内容或结构，否则会引起程序读取出错的问题。

在 ANSYS Workbench 17.0 中，当指定文件夹及保存了一个项目后，系统会在磁盘中保存一个项目文件（*.wbpj）及一个文件夹（*_files）。ANSYS Workbench 17.0 是通过此项目文件和文件夹及其子文件来管理所有相关的文件的。图 2-7 所示为 ANSYS Workbench 17.0 所生成的一系列文件夹。

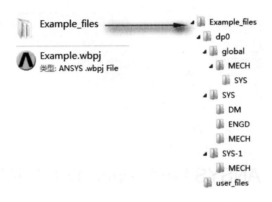

图 2-7　ANSYS Workbench 17.0 文件夹目录结构

2.4.1　目录结构

ANSYS Workbench 文件格式目录内文件的作用如下。

- dpn：是设计点文件目录，这实质上是特定分析的所有参数的状态文件，在单分析情况下只有一个 dp0 目录。它是所有参数分析所必需的。
- global：包含分析中各个模块中的子目录。右列中的 MECH 目录中包括数据库以及 Mechanical 模块的其他相关文件。其内的 MECH 目录为仿真分析的一系列数据及数据库等相关文件。
- SYS：包括了项目中各种系统的子目录（如 Mechanical、FLUENT、CFX 等）。每个系统的子目录都包含有特定的求解文件。比如说 MECH 的子目录有结果文件、ds.dat 文件、solve.out 文件等。
- user_files：包含输入文件和用户文件等，这些可能与项目有关。

2.4.2　显示文件明细

如需查看所有文件的具体信息，可在 View（视图）菜单中（见图 2-8）激活 Files（文件）选项，以显示一个包含文件明细与路径的窗口，如图 2-9 所示。

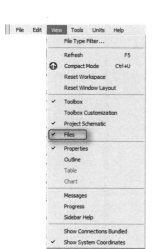

图 2-8　View（视图）菜单

	A	B	C	D	E	F
1	Name	Cell ID	Size	Type	Date Modified	Location
2	SYS.agdb	A3,B3	8 KB	Geometry File	2011/8/30 15:53:16	C:\Users\Administrator\Documents\Example_files\dp0\SYS\DM
3	material.engd	A2,B2	18 KB	Engineering Data File	2011/8/30 15:52:58	C:\Users\Administrator\Documents\Example_files\dp0\SYS\ENGD
4	SYS.engd	A4,B4	18 KB	Engineering Data File	2011/8/30 15:52:58	C:\Users\Administrator\Documents\Example_files\dp0\global\MECH
5	SYS.mechdb	A4,B4	190 KB	Mechanical Database Files	2011/8/30 15:58:14	C:\Users\Administrator\Documents\Example_files\dp0\global\MECH
6	Example.wbpj		142 KB	ANSYS Project File	2011/8/30 15:58:26	C:\Users\Administrator\Documents
7	EngineeringData.xml	A2,B2	17 KB	Engineering Data File	2011/8/30 15:58:25	C:\Users\Administrator\Documents\Example_files\dp0\SYS\ENGD
8	designPoint.wbdp		98 KB	Design Point File	2011/8/30 15:58:26	C:\Users\Administrator\Documents\Example_files\dp0
9	CAERep.xml	A	12 KB	CAERep File	2011/8/30 15:57:24	C:\Users\Administrator\Documents\Example_files\dp0\SYS\MECH
10	CAERepOutput.xml	A	849 B	CAERep File	2011/8/30 15:57:30	C:\Users\Administrator\Documents\Example_files\dp0\SYS\MECH
11	ds.dat	A	717 KB	.dat	2011/8/30 15:57:24	C:\Users\Administrator\Documents\Example_files\dp0\SYS\MECH
12	file.err	A	827 B	.err	2011/8/30 15:57:29	C:\Users\Administrator\Documents\Example_files\dp0\SYS\MECH
13	file.ldhi	A	147 KB	.ldhi	2011/8/30 15:57:28	C:\Users\Administrator\Documents\Example_files\dp0\SYS\MECH
14	file.PCS	A	2 KB	.PCS	2011/8/30 15:57:29	C:\Users\Administrator\Documents\Example_files\dp0\SYS\MECH
15	file.r001	A	7 MB	.r001	2011/8/30 15:57:29	C:\Users\Administrator\Documents\Example_files\dp0\SYS\MECH
16	file.rdb	A	4 MB	.rdb	2011/8/30 15:57:28	C:\Users\Administrator\Documents\Example_files\dp0\SYS\MECH
17	file.rst	A	3 MB	ANSYS Result File	2011/8/30 15:57:29	C:\Users\Administrator\Documents\Example_files\dp0\SYS\MECH
18	MatML.xml	A	18 KB	CAERep File	2011/8/30 15:57:24	C:\Users\Administrator\Documents\Example_files\dp0\SYS\MECH
19	solve.out	A	20 KB	.out	2011/8/30 15:57:30	C:\Users\Administrator\Documents\Example_files\dp0\SYS\MECH
20	solve_0_0.out	A	20 KB	.out	2011/8/30 15:57:30	C:\Users\Administrator\Documents\Example_files\dp0\SYS\MECH
21	CAERep.xml	B	8 KB	CAERep File	2011/8/30 15:57:31	C:\Users\Administrator\Documents\Example_files\dp0\SYS-1\MECH
22	CAERepOutput.xml	B	849 B	CAERep File	2011/8/30 15:57:44	C:\Users\Administrator\Documents\Example_files\dp0\SYS-1\MECH
23	ds.dat	B	1 KB	.dat	2011/8/30 15:57:31	C:\Users\Administrator\Documents\Example_files\dp0\SYS-1\MECH
24	file.BCS	B	4 KB	.BCS	2011/8/30 15:57:43	C:\Users\Administrator\Documents\Example_files\dp0\SYS-1\MECH
25	file.err	B	1 KB	.err	2011/8/30 15:57:39	C:\Users\Administrator\Documents\Example_files\dp0\SYS-1\MECH
26	file.PCS	B	88 B	.PCS	2011/8/30 15:57:37	C:\Users\Administrator\Documents\Example_files\dp0\SYS-1\MECH
27	file.rst	B	2 MB	ANSYS Result File	2011/8/30 15:57:43	C:\Users\Administrator\Documents\Example_files\dp0\SYS-1\MECH
28	MatML.xml	B	18 KB	CAERep File	2011/8/30 15:57:31	C:\Users\Administrator\Documents\Example_files\dp0\SYS-1\MECH
29	solve.out	B	26 KB	.out	2011/8/30 15:57:43	C:\Users\Administrator\Documents\Example_files\dp0\SYS-1\MECH

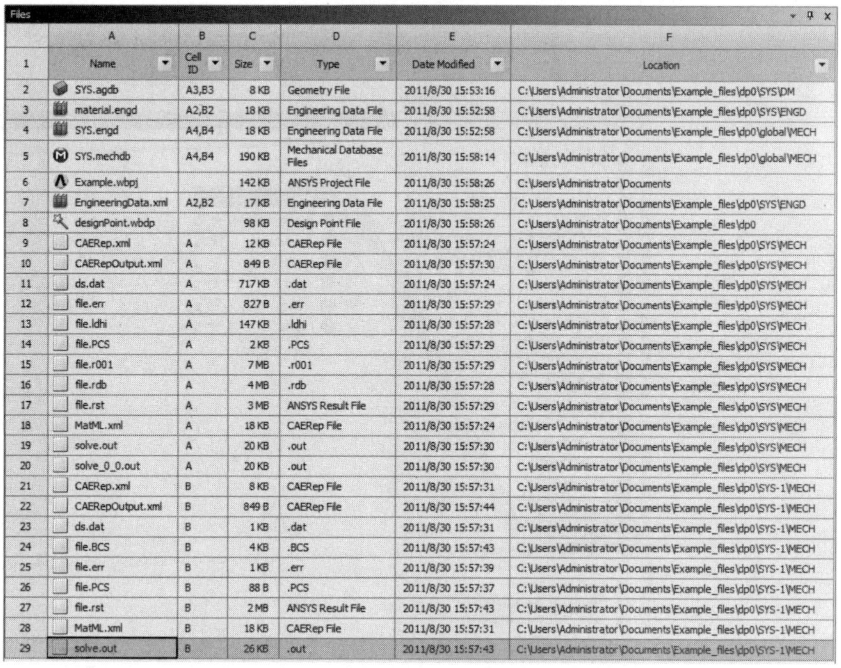

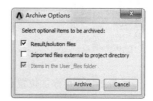

图 2-9　文件窗格

2.4.3　打包文件

为了便于文件的管理与传输，ANSYS Workbench 17.0 还具有打包文件功能，打包后的文件为.wbpz 格式。如图 2-10 所示，可用 ANSYS Workbench File（文件）菜单下的 Restore Archive（恢复存档）操作或是任一解压软件来打开。选择保存打包文件的位置后，会弹出如图 2-11 所示的 Archive Options（存档选项）对话框，其内有多个选项可供选择。

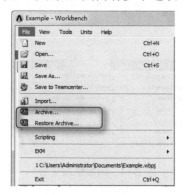

图 2-10　打包选项

图 2-11　打包选项对话框

2.5　创建项目概图实例

扫一扫，看视频

（1）将工具箱里的 Static Structural（静态结构）选项直接拖动到项目管理界面中或是直接在项目上双击载入，结果如图 2-12 所示。

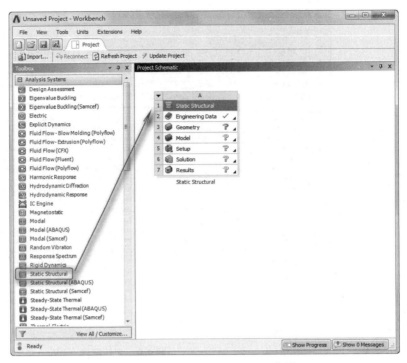

图 2-12　添加 Static Structural 选项

（2）模块下面的名称为可修改状态，输入"初步静力学分析"，作为此模块的名称。

（3）在工具箱中选中 Modal（模态）选项，按住鼠标不放，向项目管理器中拖动，此时项目管理器中可拖动到的位置将以绿色框显示，如图 2-13 所示。

（4）将 Modal 选项放到 Static Structural（静态结构）模块下第 6 行的 Solution（求解）中，此时两个模块分别以字母 A、B 编号显示在项目管理器中，同时两个模块之间出现 4 条链接，其中以方框结尾的链接为可共享链接、以圆形结尾的链接为下游到上游链接，结果如图 2-14 所示。

图 2-13　可添加位置

图 2-14　添加模态分析

（5）单击 B 模块左上角的下拉按钮，在弹出的下拉菜单中选择 Rename（改名）选项（如图 2-15 所示），将此模块重命名为"模态分析一"。

（6）右击"初步静力学分析"第 6 行中的 Solution（求解）单元，在弹出的快捷菜单中选择 Transfer Data To New（数据更新）→Modal（模态），如图 2-16 所示。另一个模态分析模块将添加到项目管理器中，并将名称更改为"模

图 2-15　更改名称

态分析二”结果如图 2-17 所示。

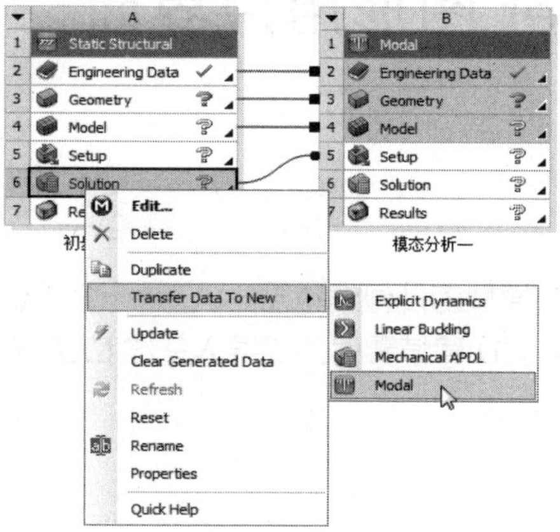

图 2-16 添加模态分析一

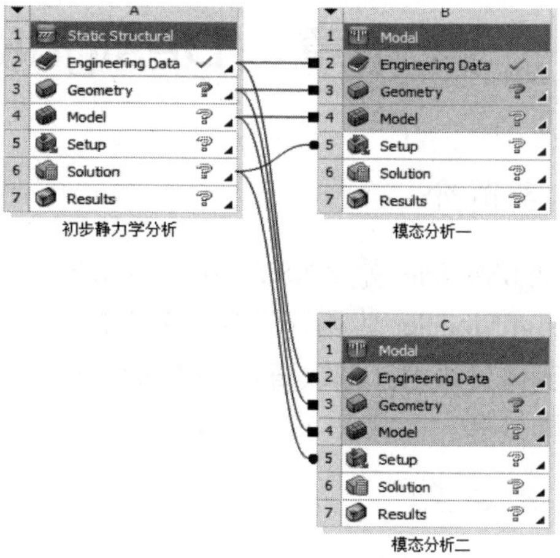

图 2-17 添加模态分析二

下面列举了项目概图中需注意的事项。

- 分析流程块可以用鼠标右键选择菜单进行删除。
- 使用该转换特性时，将显示所有的转换可能（上行转换和下行转换）。
- 高亮显示系统中的分支不同，程序呈现的快捷菜单也会有所不同，如图 2-18 所示。

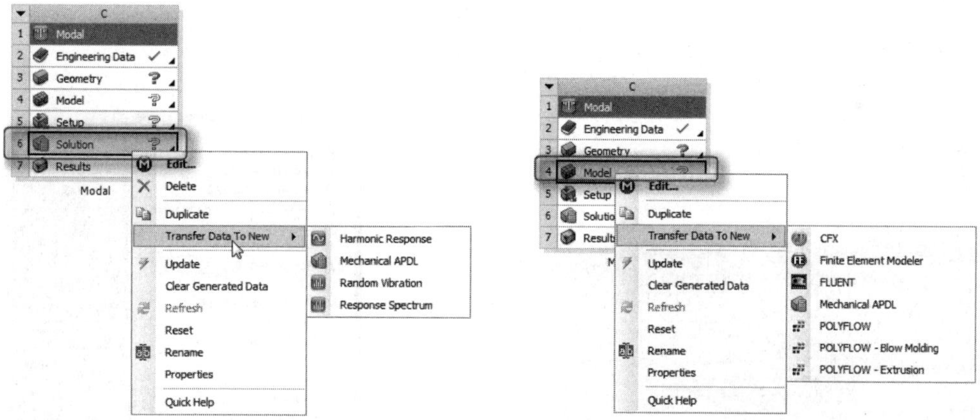

图 2-18 不同的快捷菜单

第 3 章　DesignModeler 图形用户界面

内容简介

DesignModeler 是 ANSYS Workbench 的一个模块。

DesignModeler 应用程序是用来作为一个现有的 CAD 模型的几何编辑器。它是一个参数化基于特征的实体建模器，可以直观、快速地开始绘制 2D 草图、3D 建模零件，或导入三维 CAD 模型，工程分析预处理。

内容要点

- ⤵ 启动 DesignModeler
- ⤵ 图形界面
- ⤵ 选择操作
- ⤵ 视图操作
- ⤵ 右键弹出菜单
- ⤵ 帮助文档

案例效果

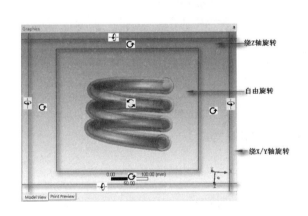

3.1　启动 DesignModeler

DesignModeler 除了主流 CAD 建模软件一般的功能之外，还具有其他一些独一无二的几何修改能力：特征简化、包围操作、填充操作、焊点、切分面、面拉伸、平面体拉伸和梁建模等。

DesignModeler 还具有参数建模能力：可绘制有尺寸和约束的 2D 图形。

另外，DesignModeler 还可以直接结合其他 ANSYS Workbench 模块，如 Mechanical、Meshing、

Advanced Meshing（ICEM）、DesignXplorer 或 BladeModeler 等。

启动 DesignModeler 的方式如下。

（1）在"开始"菜单中选择"所有程序"→ANSYS 17.0→Workbench 17.0命令，如图 3-1 所示。

图 3-1　打开 Workbench 17.0 程序

进入到 Workbench 17.0 程序中，可看到如图 3-2 所示的 ANSYS Workbench 17.0 图形用户界面。双击左边 Component Systems（组件系统）中的 Geometry（几何模型）模块，则在右边的项目管理器空白区内会出现一个项目概图 A，如图 3-3 所示。

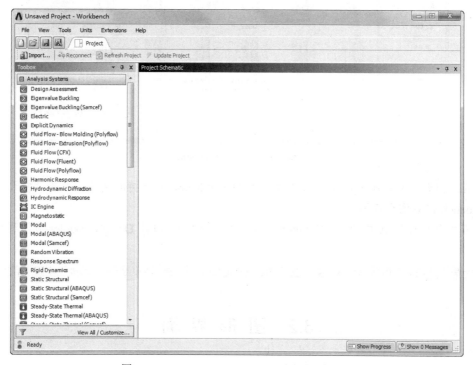

图 3-2　ANSYS Workbench 17.0 图形用户界面

图3-3　Geometry（几何模型）项目概图

（2）右击，在弹出的快捷菜单中选择 Import Geometry（插入几何体）→Browse（浏览）命令，系统弹出如图 3-4 所示的"打开"对话框。

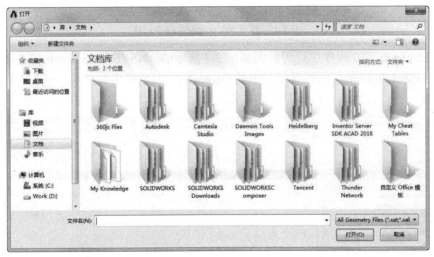

图3-4　"打开"对话框

（3）在"打开"对话框中，浏览选择欲导入 DesignModeler 支持的文件，单击"打开"按钮。返回到 Workbench 17.0 图形界面。

（4）双击项目概图 A 中的 A2 栏 Geometry（几何模型），打开 DesignModeler 应用程序。

◆))) 注意：

本步骤为导入几何体时的操作步骤，如直接在 DesignModeler 中创建模型，则可不用执行步骤（4）。

3.2　图　形　界　面

ANSYS Workbench 17.0 提供的图形用户界面还具有直观、分类科学的优点，方便学习和应用。

3.2.1　操作界面介绍

标准的图形用户界面如图 3-5 所示，包括 6 个部分。

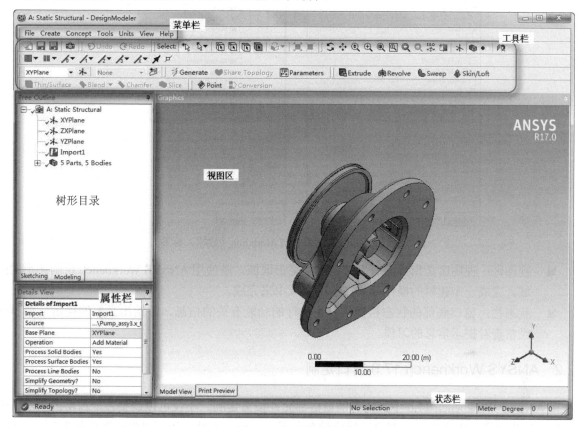

图 3-5　图形用户界面

❥ 　菜单栏：与其他 Windows 程序一样，菜单按钮用下拉菜单组织图形界面的层次，可以从中选择所需的命令。该菜单的大部分允许在任何时刻访问。菜单栏包含 6 个下拉级联菜单，分别是：File、Create、Concept、Tools、View、Help。

❥ 　工具栏：工具栏是一组图标型工具的集合，稍停片刻即在该图标一侧显示相应的工具提示。此时，单击图标可以启动相应命令。对于大部分 ANSYS Workbench 功能来说，均可利用工具栏来完成。菜单和工具栏可以接受用户输入及命令。工具栏可以根据要求放置在任何地方，也可以自行改变其尺寸。

❥ 　树形目录：树形目录包括平面、特征、操作、几何模型等。它表示了所建模型的结构关系。树形目录是一个很好的操作模型选择工具。习惯自结构树中选择特征、模型或平面将会大大提高建模的效率。在树形目录中，可看到有两种基本的操作模式：Sketching tab（2D）和 Modeling tab（3D）。如图 3-6 所示为分别切换不同的标签显示的不同模式。

❥ 　属性窗格：属性窗格也称为细节信息窗格，顾名思义，此窗格是用来查看或修改模型细节的。在属性窗格中以表格的方式来显示，左栏为细节名称，右栏为具体细节。为了便于操作，属性窗格内的细节是进行了分组的。

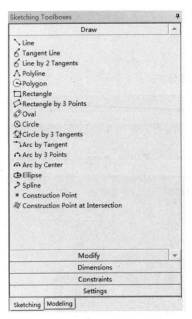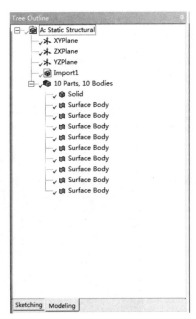

图 3-6　Sketching（草绘）与 Modeling（建模）标签

- 视图区：视图区是指界面右下方的大片空白区域，是使用 ANSYS Workbench 绘制图形的区域，完成一个建模的操作都是在绘图区域中来完成。

- 状态栏：窗口底部的状态栏提供与正执行的功能有关的信息，并给出必要的提示。要养成经常查看提示信息的习惯。

3.2.2　ANSYS Workbench 17.0 窗口定制

在 ANSYS Workbench 17.0 中，所有的窗格都允许按需定制。不仅可以调整各个窗格的大小，而且可以将窗格设置为停靠窗格，即将窗格停靠在上下左右栏。另外，还可以将窗格设置为自动隐藏。窗格右上角的"大头针"图标决定了窗格是否为自动隐藏或一直显示。当图标处于 ![pin]状态时，窗格为一直显示的；当图标处于 ![pin]状态时，窗格为自动隐藏的，如图 3-7 所示。

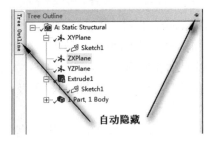

图 3-7　自动隐藏

对窗格也可以进行移动操作，将其调节到合适的位置。在窗格标题栏按下鼠标左键不放，将其拖到工作区的任意一边，会出现最终位置的预览，松开鼠标窗格会自动吸附到工作区的边上，完成窗格的移动操作。如图 3-8 所示。

在调整后的布局不合理或要恢复到初始设计布局时，可以使用菜单栏中的 View（视图）→Windows（窗口）→Reset Layout（重置布局）命令，恢复到原始状态。

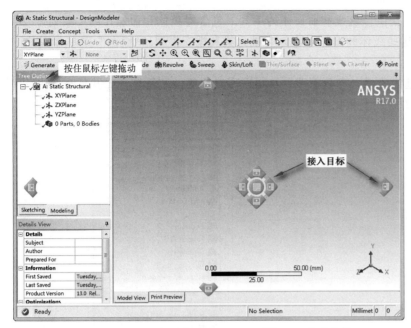

图 3-8　移动窗格

3.2.3　DesignModeler 主菜单

和其他 Windows 菜单操作一样，利用 DesignModeler 主菜单可以实现大部分的功能，如 Save Project（保存）、Export（输出文件）和 Help（查看帮助）等。主菜单中包括以下菜单。

（1）File（文件）菜单：用于基本的文件操作，包括常规的文件输入、输出、与 CAD 交互、保存数据库文件以及脚本的运行等功能，如图 3-9 所示。

（2）Create（创建）菜单：提供创建和修改 3D 图形的工具等，主要用于针对 3D 特征的操作，包括新建平面、拉伸、旋转和扫描等操作，如图 3-10 所示。

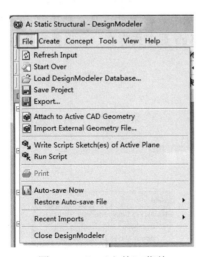

图 3-9　File（文件）菜单

图 3-10　Create（创建）菜单

（3）Concept（概念）菜单：提供修改线和曲面体的工具。包含对线体和面操作的一系列命令，包括线体的生成与面的生成等，这些线体和面可以作为有限元梁和板壳模型。"概念"菜单如图 3-11 所示。

（4）Tools（工具）菜单：整体建模、参数管理以及程序用户化等，利用这一工具集合体中，可以进行诸如冻结、抽中面、分析工具和参数化建模等操作。

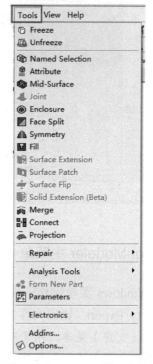

图 3-11　Concept（概念）菜单　　　　　　　　图 3-12　Tools（工具）菜单

（5）View（显示）菜单：用于修改显示设置。其中上部分为视图区域模型的显示状态，下面是其他附属部分的显示设置，如图 3-13 所示。

（6）Help（帮助）菜单：用于取得帮助文件，如图 3-14 所示。ANSYS Workbench 17.0 提供了功能强大、内容完备的帮助，包括大量关于 GUI、命令和基本概念等的帮助信息。熟练使用帮助是学习 ANSYS Workbench 17.0 取得进步的必要条件。这些帮助以 Web 页方式存在，可以很容易地访问。

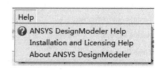

图 3-13　View（视图）菜单　　　　　　　　　　图 3-14　Help（帮助）菜单

3.2.4　DesignModeler 工具栏

除了菜单栏之外，利用 ANSYS Workbench 提供的工具栏同样可以执行绝大多数的操作。工具栏默认位于菜单的下方，如图 3-15 所示。工具栏中的每个按钮对应一个命令、菜单命令或宏，只需单击即可执行。不过要注意的是，工具栏是不可以添加或删除的。

图 3-15　工具栏

3.2.5　属性窗格

属性窗格提供了数据的列表，它会根据选取分支的不同而自动改变。其中，左栏为细节名称，右栏为具体细节，如图 3-16 所示。注意，右栏中的单元格格底色有着不同的颜色。

- ↘ 白色区域：显示当前输入的数据。
- ↘ 灰色区域：显示信息数据，不能被编辑。
- ↘ 黄色区域：未完成的信息输入。

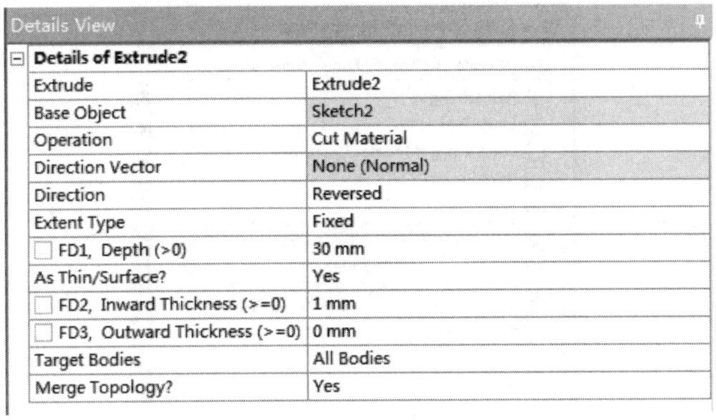

Details View	
Details of Extrude2	
Extrude	Extrude2
Base Object	Sketch2
Operation	Cut Material
Direction Vector	None (Normal)
Direction	Reversed
Extent Type	Fixed
☐ FD1, Depth (>0)	30 mm
As Thin/Surface?	Yes
☐ FD2, Inward Thickness (>=0)	1 mm
☐ FD3, Outward Thickness (>=0)	0 mm
Target Bodies	All Bodies
Merge Topology?	Yes

图 3-16　属性栏

3.2.6　DesignModeler 和 CAD 类文件交互

DesignModeler 虽为建模工具，但它不仅具有重新建立模型的能力，而且可以与其他大多数主流的 CAD 类文件相关联。这样对于许多对 DesignModeler 建模不太熟悉而对其他主流 CAD 类软件熟悉的用户来说，他们可以直接读取外部 CAD 模型或直接将 DesignModeler 的导入功能嵌入到 CAD 类软件中。

1．直接读取模式

在使用外部 CAD 类软件建好模型后，可以将模型导入到 DesignModeler 中。

目前可以直接读取的外部 CAD 模型的格式有：ACIS（*.sat, *.sab）、UG NX（*.prt）、CATIA（*.model, *.exp, *.session, *.dlv, *.CATPart, *.CATProduct）、Pro/ENGINEER（*.prt, *.asm）、Solid Edge

（*.par, *.asm, *.psm, *.pwd）、SolidWorks（*.sldprt, *.sldasm）、Parasolid（*.x_t, *.xmt_txt, *.x_b, *.xmt_bin）、IGES（*.igs, *.iges）、Inventor（*.ipt, *.iam）、BladeGen（.bgd）、CoCreate Modeling（*.pkg, *.bdl, *.ses, *.sda, *.sdp, *.sdac, *.sdpc）、ANSYS DesignModeler（.agdb）、GAMBIT（*.dbs）、JT Open（*.jt）、Monte Carlo N-Particle（*.mcnp）、SpaceClaim（*.scdoc）、STEP（*.stp, *.step）。

2. 双向关联性模式

双向关联性模式是 DesignModeler 的特色。这种技术被称为双向关联性，它在并行设计迅速发展的今天大大提高了工作效率。双向关联性的具体优势为：同时打开其他外部 CAD 类建模工具和 DesignModeler 两个程序，当外部 CAD 中的模型发生变化时，DesignModeler 中的模型只要刷新便可同步更新，同样当 DesignModeler 中的模型发生变化时也只要通过刷新，则 CAD 中的模型也可同步更新。

它支持当今最流行的 CAD 类软件：CATIA V5（*.CATPart, *.CATProduct）、UG NX（*.prt）、Autodesk Inventor（*.ipt, *.iam）、CoCreate Modeling（*.pkg, *.bdl, *.ses, *.sda, *.sdp, *.sdac, *.sdpc）、Pro/ENGINEER（*.prt, *.asm）、SolidWorks（*.sldprt, *.sldasm）和 Solid Edge（*.par, *.asm, *.psm, *.pwd）。

要从一个打开的 CAD 系统中探测并导入当前 CAD 文件进行双向关联性操作，可选择 File（文件）→Attach to Active CAD Geometry（关联到激活的几何模型）命令，如图 3-17 所示。

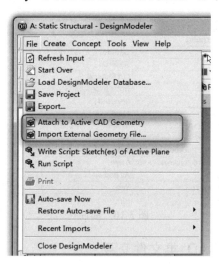

图 3-17　关联到激活的几何模型

3. 导入选项

在导入模型时包含的导入的主要选项为：几何体类型（包含实体、表面、全部等）。

导入的模型可以进行简化处理，具体简化项目如下。

- 几何体：如有可能，将 NURBs 几何体转换为解析的几何体。
- 拓扑：合并重叠的实体。

另外，对于导入的模型可以进行校验和修复（对非完整的或质量较差的几何体进行修补）。

设置导入选项的具体操作方法为：选择 Tools（工具）→Options（选项）命令，将打开如图 3-18 所示的 Options（选项）对话框。

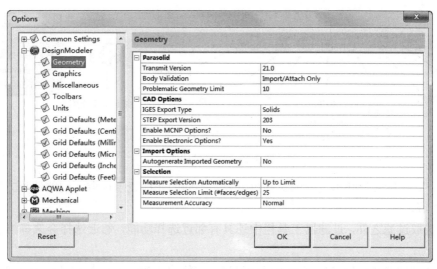

图 3-18　Options（选项）对话框

3.3　选　择　操　作

在 ANSYS Workbench 17.0 中，进行任何操作都需要首先进行选择操作，选中要操作的对象后才能进行后续操作。

3.3.1　基本鼠标功能

在视图区域，可以通过鼠标快速执行选定对象或缩放平移视图的操作。基本的鼠标控制功能如下。

（1）鼠标左键的功能。

➥ 单击鼠标左键可选择几何体。

➥ Ctrl+左键为添加/移除选定的实体。

➥ 按住鼠标左键拖动为连续选择模式。

（2）鼠标中键的功能。

➥ 按住鼠标的中键为自由旋转模式。

（3）鼠标右键的功能。

➥ 窗口缩放。

➥ 打开右键快捷菜单。

3.3.2　选择过滤器

在建模工程中，都是通过鼠标左键选择来确定模型特性的。一般在选择的时候，特性选择通过激活一个选择过滤器来完成（也可使用鼠标右键来完成）。如图 3-19 所示为选择过滤器。使用过滤器的操作为：首先在相应的过滤器图标上单击，然后在绘图区中只能选中相应的特征。例如选择面，单击过滤器工具栏中的面选择过滤器后，在之后的操作中就只能选中面了。

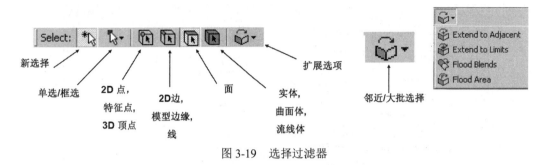

图 3-19　选择过滤器

选择模式下，光标会反映出当前的选择过滤器，不同的光标表示选取不同的选择方式，具体光标模式参见 3.4.2 节。

除了直接选取过滤之外，过滤器工具栏中还具有邻近选择功能，邻近选择会选择当前选择附近所有的面或边。

其次，选择过滤器在建模窗口下也可以通过鼠标右键来设置，右键快捷菜单如图 3-20 所示。

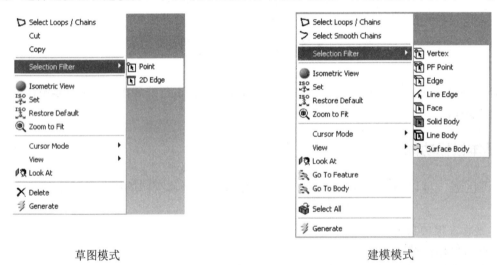

草图模式　　　　　　　　　　　　　　建模模式

图 3-20　右键快捷菜单

1．单选

在 ANSYS Workbench 17.0 中，目标是指 Vertex（点）、Edge（线）、Face（面）、Body（体），确定目标为点、线、面、体的一种。可以通过如图 3-21 所示工具栏中的"选择模式"按钮选取选择的模式，包含 Single Select（单选）模式和 Box Select（框选）模式。单击按钮，选中 Single Select（单选），进入单选选择模式。利用鼠标左键在模型上单击进行目标的选取。

在选择几何体时，有些是在后面被遮盖上，这时使用选择面板十分有用。具体操作为：首先选择被遮盖几何体的最前面部分，这时在视图区域的左下角将显示出选择面板的待选窗格，如图 3-22 所示。它用来选择被遮盖的几何体（线、面等），待选窗格的颜色和零部件的颜色相匹配（适用于装配体）。可以直接单击待选窗格的待选方块，每一个待选方块都代表着一个实体（面、边等），假想有一条直线从鼠标开始单击的位置起沿垂直于视线的方向穿过所有这些实体。多选技术也适用于查询窗格。屏幕下方的状态栏中将显示被选择的目标的信息。

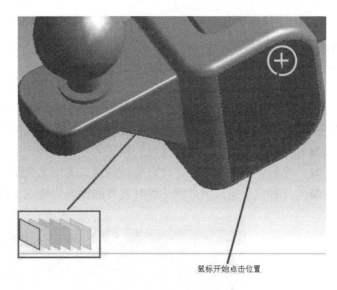

鼠标开始点击位置

图 3-21　选择过滤器　　　　　　　　　　　　图 3-22　选择面板

2．框选

与单选的方法类似，只需选择 Box Select（框选），再在视图区中按住鼠标左键拖动、画矩形框进行选取。框选也是基于当前激活的过滤器来选择，如采取面选择过滤模式，则框选同样也是只可以选择面。另外，在框选时不同的拖动方向代表不同的含义，见图 3-23。

　　　　　　　　　　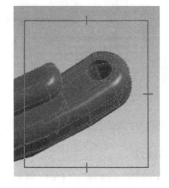

　　　　　　由左到右　　　　　　　　　　　　　　　　由右到左

图 3-23　框选模式

➥　　从左到右：选中所有完全包含在选择框中的对象。

➥　　从右到左：选中包含于或经过选择框中的对象。

注意选择框边框的识别符号有助于帮助用户确定到底正在使用上述哪种拾取模式。

另外还可以在结构树中的 Geometry（几何模型）分支中进行选择。

3.4　视 图 操 作

建模时，主要的操作区域就是视图区，在视图区域里面的操作包含旋转视图、平移视图等，且不同的光标形状表示不同的含义。

3.4.1 图形控制

1．旋转操作

可直接在绘图区域按下鼠标中键进行旋转操作。也可以通过单击拾取工具栏中的旋转⟳图标，执行旋转操作。光标在图形区域的不同位置，将实现不同的旋转操作，如图3-24所示。其中：

➥ 光标位于图形中央时旋转的模式为自由旋转。

➥ 光标位于图形中心之外时旋转的模式为绕Z向旋转。

➥ 光标位于窗口顶部或边缘时旋转的模式为绕X轴旋转（顶部/底部）或Y轴（左/右）边界。

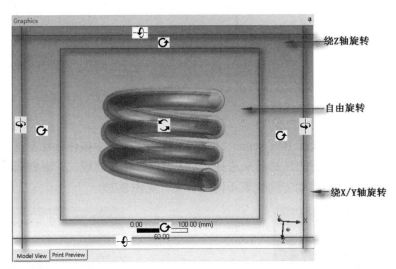

图3-24　旋转操作

📢 **注意：**

光标根据窗口所处的位置/操作方式改变其形状。

2．平移操作

可直接在绘图区域按下 Ctrl+鼠标中键进行平移操作，或通过单击拾取工具栏中的平移✛图标，执行平移操作。

3．缩放操作

可直接在绘图区域按下 Shift+鼠标中键进行放大或缩小操作，或通过单击拾取工具栏中的缩放⊕图标，执行缩放操作。

4．窗口放大操作

可直接在绘图区域按下鼠标右键并拖动，拖动光标所得的窗口被放大到视图区域，或通过单击拾取工具栏中的窗口放大⊕图标，执行窗口放大操作。

📢 **注意：**

在旋转、平移、缩放模式下可以通过用鼠标左键单击模型，暂时重设模型当前浏览中心和光标旋转中心（红点标记），如图3-25所示。再次使用左键单击空白区域将模型浏览中心和旋转中心置于当前模型的质心。

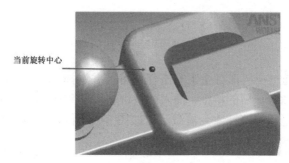

图 3-25　光标旋转中心

3.4.2　光标模式

光标在不同的状态显示的形状是不同的，这些状态包括：指示选择操作、浏览、旋转、选定、草图自动约束及系统状态"正忙""等待"等，如图 3-26 所示。

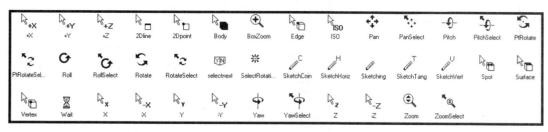

图 3-26　光标状态

3.5　右键弹出菜单

在不同的位置右击会弹出不同的右键快捷菜单，如图 3-27 所示。在这里介绍右键弹出菜单的功能。

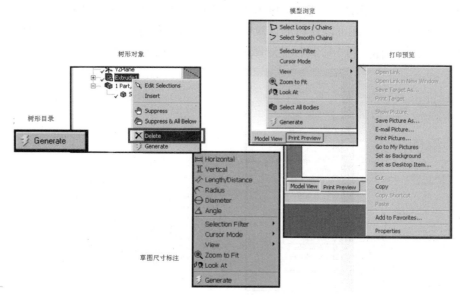

图 3-27　右键弹出菜单

3.5.1 插入特征

在建模过程中，可以通过在树形目录上右击任何特征并选择 Insert（插入）来实现这样一种操作，即允许在选择的特征之前插入一新的特征，插入的特征将会转到树形目录中被选特征之前去，只有新建模型被再生后，该特征之后的特征才会被激活。如图 3-28 所示为插入特征操作。

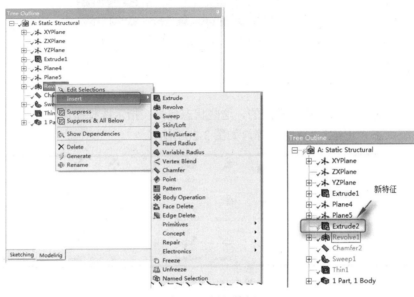

图 3-28　插入特征

3.5.2 显示/隐藏目标

1. 隐藏目标

在视图区域的模型上选择一个目标，单击鼠标右键，在弹出的快捷菜单中选择 Hide Body（如图 3-29 所示），该目标即被隐藏。还可以在树形目录中选取一个目标，单击鼠标右键，在弹出的快捷菜单中选择 Hide Body 来隐藏目标。当一个目标被隐藏时，该目标在树形目录的显示亮度会变暗。

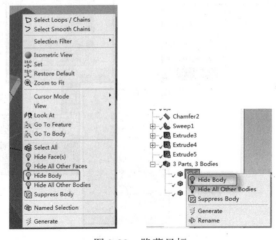

图 3-29　隐藏目标

2．显示目标

在视图区域中单击鼠标右键，在弹出的选项里选择 Go To—Hidden Bodies in Tree，系统自动在结构树 Geometry（几何模型）项中弹出被隐藏的目标，以蓝色加亮方式显示，在树形目录中选中该项，右击，选择 💡 Show Body 显示该目标。

3.5.3　特征/部件抑制

部件与体可以在树形目录或模型视图窗口中被抑制，一个抑制的部件或体保持隐藏，不会被导入后期的分析与求解的过程中。如图 3-30 所示，抑制的操作可以在树形目录中进行，特征和体都可以在树形目录中被抑制；而在绘图区域选中模型体可以执行体抑制的操作，如图 3-31 所示。另外，当一特征被抑制时，任何与它相关的特征也被抑制。

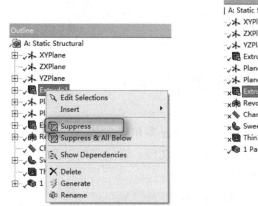 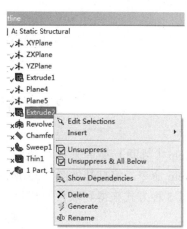

图 3-30　树形目录中的抑制

图 3-31　绘图区域中的抑制

3.5.4　Go To 特征

右键菜单中的 Go To 特征允许快速把视图区域上选择的体切换树形目录上对应的位置。这个功能在模型复杂的时候经常常用到。如要实现 Go To 的特征，只需要在图形区域中选中实体，单击鼠标右键，在弹出的快捷菜单中选择 Go To Feature 即可，如图 3-32 所示。可在树形目录上选择 Feature 或 Body，切换到树形目录对应的特征或体节点上。

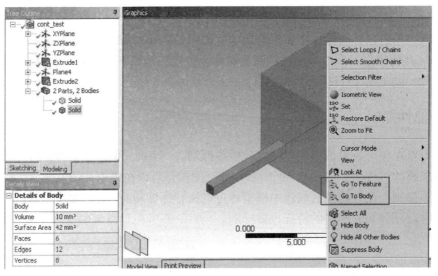

图 3-32　Go To 特征

3.6　帮 助 文 档

可以通过 Help（帮助）菜单来打开帮助文档。选择菜单栏中的 Utility Menu: Help→ANSYS DesignModeler Help 命令，将打开如图 3-33 所示的帮助文档，这些文档以 Web 方式组织。从图中可以看出，可以通过 3 种方式来得到项目的帮助。

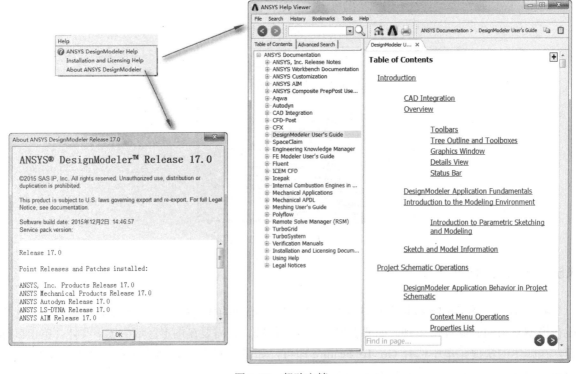

图 3-33　帮助文档

↘ 目录方式：使用此方式需要对所查项目的属性有所了解。

↘ 索引方式：以字母顺序排序。

↘ 搜索方式：这种方式简便快捷，缺点是可能搜索到大量条目。

在浏览某页时，可能注意到一些有下划线的不同颜色的词，这就是超文本链接。单击该词，就能得到关于该项目的帮助，出现超文本链接的典型项目是命令名、单元类型、用户手册的章节等。

当单击某个超文本链接之后，它将显示不同的颜色。一般情况下，未单击时为蓝色，单击之后为红褐色。

另外，通过 Help 菜单还可以访问到版权及支持信息，如图 3-33 所示。

第4章 草 图 模 式

内容简介

DesignModeler 草图均为在平面上创建。默认情况下，创建一个新的模型时，在全局直角坐标系原点有 3 个默认的正交平面（XY、ZX、YZ），在这 3 个默认的正交平面上可以绘制草图。

内容要点

- ⬎ DesignModeler 中几何体的分类
- ⬎ 绘制草图
- ⬎ 工具箱
- ⬎ 草图绘制实例 1——垫片草图
- ⬎ 草绘附件
- ⬎ 草图绘制实例 2——机缸垫草图

案例效果

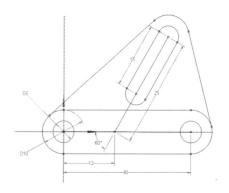

4.1 DesignModeler 中几何体的分类

可以根据需要定义原点和方位，或使用现有几何体做参照平面创建和放置新的工作平面。另外，可以根据需要创建任意多的工作平面，并且多个草图可以同时存在于一个平面之上。

创建草图的步骤如下。

（1）定义绘制草图的平面。

（2）在所希望的平面上绘制或识别草图。

在 DesignModeler 中几何体有以下 4 种基本模式。

- ⬎ 草图模式：包括二维几何体的创建、修改、尺寸标注及约束等，创建的二维几何体为三维几何体的创建和概念建模作准备。
- ⬎ 三维几何体模式：将草图进行拉伸、旋转、扫描等操作得到的三维几何体。

- 几何体输入模式：直接导入其他 CAD 模型到 DesignModeler 中，并对其进行修补，使之适应有限元网格划分。
- 概念建模模式：用于创建和修改线体或面体，使之能应用于创建梁和壳体的有限元模型。

4.2 绘制草图

在 DesignModeler 中绘制二维草图，首先必须建立或选择一个工作平面。因此，在绘制草图前首先要懂得如何进行绘图之前的设置，以及如何创建一个工作平面。

4.2.1 长度单位制

在创建一个新的设计模型或导入模型到 DesignModeler 后，第一次进入 DesignModeler，首先会出现一个如图 4-1 所示的对话框，供用户选择需要的长度单位制。注意，在建模过程中单位一旦设置后是不可更改的。选择完长度单位制后，就会进入到如图 4-2 所示的 DesignModeler 界面中。

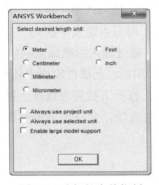

图 4-1 选择长度单位制

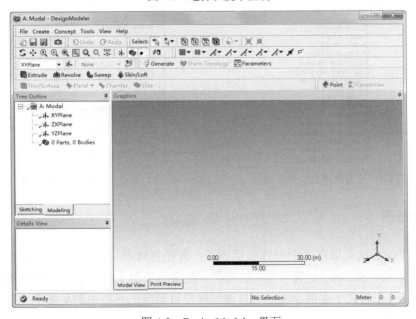

图 4-2 DesignModeler 界面

4.2.2 创建新平面

所有草图均只能建立在平面之上，所以要绘制草图首先要懂得如何创建一个新的平面。

可以通过选择菜单栏中的 Create（创建）→New Plane（新建平面）命令或直接单击工具栏中的 ✚ 图标创建新平面。执行上述操作后，树形目录中将显示出新平面。在树形目录下的属性窗格中可以更改创建新平面的方式，如图 4-3 所示。创建新平面有 6 种方式。

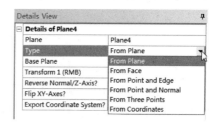

图 4-3 创建新平面

- ➥ From Plane（自平面）：基于另一个已有平面创建平面。

- ➥ From Face（自表面）：从表面创建平面。

- ➥ From Point and Edge（自点和线）：用一点和一条直线的边界定义平面。

- ➥ From Point and Normal（自点和法线）：用一点和一条边界方向的法线定义平面。

- ➥ From Three Points（自三点）：用三点定义平面。

- ➥ From Coordinates（自坐标）：通过输入距离原点的坐标和法线定义平面。

在 6 种方式中选择一种方式创建平面后，在属性窗格中还可以进行多种变换。如图 4-4 所示，单击属性窗格中的 Transform（变换）栏，打开下拉列表选择一种变换，可以迅速完成选定面的变换。

一旦选择了变换，将出现附加属性选项，允许输入偏移距离、旋转角度和旋转轴等，如图 4-5 所示。

图 4-4 平面变换

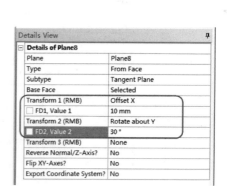

图 4-5 属性选项

4.2.3 创建新草图

在创建完新平面后就可以在之上创建新草图了。首先在树形目录中选择要创建草图的平面，然后单击工具栏中的 New Sketch（新建草图）按钮，在激活平面上就新建了一个草图。新建的草图会放在树形目录中，且在相关平面的下方。可以通过树形目录或工具栏中的草图下拉列表来操作草图，如图 4-6 所示。

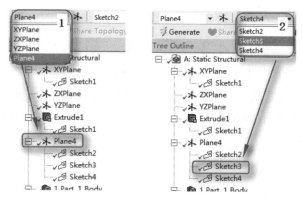

图 4-6 自工具栏选择草图

📢 注意：

下拉列表仅显示以当前激活平面为参照的草图。

除上面的方法之外，还可以通过"自表面"命令快速建立平面/草图。"自表面"用已有几何体创建草图的快捷方式为：首先选中创建新平面所用的表面，然后切换到 Sketching（草图）标签开始绘制草图，则新工作平面和草图将自动创建，如图 4-7 所示。

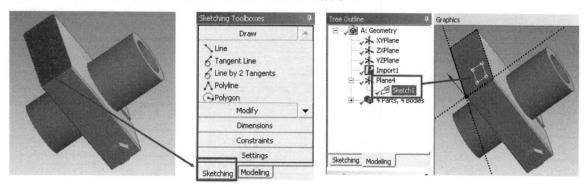

图 4-7 自表面创建草图

4.2.4 草图的隐藏与显示

在 DesignModeler 中可以通过鼠标右键控制草图的隐藏和显示。如图 4-8 所示，在树形目录中单击鼠标右键，在弹出的快捷菜单中可以选择 Show Sketch（显示草图）或 Hide Sketch（隐藏草图）两种方式。在默认情况下，仅在树形目录中高亮时草图才显示。

图 4-8 草图的隐藏与显示

4.3 工 具 箱

在创建三维模型时，首先要从二维草图绘制开始，绘图工具箱中的命令是必不可少的。工具箱中的命令被分为5类，分别是草图、修改、标注、约束和设置。另外，在操作时要注意状态栏，其中可以实时显示每一个功能的提示。

4.3.1 草绘工具箱

选定好或创建完平面和草图后，就可以利用 Draw（草绘）工具箱创建新的二维几何体。如图 4-9 所示为 Draw（草绘）工具箱。在草绘工具箱中是一些常用的二维草图创建的命令，比如直线、正多边形、圆、圆弧、椭圆、切线、相切圆和样条等，一般会简单 CAD 类软件的人都可以直接上手。

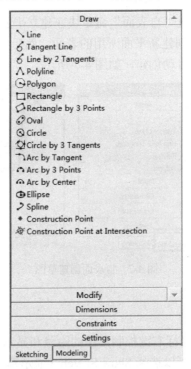

图 4-9 Draw（草绘）工具箱

另外还有一些其他命令相对来说比较复杂，例如 Spline（样条）命令，在操作时，必须用鼠标右键选择所需的选项才能结束 Spline（样条）操作。此栏中命令比较简单，兹不赘述。

4.3.2 修改工具箱

Modify（修改）工具箱中有许多编辑草图的工具，如倒角、圆角、延伸、修剪、剪切、复制、粘贴、移动和复制等命令，如图 4.10 所示。这些命令比较常见，下面主要阐述一些不常使用的命令。

（1）🔀Split（分割）：在选择边界之前，在绘图区域右击，系统弹出如图 4-11 所示的右键快捷菜单，里面含有 4 个选项可供选择。

图 4-10　Modify（修改）工具箱　　　　　图 4-11　分割快捷菜单

➥ Split Edge at Selection（分割所选边）：在选定位置将一条边线分割成两段（指定边线不能是整个圆或椭圆）；要对整个圆或椭圆做分割操作，必须指定起点和终点的位置。该选项为默认选项。

➥ Split Edge at Point（用点分割边线）：选定一个点后，所有过此点的边线都将被分割成两段。

➥ Split Edge at All Points（用边上的所有点分割）：选择一条边线，它被所有通过的点分割，这样就同时产生了一个重合约束。

➥ Split Edge into n Equal Segments（将线 n 等分）：先在编辑框中设定 n 值，然后选择待分割的线。

📢 注意：

n 最大为 100。

（2）⊞ Drag（拖曳）：拖曳命令是一个比较实用的命令，它几乎可以拖曳所有的二维草图。在操作时可以选择一个点或一条边来进行拖曳。所拖曳的变化取决于所选定的内容及所加约束和尺寸。例如选定一直线可以在直线的垂直方向进行拖曳操作；而选择此直线上的一个点，则可以通过对此点的拖曳，直线可以被改为不同的长度和角度；而选择矩形上的一个点，则与该点连接的两条线只能是水平或垂直的，如图 4-12 所示。另外在使用拖曳功能前可以预先选择多个实体，从而直接拖动多个实体。

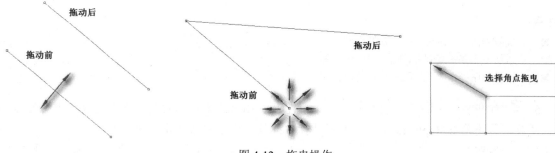

图 4-12　拖曳操作

（3）✂ Cut/📋 Copy（剪切/复制）：这些操作是将一组对象复制到一个内部的剪贴板上，然后将原图保留在草图上。在右击弹出的快捷菜单中可以选择对象的粘贴点，如图 4-13 所示。粘贴点是移动一段作图对象到待粘贴位置时，光标与之联系的点。

➥ Clear Selection（清空选项）。

➥ End/Set Paste Handle（手动设置粘贴点）。

➥ End/Use Plane Origin as Handle（使用平面原点作为粘贴点位置）：粘贴点在面的（0.0，0.0）位置处。

➥ End/Use Default Paste Handle（采用默认粘贴点）：如果在退出前剪切或复制没有选择粘贴操作点，系统使用此默认值。

（4）📋 Paste ┌ r ┤90 ° ┐ ┌ f ┤2 ┐ （粘贴）：将要粘贴的对象复制或剪切至剪贴板中后再把其放到当前（或放到不同的平面中）草图中，即可实现 Paste（粘贴）操作。右击弹出快捷菜单，如图 4-14 所示。

➥ Rotate by +/- r Degrees（旋转+/- r 度）。

➥ Flip Horizontal/Vertical（水平/垂直翻转）。

➥ Scale by factor f、1/f（放大 f 或 1/f 倍）。

➥ Paste at Plane Origin（在平面原点粘贴）。

➥ Change Paste Handle（修改粘贴点）。

➥ End（结束）。

图 4-13　剪切/复制快捷菜单

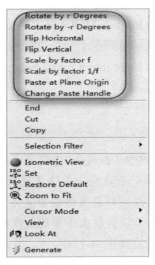

图 4-14　粘贴快捷菜单

📢 注意：

➥ 完成复制后，可以进行多次粘贴操作。

➥ 可以从一个草图复制后粘贴到另一个草图。

➥ 在进行粘贴操作时可以改变粘贴的操作点。

（5）🔲 Replicate ┌ r ┤90 ° ┐ ┌ f ┤2 ┐ （重复）：相当于复制加粘贴命令。选取其中的 End（结束）选项后，再次单击 Replicate（重复）则鼠标右键就变成了粘贴功能右键。

（6）⚏ Move ┌ r ┤90 ° ┐ ┌ f ┤2 ┐ （移动）：Move（移动）命令和 Replicate（重复）命

令相似，但操作后选取的对象移动到一个新的位置，而不是被复制。

（7）Offset（偏移）：可以从一组已有的线和圆弧偏移相等的距离创建一组线和圆弧。原始的一组线和圆弧必须相互连接构成一个开放或封闭的轮廓。预选或选择边后在鼠标右键弹出菜单中选择 End selection/Place offset（终止选择/位置偏移）。

可以使用光标位置设定以下 3 个值。

➥ 偏移距离。

➥ 偏移侧方向。

➥ 偏移区域。

4.3.3 标注工具箱

Dimensions（标注）工具箱中有一套完整的标注工具命令集，如图 4-15 所示。标注完尺寸后选中尺寸，然后在属性窗格中输入新值，即可完成修改。它不仅可以逐个标注尺寸，还可以进行半自动标注。

（1）Semi-Automatic（半自动标注）：此命令依次给出待标注的尺寸的选项，直到模型完全约束或用户选择退出自动模式。在半自动标注模式中右击跳出或结束此项功能。如图 4-16 所示为半自动标注快捷菜单。

图 4-15 Dimensions（标注）工具箱

图 4-16 半自动标注快捷菜单

（2）General（通用标注）：鼠标右键单击通用标注工具可以直接在图形中进行智能标注，另外还可以直接单击右键迅速弹出所有主要的标注工具。

（3）Move（移动标注）：移动标注功能可以修改尺寸放置的位置。

（4）Animate Cycles = 3 （动画标注）：用来动画显示选定尺寸变化情况，后面的 Cycles 可以输入循环的次数。

（5）Display Name: ☑Value: ☐ （显示标注）：用来调节标注尺寸的显示方式，可以通过尺寸的具体数值或尺寸名称来显示尺寸，如图 4-17 所示。

另外，在非标注模式下选中尺寸后，单击鼠标右键，弹出如图 4-18 所示的右键快捷菜单，从中选择 Edit Name/Value（编辑名称/值）命令可以快速进行尺寸编辑。

图 4-17　显示标注

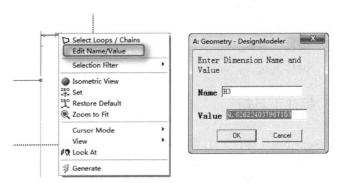

图 4-18　快速修改标注

4.3.4　约束工具箱

可以利用 Constraints（约束）工具箱来定义草图元素之间的关系，如图 4-19 所示。

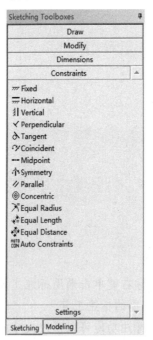

图 4-19　Constraints（约束）工具箱

（1）▨ Fixed　　　　　　Fix Endpoints □（固定约束）：选取一个二维边或点来阻止它的移动。对于二维边可以选择是否固定端点。

（2）▨ Horizontal（水平约束）：拾取一条直线，水平约束可以使该直线与 X 轴平行。

（3）Ꝩ Perpendicular（正交约束）：正交约束可以使拾取的两条线正交。

（4）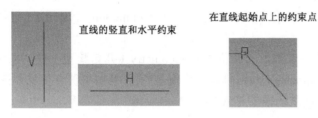Equal Radius（等半径）：使选择的两半径具有等半径的约束。

（5）Auto Constraints　Global: ☑ Cursor: ☑ 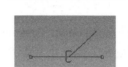（自动约束）：默认的设计模型是 Auto-Constraint（自动约束）模式。自动约束可以在新的草图实体中自动捕捉位置和方向。如图 4-20 所示，光标表示所施加的约束类型。

直线的竖直和水平约束　　在直线起始点上的约束点　　在直线起始点上的重合约束

图 4-20　自动约束

草图中的属性窗格也可以显示草图约束的详细情况，如图 4-21 所示。约束可以通过自动约束产生，也可以由用户自定义。选中定义的约束后单击鼠标右键选删除（或用 Delete 键删除约束）。

当前的约束状态以不同的颜色显示：

➥　深青色：未约束，欠约束。

➥　蓝色：完整定义的。

➥　黑色：固定。

➥　红色：过约束。

➥　灰色：矛盾或未知。

4.3.5　设置工具箱

Setting（设置）工具箱用于定义和显示草图栅格（默认为关），如图 4-22 所示。捕捉特征用来设置主要栅格和次要栅格。

次要栅格中的 Grid Snaps（栅格捕捉）是指次要网格线之间捕捉的点数。

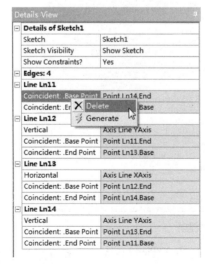

图 4-21　属性窗格

图 4-22　Setting（设置）工具箱

扫一扫，看视频

4.4 草图绘制实例 1——垫片草图

利用本章所学的内容绘制如图 4-23 所示的垫片草图。

（1）进入 ANSYS Workbench 17.0 工作界面，在左侧展开 Component Systems（组件系统）工具箱。

（2）将 Component Systems（组件系统）工具箱中的 Geometry（几何模型）模块拖动到右边项目概图中（或在工具箱中直接双击 Geometry（几何模型）模块），项目概图中便会出现如图 4-24 所示的 Geometry（几何模型）模块，此模块默认编号为 A。

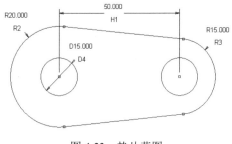

图 4-23 垫片草图

图 4-24 Geometry（几何模型）模块

（3）双击 Geometry（几何模型）模块中的 A2 栏，打开如图 4-25 所示的 DesignModeler 应用程序。此时左端的树形目录默认为建模状态下的树形目录。

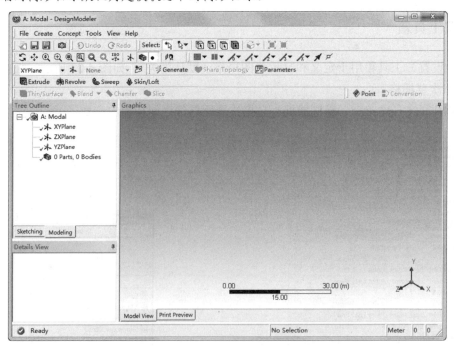

图 4-25 DesignModeler 应用程序

（4）新建草图。首先单击选中树形目录中的 XY 轴平面 XYPlane 分支（在建立草图前先要选择一个工作平面），然后单击工具栏中的"新建草图"按钮 ，新建一个草图。此时树形目录中 XY

轴平面分支下会多出一个名为 Sketch1 的草图。

（5）单击选中树形目录中的 Sketch1 草图，然后单击树形目录下端如图 4-26 所示的 Sketching（草绘）标签，打开 Sketching Toolboxes（草图绘制工具箱）窗格，在新建的 Sketch1 草图上绘制图形。

（6）切换视图。单击工具栏中的"正视于"按钮（如图 4-27 所示），将视图切换为 XY 方向的视图。

图 4-26　Sketching（草绘）标签

图 4-27　正视于按钮

（7）绘制圆。在 Sketching Toolboxes 窗格中默认展开了 Draw（草绘）工具箱，选择其中的 Circle（圆） Circle 命令，将光标移入右边的绘图区域。此时光标变为一个铅笔的形状 ，移动此光标到视图中的原点附近，直到光标中出现"P"字符，表示自动点约束到原点。单击鼠标确定圆的中心点，然后移动光标到任意位置绘制一个圆（此时绘制不用管尺寸的大小，在下面的步骤中会进行尺寸的精确调整）。采用同样的方法绘制另外一个同心圆，结果如图 4-28 所示。

（8）绘制另外两个圆。保持草绘图工具箱内的 Circle（圆） Circle 命令处于选中的状态。移动光标到 X 轴的附近，直到光标中出现"C"的字符，表示线自动约束到 X 轴。单击鼠标确定圆的中心点，然后移动光标到任意位置绘制一个圆。之后利用点约束绘制另外一个圆，与此圆的圆心重合，结果如图 4-29 所示。

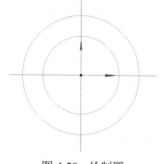

图 4-28　绘制圆

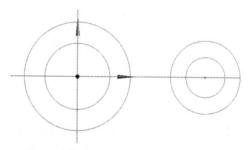

图 4-29　绘制同心圆

（9）绘制切线。在草绘工具箱中选择 Line by 2 Tangents（两端相切线） Line by 2 Tangents 命令，移动光标到视图中的右边外圆的上边线附近，直到光标中出现"T"字符，表示自动相切约束到此圆的边。单击鼠标确定直线的一端，然后移动光标到左边外圆的上边线附近，直到光标中出现"T"字符，表示自动相切约束到此圆的边，之后单击鼠标确定直线的另一端。采用同样的方法绘制下端的切线，结果如图 4-30 所示。

（10）修剪直线。在 Sketching Toolboxes 窗格中展开 Modify（修改）工具箱，如图 4-31 所示。选择其中的 Trim（修剪） Trim 命令，然后移动光标到要修剪的线段上单击，剪切掉多余的线。修剪后的结果如图 4-32 所示。

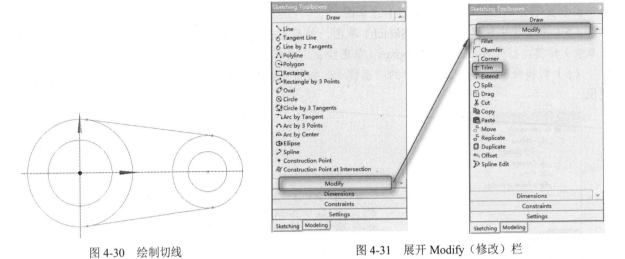

图 4-30　绘制切线　　　　　　　　　　　　图 4-31　展开 Modify（修改）栏

（11）添加约束。在 Sketching Toolboxes 窗格中展开 Constraints（约束）工具箱，如图 4-33 所示。选择其中的 Equal Radius（等半径）❯⟨ Equal Radius 命令，然后分别单击两个内圆，将两个内圆添加等半径约束，使两个圆保持相等的半径。调整后的结果如图 4-34 所示。

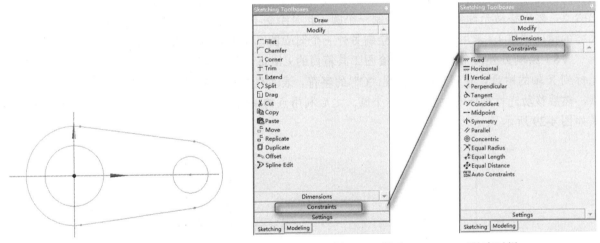

图 4-32　修剪图形　　　　　　　　　　　　图 4-33　展开 Constraints（约束）栏

（12）添加水平尺寸标注。在 Sketching Toolboxes 窗格中展开 Dimensions（标注）工具箱，选择其中的 Horizontal（水平标注）⊨ Horizontal 命令，然后分别单击两个圆的圆心，移动光标到合适的位置放置尺寸。标注完水平尺寸的结果如图 4-35 所示。

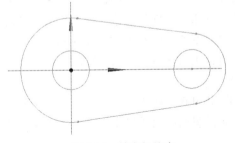

图 4-34　等半径约束

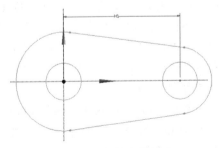

图 4-35　标注水平尺寸

（13）标注直径和半径。在标注工具箱中选择 Radius（半径标注）⚲Radius 命令，标注两端外圆的半径。在标注工具箱中选择 Diameter（直径标注）⊖Diameter 命令，标注一个内圆的直径。此时草图中所有绘制的轮廓线由绿色变为蓝色，表示草图中所有元素均完全约束。标注完成后的结果如图 4-36 所示。

（14）修改尺寸。由上步绘制后的草图虽然已完全约束，但尺寸并没有指定。现在我们通过在属性窗格中修改参数来精确定义草图。此时的属性窗格如图 4-37 所示。将属性窗格中 H1 的参数修改为50mm、R2 的参数修改为 20mm、R3 的参数修改为 15mm，D4 的参数修改为 15mm。绘制的结果如图 4-38 所示。

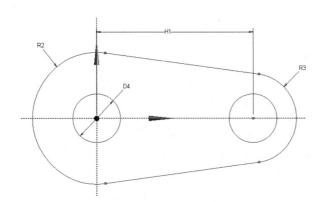

图 4-36　直径和半径标注

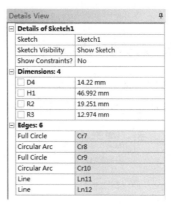

图 4-37　属性窗格

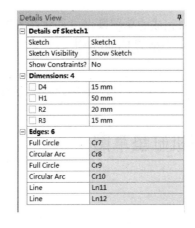

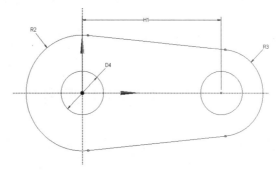

图 4-38　修改尺寸

4.5　草　绘　附　件

在绘图时，有些工具是非常有用的，例如标尺工具、正视于工具或撤销等。

4.5.1　标尺工具

标尺工具可以快速查看图形的尺寸范围。选择 View（视图）→Ruler（标尺）命令，可以设置在视图区域是否显示标尺工具，如图 4-39 所示。

图 4-39　设置标尺工具

4.5.2　正视于工具

当创建或改变平面和草图时，利用 Look At（正视于）工具可以立即改变视图方向，使该平面、草图或选定的实体与用户的视线垂直。该工具在工具栏中的位置如图 4-40 所示。

图 4-40　正视于工具

4.5.3　撤销工具

只有在草图模式下才可以使用 Undo/Redo 按钮撤销上一次完成的草图操作，且允许多次撤销。Back 操作（可以通过鼠标右键点出）在作草图时类似一个小型的 Undo 操作。

📢 注意：

任何时候只能激活一个草图！

扫一扫，看视频

4.6　草图绘制实例 2——机缸垫草图

利用本章所学的内容绘制如图 4-41 所示的机缸垫草图。

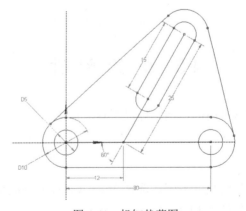

图 4-41　机缸垫草图

（1）进入 ANSYS Workbench 工作界面，在左侧展开 Component Systems（组件系统）工具箱。

（2）将 Component Systems（组件系统）工具箱中的 Geometry（几何模型）模块拖动到右边项目概图中（或在工具箱中直接双击 Geometry（几何模型）模块），项目概图便中会出现如图 4-42 所示的 Geometry（几何模型）模块，此模块默认编号为 A。

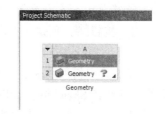

图 4-42　Geometry（几何模型）模块

（3）双击 Geometry（几何模型）模块中的 A2 栏，打开如图 4-43 所示的 DesignModeler 应用程序。此时左侧的树形目录默认为建模状态下的树形目录。在菜单栏中选择 Units（单位）→Millimeter（毫米），采用毫米单位，如图 4-44 所示。

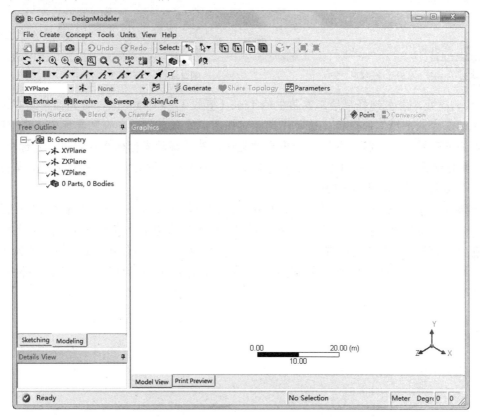

图 4-43　DesignModeler 应用程序

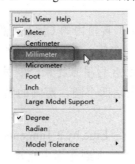

图 4-44　长度单位

（4）新建草图。首先单击选中树形目录中的 XY 轴平面  分支，然后单击工具栏中的"新建草图"按钮 ，创建一个草图。此时树形目录中 XY 轴平面分支下，会多出一个名为 Sketch1 的草图。

（5）单击选中树形目录中的 Sketch1 草图，然后单击树形目录下端如图 4-45 所示的 Sketching（草绘）标签，打开在 Sketching Toolboxes（草图绘制工具箱）窗格，在新建的 Sketch1 草图上绘制图形。

（6）切换视图。单击工具栏中的"正视于"按钮（如图 4-46 所示）将视图切换为 XY 方向的视图。

图 4-45　Sketching（草绘）标签

图 4-46　"正视于"按钮

（7）绘制直线。首先选择草绘工具箱中的 Line（直线） Line 命令，将光标移到右边的绘图区域。此时光标变为一个铅笔的形状，移动此光标到视图中的原点附近，直到光标中出现"P"字符，表示自动点约束到原点。绘制一条与 X 轴重合的直线，然后移动光标到原点右边，光标中出现"C"字符，表示线自动约束到 X 轴。单击鼠标确定直线的一个端点，然后向左上移动光标，单击鼠标确定直线的另一个端点。结果如图 4-47 所示。

（8）绘制圆。首先选择草绘工具箱中的 Circle（圆） Circle 命令，将光标移到右边的绘图区域。此时光标变为一个铅笔的形状 ，移动此光标到视图中的原点附近，直到光标中出现"P"的字符，表示自动点约束到原点。单击鼠标确定圆的中心点，然后移动光标到任意位置绘制一个圆（此时绘制不用管尺寸的大小，在下面的步骤中会进行尺寸的精确调整）。采用同样的方法绘制另外一个同心圆，结果如图 4-48 所示。

图 4-47　绘制直线

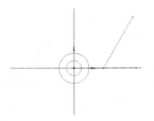

图 4-48　绘制圆

（9）绘制 X 轴上两个圆。保持草绘工具箱内的 Circle（圆） Circle 命令处于选中状态。移动光标到 X 轴的附近，直到光标中出现"C"字符，表示线自动约束到 X 轴。单击鼠标确定圆的中心点，然后移动光标到任意位置绘制一个圆。之后利用点约束绘制另外一个圆，与此圆的圆心重合，结果如图 4-49 所示。采用同样的方式绘制右上端两个圆，两圆的圆心位于直线端点上，然后在斜线上绘制一个圆，结果如图 4-50 所示。

（10）绘制切线。选择草绘工具箱中的 Line by 2 Tangents（两端相切线） Line by 2 Tangents 命令，移动光标到视图中右边外圆的上边线附近，直到光标中出现"T"字符，表示自动相切约束到此圆的边。单击鼠标确定直线的一端，然后移动光标到左边外圆的上边线附近，直到光标中出现"T"字符，表示自动相切约束到此圆的边，之后单击鼠标确定直线的另一端。采用同样的方法绘制其余的切线。结果如图 4-51 所示。

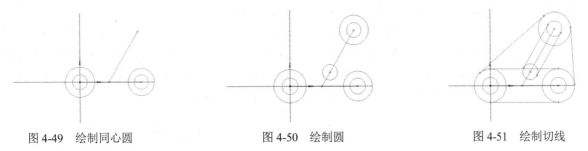

图 4-49　绘制同心圆　　　　　图 4-50　绘制圆　　　　　图 4-51　绘制切线

（11）添加约束。在 Sketching Toolboxes 窗格中展开 Constraints（约束）工具箱，如图 4-52 所示。选择其中的 Equal Radius（等半径）Equal Radius 命令，然后分别单击两侧两个内圆，将两侧两个内圆添加等半径约束，使两个圆保持相等的半径。采用同样的方式添加两侧两个外圆等半径约束。调整后的结果如图 4-53 所示。

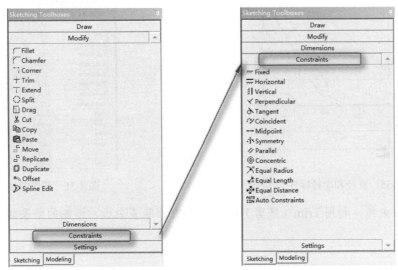

图 4-52　展开 Constraints（约束）工具箱

（12）添加水平尺寸标注。在 Sketching Toolboxes 窗格中展开 Dimensions（标注）工具箱，从中选择 Horizontal（水平标注）Horizontal 命令，然后分别单击两个圆的圆心，移动光标到合适的位置放置尺寸。之后利用 Length/Distance（长度/距离）Length/Distance 命令和 Angle（角度）Angle 命令标注斜线的长度和角度。标注完成结果如图 4-54 所示。

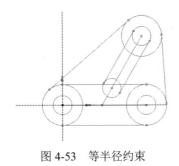
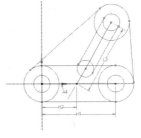

图 4-53　等半径约束　　　　　图 4-54　标注尺寸

（13）标注直径和半径。在标注工具箱中选择 Radius（半径标注）⟨Radius 命令和 Diameter（直径标注）⊖Diameter 命令，标注圆的半径和直径。此时草图中所有绘制的轮廓线由绿色变为蓝色，表示草图中所有元素均完全约束。标注完成后的结果如图 4-55 所示。

（14）修改尺寸。由上步绘制后的草图虽然已完全约束，但尺寸并没有指定。现在我们通过在属性窗格中修改参数来精确定义草图。将属性窗格中 H1 的参数修改为 30mm、H2 的参数修改为 12mm、L3 的参数修改为 25mm、A4 的参数修改为 60°、D5 的参数修改为 10mm、D6 的参数修改为 5mm、L7 的参数修改为 15mm，如图 4-56 所示。绘制的结果如图 4-57 所示。

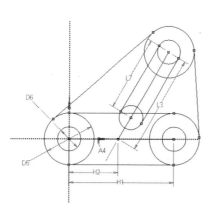

图 4-55　直径和半径标注

图 4-56　属性窗格

（15）删除多余线。利用 Trim（修剪）命令 ┼Trim 删除多余线。绘制的结果如图 4-58 所示。

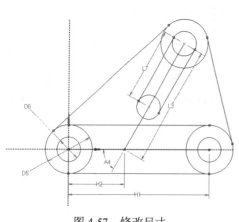

图 4-57　修改尺寸

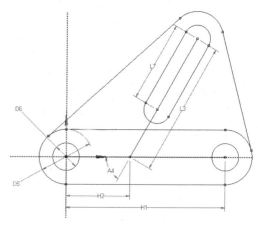

图 4-58　删除多余线

第 5 章　三 维 特 征

内容简介

DesignModeler 的主要功能就是为有限元的分析环境提供几何体模型,所以首先要了解
DesignModeler 可以处理的不同类型的几何体模型。

内容要点

- ↘ 建模特性
- ↘ 修改特征
- ↘ 体操作
- ↘ 特征建模实例——基台
- ↘ 高级体操作
- ↘ 三维特征实例 1——联轴器
- ↘ 三维特征实例 2——机盖

案例效果

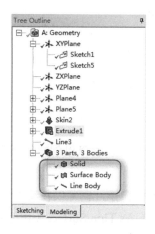
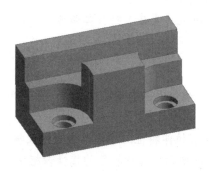

5.1　建 模 特 性

DesignModeler 中包括 3 种体类型,如图 5-1 所示。

- ↘ 实体(Solid):由表面和体组成。
- ↘ 表面体(Surface Body):由表面但没有体组成。
- ↘ 线体(Line Body):完全由边线组成,没有面和体。

默认的情况下,DesignModeler 自动将生成的每一个体放在一个零件中。单个零件一般独自进行
网格的划分。如果各单独的体有共享面,则共享面上的网格划分不能匹配。单个零件上的多个体可以
在共享面上划分匹配的网格。

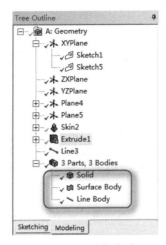

图 5-1　3 种体类型

通过三维特征操作由二维草图生成三维的几何体。常见的特征操作包括：拉伸（Extrude）、旋转（Revolve）、扫掠（Sweep）、放样（Skin/Loft）和抽壳（Thin/Surface）等。如图 5-2 所示为特征工具栏。

图 5-2　特征工具栏

三维几何特征的生成（如拉伸或扫掠）包括 3 个步骤：

（1）选择草图或特征并执行特征命令。

（2）指定特征的属性。

（3）执行 Generate（生成）特征体命令。

5.1.1　拉伸

Extrude（拉伸）命令可以生成包括实体、表面和薄壁的特征。这里以创建表面为例介绍一下创建拉伸特征的操作。

（1）单击欲生成拉伸特征的草图，既可以在树形目录中选择，也可以在绘图区域中选择。

（2）在如图 5-3 所示的拉伸特征的属性窗格中，先选择 As Thin/Surface（作为片/面），将之改为 Yes，然后将内、外厚度设置为 0mm。

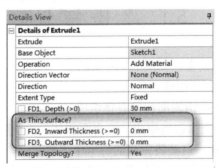

图 5-3　属性窗格

（3）详细列表菜单用来设定拉伸深度、方向和布尔操作（添加、切除、切片、印记或加入冻结）。

（4）单击生成按钮完成特征创建。

1. 拉伸特征的属性窗格

在建模过程中对属性窗格的操作是无可避免的。在属性窗格中可以进行布尔操作、改变特征的方向、特征的类型和是否拓扑等。如图 5-4 所示为拉伸特征的属性窗格。

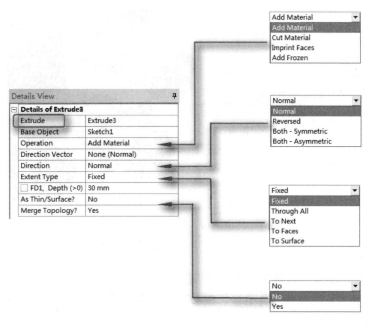

图 5-4　拉伸特征属性窗格

2. 拉伸特征的布尔操作

对三维特征可以进行 5 种不同的布尔操作，如图 5-5 所示。

➥　Add Material（添加材料）：该操作总是可用创建材料并合并到激活体中。

➥　Cut Material（切除材料）：从激活体上切除材料。

➥　Slice Material（切片材料）：将冻结体切片。仅当体全部被冻结时才可用。

➥　Imprint Faces（给表面添加印记）：和切片相似，但仅仅分割体上的面，如果需要也可以在边线上增加印记（不创建新体）。

➥　Add Frozen（加入冻结）：和加入材料相似，但新增特征体不被合并到已有的模型中，而是作为冻结体加入。

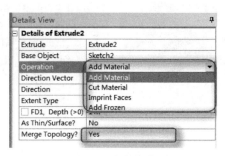

图 5-5　布尔操作

3．拉伸特征的方向

特征方向可以定义所生成模型的方向，其中包括 Normal（标准方向）、Reversed（反向）、Both-Asymmetric（双向）及 Both-Symmetric（双向对称）4 种，如图 5-6 所示。默认为标准方向，也就是坐标轴的正方向；反向则为标准方向的反方向；而双向对称只需设置一个方向的拉伸长度即可；双向则需分别设置两个方向的拉伸长度的选项。

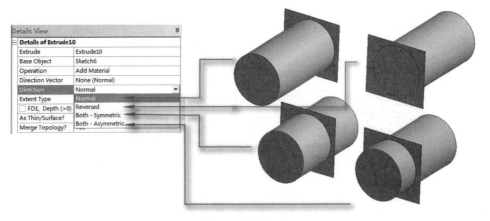

图 5-6　特征方向

4．拉伸特征的类型

（1）Fixed（固定）类型：拉伸固定长度的实体，选择此选项需要在深度一栏输入拉伸的长度。

（2）Through All（穿过所有）类型：将剖面延伸到整个模型，在加料操作中延伸轮廓必须完全和模型相交，如图 5-7 所示。

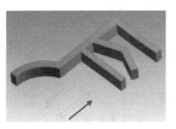 

图 5-7　穿过所有类型

（3）To Next（到下一个）类型：此操作将延伸轮廓到所遇到的第一个面，在剪切、印记及切片操作中，将轮廓延伸至所遇到的第一个面或体，如图 5-8 所示。

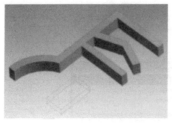 

图 5-8　到下一个类型

（4）To Faces（到面）类型：可以延伸拉伸特征到有一个或多个面形成的边界。对多个轮廓而言，要确保每一个轮廓至少有一个面和延伸线相交，否则导致延伸错误，如图 5-9 所示。

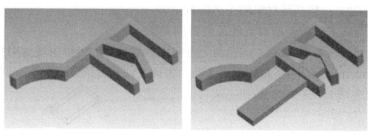

图 5-9　到面类型

"到面"选项不同于"到下一个"选项。"到下一个"并不意味着到下一个面，而是到下一个块的体（实体或薄片），而"到面"选项可以到冻结体的面。

（5）To Surface（到表面）：除只能选择一个面外，和"到面"选项类似。

如果选择的面与延伸后的体是不相交的，这就涉及面延伸的情况。延伸情况类型由选择面的潜在面与可能的游离面来定义。在这种情况下选择一个单一面，该面的潜在面被用作延伸。该潜在面必须完全和拉伸后的轮廓相交，否则会报错，如图 5-10 所示。

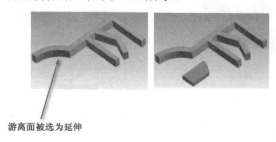

图 5-10　到表面类型

5.1.2　旋转

Revolve（旋转）是指选定草图创建轴对称旋转几何体。从属性窗格中选择旋转轴；如果在草图中有一条孤立（自由）的线（如图 5-11 所示），它将被作为默认的旋转轴。旋转特征的属性窗格如图 5-12 所示。

图 5-11　旋转特征　　　　　　　　　　图 5-12　旋转特征属性窗格

旋转方向特性如下：

- Normal（正常）：按基准对象的正 Z 方向旋转。
- Reversed（反向）：按基准对象的负 Z 方向旋转。
- Both-Symmetric（双向-对称）：在两个方向上创建特征。一组角度运用到两个方向。
- Both-Asymmetric（双向-不对称）：在两个方向上创建特征。每一个方向有自己的角度。

单击 Generate（生成） ⚡Generate 按钮完成特征的创建。

5.1.3 扫掠

Sweep（扫掠）可以创建实体、表面、薄壁特征，它们都可以通过沿一条路径扫掠生成，如图 5-13 所示。扫掠特征的属性窗格如图 5-14 所示。

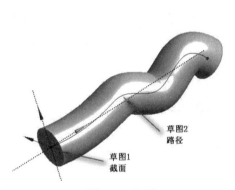

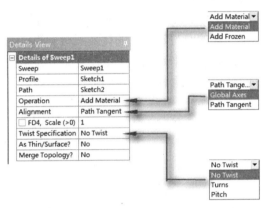

图 5-13　扫掠　　　　　　　　　　　　　　　图 5-14　扫掠特征属性窗格

在属性窗格中可以设置的扫掠对齐方式如下。

- Path Tangent（路径相切）：沿路径扫掠时自动调整剖面，以保证剖面垂直路径。
- Global Axes（全局）：沿路径扫掠时，不管路径的形状如何剖面的方向保持不变。

在属性窗格中设置比例和圈数特征可用来创建螺旋扫掠。

- Scale（比例）：沿扫掠路径逐渐扩张或收缩。
- Turns（圈数）：沿扫掠路径转动剖面；负圈数表示剖面沿与路径相反的方向旋转，正圈数表示逆时针旋转。

🔊 注意：

如果扫掠路径是一个闭合的环路，则圈数必须是整数；如果扫掠路径是开放链路，则圈数可以是任意数值，比例和圈数的默认值分别为 1.0 和 0.0。

5.1.4 放样

Skin/Loft（放样）是从不同平面上的一系列剖面（轮廓）产生一个与它们拟合的三维几何体（必须选两个或更多的剖面）。放样特征如图 5-15 所示。

要生成放样的剖面，可以是一个闭合或开放的环路草图或由表面得到的一个面，所有的剖面必须有同样的边数，不能混杂开放和闭合的剖面，所有的剖面必须是同种类型，草图和面可以通过在图形区域内单击它们的边或点，或者在特征或面树形目录中单击选取。

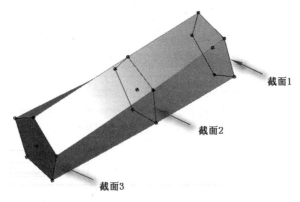

图 5-15　放样特征

如图 5-16 所示为放样特征的属性窗格。

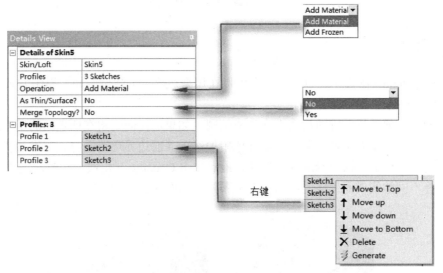

图 5-16　放样特征属性窗格

5.1.5　抽壳

Thin/Surface（抽壳）主要是用来创建薄壁实体（Thin）和创建简化壳（Surface），如图 5-17 所示。

属性窗格中抽壳类型的 3 个选项如下。

- ❧ Faces to Remove（删除面）：所选面将从体中删除。
- ❧ Faces to Keep（保留面）：保留所选面，删除没有选择的面。
- ❧ Bodies Only（仅对体操作）：只对所选体上操作，不删除任何面。

将实体转换成薄壁体或面时，可以采用以下 3 种中的一种偏移方向指定模型的厚度。

- ❧ Inward（向内）。
- ❧ Outward（向外）。
- ❧ Mid-Plane（中面）。

如图 5-18 所示为抽壳特征的属性窗格。

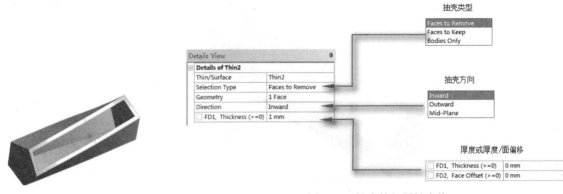

图 5-17 抽壳

图 5-18 抽壳特征属性窗格

5.2 修改特征

5.2.1 等半径倒圆

Fixed Radius Blend（固定半径倒圆）命令可以在模型边界上创建倒圆角。操作方式：在菜单栏中选择 Create→Fixed Radius Blend 命令。

在生成倒圆时，要选择三维的边或面来生成倒圆。如果选择面则将在所选面的所有边上均倒圆。采用预先选择时，可以从右键弹出菜单获取其他附加选项（面边界环路选择、三维边界链平滑）。

另外，在属性窗格中可以编辑倒圆的半径。最后单击 Generate（生成）按钮，完成特征的创建并更新模型。选择不同的线或面生成的圆角会有所不同，如图 5-19 所示。

图 5-19 等半径倒圆

5.2.2　变半径倒圆

Variable Radius Blend（变半径倒圆）与等半径倒圆类似，操作方式也是在菜单栏中选择 Create→Variable Radius Blend 命令；不同之处在于变半径倒圆不仅可以通过属性窗格改变每边的起始和结尾的倒圆半径，还可以设定倒圆间的过渡形式为光滑还是线性，如图 5-20 所示。最后单击 Generate（生成）按钮，完成特征的创建并更新模型。

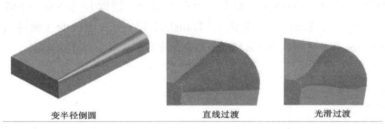

变半径倒圆　　　　　直线过渡　　　　　光滑过渡

图 5-20　变半径倒圆

5.2.3　顶点倒圆

当需要对曲面体和线体进行倒圆操作时，需要用到 Vertex Blend（顶点倒圆）命令。操作方式为：在菜单栏中选择 Create→Vertex Blend 命令。采用此命令时顶点必须属于曲面体或线体，必须与两条边相接。另外，顶点周围的几何体必须是平面的。

5.2.4　倒角

Chamfer（倒角）特征用来在模型边上创建平面过渡（或称倒角面）。操作方式为：在菜单栏中选择 Create→Chamfer 命令。

选择 3D 边或面来进行倒角。如果选择的是面，那个面上的所有边缘将被倒角。预选时，可以从右键弹出菜单中选择其他选项（面边界环路选择、3D 边界链平滑）。

面上的每条边都有方向，该方向定义右侧和左侧。可以用平面（倒角面）过渡所用边到两条边的距离或距离（左或右）与角度来定义斜面。在属性窗格中设定倒角类型，包括设定距离和角度。选择不同的属性生成的倒角不同，如图 5-21 所示。

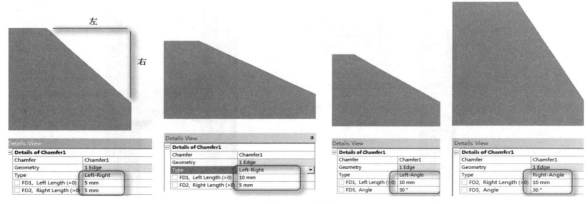

图 5-21　倒角

5.3 体 操 作

在菜单栏中选择 Create→Body Operation 命令（如图 5-22 所示），可以对体进行多种操作。体操作可用于任何类型的体，不管是激活的还是冻结的。附着在选定体上的面或边上的特征点，不受体操作的影响。

在属性窗格中可以选择具体的体操作类型，包括 Mirror（镜像）、Move（移动）、Delete（删除）、Scale（缩放）、Sew（缝合）、Simplify（简化）、Translate（转换）、Rotate（旋转）、Cut Material（切除材料）和 Imprint Faces（印记面）、Slice Material（切片）等（并非所有的操作一直可用），如图 5-23所示。

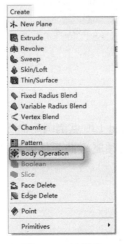

图 5-22　体操作

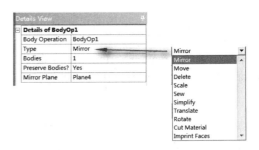

图 5-23　体操作属性窗格

5.3.1 镜像

在 Mirror（镜像）操作中需要选择体和镜像平面。DesignModeler 在镜像面上创建选定原始体的镜像，镜像的激活体将和原激活模型合并，镜像的冻结体不能合并。

镜像平面默认为最初的激活面，如图 5-24 所示为镜像生成的体。

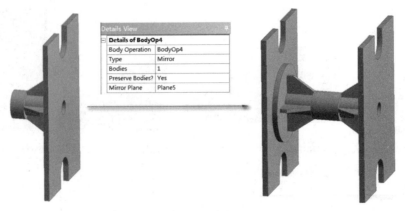

图 5-24　镜像体操作

5.3.2 移动

在 Move（移动）操作中要选择体和两个平面（一个源平面和一个目标平面）。DesignModeler 将选定的体从源平面转移到目标平面中，这对对齐导入的或链接的体特别有用。

如图 5-25 所示，两种导入体（一个盒子和一个盖子）没有对准，有可能它们是用两种不同的坐标系从 CAD 系统中分别导出的。用 Move（移动）体操作可以解决这个问题。

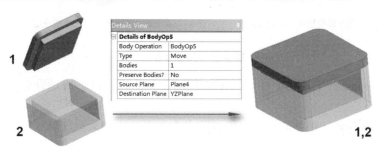

图 5-25　移动体操作

5.3.3 缝合

选择曲面体进行 Sew（缝合）操作，DesignModeler 会在共同边上缝合曲面（在给定的公差内），如图 5-26 所示。

属性窗格中的选项如下。

➥　Create Solids（创建实体）：缝合曲面，从闭合曲面创建实体。

➥　Tolerance（公差）：Normal（正常）、Loose（宽松）或 User Tolerance（用户定义）。

➥　User Tolerance（用户公差）：用于缝合操作的尺寸。

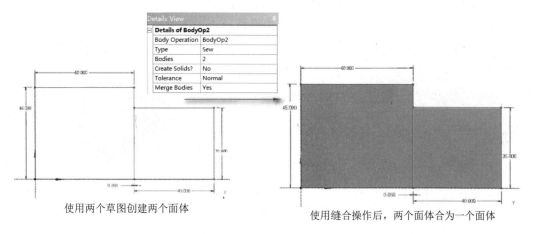

图 5-26　缝合体操作

5.3.4 简化

可使用几何或拓扑进行 Simplify（简化），如图 5-27 所示。

图 5-27　简化体操作

> ➥ Simplify Geometry（几何）：尽可能简化曲面和曲线，以形成适合分析的几何体（默认值=Yes）。

> ➥ Simplify Topology（拓扑）：尽可能移除多余的面、边和顶点（默认值=Yes）。

5.3.5　旋转

进行 Rotate（旋转）操作时，需要选择绕一个指定轴和一定角度旋转的体。属性窗格中轴的说明如下。

> ➥ Selection（选择）：指定沿某选择方向上的间距。

> ➥ Components（分量）：指定矢量的 X、Y、Z 分量。

5.3.6　切除材料

切除材料（Cut Material）时，从模型激活体中选择用来切除材料的体。

体操作的切除材料选项和基本特征中的切除材料操作一样。

如图 5-28 所示是从块中切除选定的体形成一个模具。

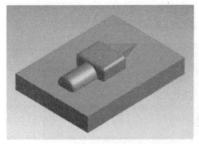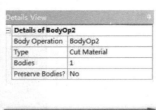

切除后

图 5-28　切除材料操作

5.3.7　印记面

体操作中的 Imprint Faces（印记面）类型和基本操作中的印记面操作相同。只有当模型中存在激活体时，才能进行这种操作。

如图 5-29 所示，选定的体用来在块的表面烙印记。

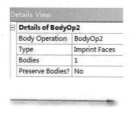

图 5-29　印记面体操作

5.3.8　切片

Slice Material（切片）只有在一个完全冻结的模型上才能操作。体操作中的切片类型和基本操作中的切片操作相同，而且仅当模型中的所有体冻结时才能进行这种操作。如图 5-30 所示为切片操作示例，选定飞机体在块上进行切片。

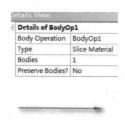

图 5-30　切片体操作

5.4　特征建模实例——基台

利用本章所学的内容绘制如图 5-31 所示的基台模型。

1．新建模型

（1）进入 ANSYS Workbench 17.0 工作界面，在左侧展开 Component Systems（组件系统）工具箱。

（2）将 Component Systems（组件系统）工具箱中的 Geometry（几何模型）模块拖动到右边项目概图中，或在工具箱中直接双击 Geometry（几何模型）模块，项目概图中便会出现 Geometry（几何模型）模块，此模块默认编号为 A。

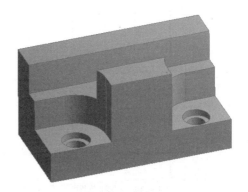

图 5-31　基台模型

（3）双击 Geometry（几何模型）模块中的 A2 栏，打开 DesignModeler 应用程序。此时左侧的树形目录默认为建模状态下的树形目录。在菜单栏中选择 Units（单位）→Millimeter（毫米），采用毫米单位。

2．拉伸模型

（1）新建草图。首先单击选中树形目录中的 ZX 轴平面 ⊀ ZXPlane 分支，然后单击工具栏中的"新建草图"按钮，新建一个草图。此时树形目录中 ZX 轴平面分支下会多出一个名为 Sketch1 的草图工作。

（2）单击选中树形目录中的 Sketch1 草图，然后单击树形目录下端如图 5-32 所示的 Sketching（草绘）标签，打开 Sketching Toolboxes（草图绘制工具箱）窗格，在新建的 Sketch1 草图上绘制图形。

（3）切换视图。单击工具栏中的"正视于"按钮（如图 5-33 所示），将视图切换为 ZX 方向的视图。

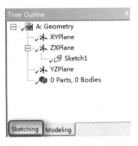

图 5-32　Sketching 标签

图 5-33　正视于

（4）绘制草图。Sketching Toolboxes 窗格中默认展开了 Draw（草绘）工具箱，利用其中的 Line（直线）命令绘制一个如图 5-34 所示的草图。

（5）标注草图。展开 Sketching Toolboxes 窗格中的 Dimensions（标注）工具箱，为草图标注尺寸。当草图中所绘制的轮廓线由绿色变为蓝色，表示草图中所有元素均完全约束。标注完成后的结果如图 5-35 所示。

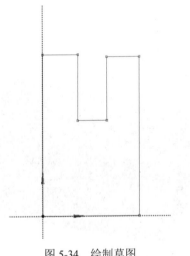

图 5-34　绘制草图

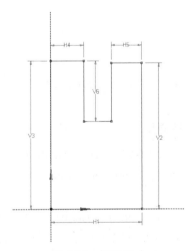

图 5-35　标注尺寸

（6）修改尺寸。由上步绘制后的草图虽然已完全约束，但尺寸并没有指定。现在通过在属性窗格中修改参数来精确定义草图。将属性窗格中 H1 的参数修改为 15mm，V2 的参数修改为 15mm，V3 的参数修改为 15mm，H4 的参数修改为 5mm，H5 的参数修改为 5mm。修改完成后的结果如图 5-36 所示。

（7）拉伸模型。单击工具栏中的 Extrude（拉伸） Extrude 按钮，此时树形目录自动切换到

Modeling（建模）标签。在属性窗格中，将 FD1,Depth（>0）栏后的参数更改为 30mm，即拉伸深度为 30mm。单击工具栏中的 Generate（生成）✦Generate 按钮，最后生成的模型如图 5-37 所示。

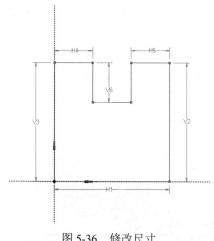

图 5-36　修改尺寸

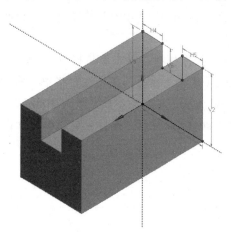

图 5-37　拉伸模型

3．拉伸底面

（1）新建平面。首先单击选中所创建拉伸实体的顶面，然后单击工具栏中的"新建平面"按钮✳，新建一个平面。单击工具栏中的 Generate（生成）✦Generate 按钮，此时树形目录中会多出一个名为 Plane4 的平面。

（2）新建草图。在树形目录中单击选中所创建的 Plane4 平面，然后单击工具栏中的"新建草图"按钮，新建一个草图。此时树形目录中 Plane4 平面分支下会多出一个名为 Sketch2 的草图。

（3）单击选中树形目录中的 Sketch2 草图，然后单击树形目录下端的 Sketching（草绘）标签，打开 Sketching Toolboxes（草图绘制工具箱）窗格，在新建的 Sketch2 草图上绘制图形。

（4）切换视图。单击工具栏中的"正视于"按钮，将视图切换为 Plane4 平面方向的视图。

（5）绘制草图。在 Sketching Toolboxes 窗格中默认展开了 Draw（草绘）工具箱，利用其中的矩形命令绘制两个矩形，然后展开 Sketching Toolboxes 窗格中的 Modify（修改）工具箱，利用其中的圆角命令绘制两个 R5 的圆角，结果如图 5-38 所示。

（6）标注草图。展开 Sketching Toolboxes 中的 Dimensions（标注）工具箱，选择标注尺寸命令，标注尺寸。此时草图中所绘制的轮廓线由绿色变为蓝色，表示草图中所有元素均完全约束。标注完成后的结果如图 5-39 所示。

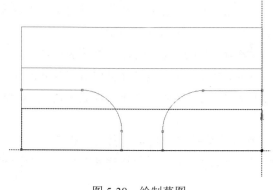

图 5-38　绘制草图

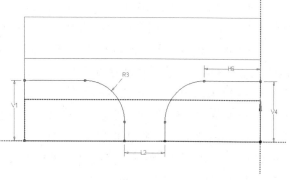

图 5-39　标注尺寸

（7）修改尺寸。由上步绘制后的草图虽然已完全约束，但尺寸并没有指定。现在通过在属性窗格中修改参数来精确定义草图。将属性窗格中 V1 的参数修改为 7.5mm、L2 的参数修改为 10mm、R3 的参数修改为 5mm、V4 的参数修改为 7.5mm、H5 的参数修改为 5mm。修改完成后的结果如图 5-40 所示。

（8）拉伸模型。单击工具栏中的 Extrude（拉伸）🗗Extrude 按钮，此时树形目录自动切换到 Modeling（建模）标签。在属性窗格中，将 Operation（操作）参数更改为 Cut Material（切除材料）、FD1,Depth（>0）栏后的参数更改为 10mm，即拉伸切除深度为 10mm。单击工具栏中的 Generate（生成）🍃Generate 按钮，最后生成的模型如图 5-41 所示。

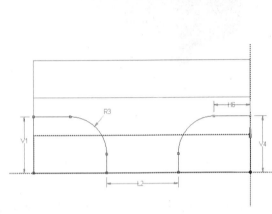

图 5-40　修改尺寸

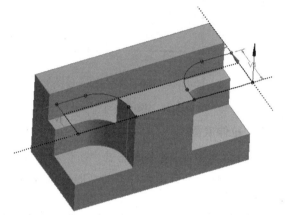

图 5-41　拉伸模型

4．拉伸圆孔

（1）新建平面。首先单击选中所创建拉伸切除实体的一个底面，然后单击工具栏中的"新建平面"按钮⊀，新建一个平面。单击工具栏中的 Generate（生成）🍃Generate 按钮，此时树形目录中会多出一个名为 Plane5 的平面。

（2）新建草图。在树形目录中单击选中所创建的 Plane5 平面，然后单击工具栏中的"新建草图"按钮🖼，新建一个草图。此时树形目录中 Plane5 平面⊀ Plane5 分支下会多出一个名为 Sketch3 的草图。单击选中树形目录中的 Sketch3 草图，然后单击树形目录下端的 Sketching（草绘）标签，打开 Sketching Toolboxes（草图绘制工具箱）窗格，在新建的 Sketch3 草图上绘制图形。

（3）切换视图。单击工具栏中的"正视于"按钮，将视图切换为 Plane5 平面方向的视图。

（4）绘制草图。在 Sketching Toolboxes 中默认展开了 Draw（草绘）工具箱，利用其中的圆命令绘制一个圆，添加与圆角同心的约束关系，并标注直径为 3。结果如图 5-42 所示。

（5）拉伸模型。单击工具栏中的 Extrude（拉伸）🗗Extrude 按钮，此时树形目录自动切换到 Modeling（建模）标签。在属性窗格中，将 Operation（操作）栏后面的参数更改为 Cut Material（切除材料），FD1,Depth（>0）栏后的参数更改为 5mm，即拉伸深度为 5mm。单击工具栏中的 Generate（生成）🍃Generate 按钮，最后生成的模型如图 5-43 所示。

（6）创建平面。首先单击选中上步操作所创建拉伸切除实体的一个底面，然后单击工具栏中的"创建平面"按钮⊀，创建一个平面。单击工具栏中的 Generate（生成）🍃Generate 按钮，此时树形目录中会多出一个名为 Plane6 的平面。

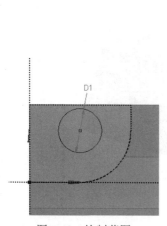

图 5-42 绘制草图

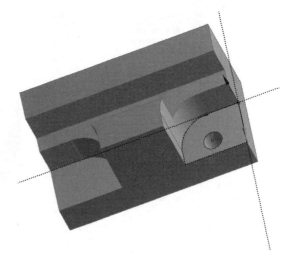

图 5-43 拉伸模型

（7）创建工作平面。在树形目录中单击选中所创建的 Plane6 平面，然后单击工具栏中的"创建工作平面"按钮，创建一个工作平面。此时树形目录中 Plane6 平面 Plane6 分支下会多出一个名为 Sketch4 的工作平面。单击选中树形目录中的 Sketch4 草图，然后单击树形目录下端的 Sketching（草绘）标签，打开 Sketching Toolboxes（草图绘制工具箱）窗格，在新建的 Sketch4 草图上绘制图形。

（8）切换视图。单击工具栏中的"正视于"按钮，将视图切换为 Plane6 平面方向的视图。

（9）绘制草图。在 Sketching Toolboxes 窗格中默认展开了 Draw（草绘）工具箱，利用其中的圆命令绘制一个圆，并标注直径为 4.5。结果如图 5-44 所示。

（10）拉伸模型。单击工具栏中的 Extrude（拉伸）Extrude 按钮，此时树形目录自动切换到 Modeling（建模）标签。在属性窗格中，将 Operation（操作）栏后面的参数更改为 Cut Material，FD1,Depth（>0）栏后的参数更改为 1mm，即拉伸深度为 1mm。单击工具栏中的 Generate（生成）Generate 按钮，最后生成的模型如图 5-45 所示。

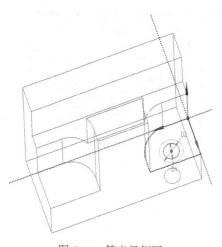

图 5-44 等半径倒圆

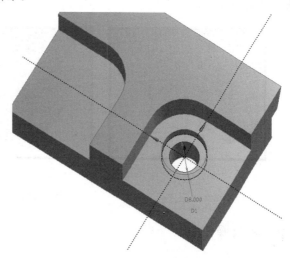

图 5-45 拉伸模型

（11）创建另一侧圆孔。根据上面步骤，采用同样的方式在模型的另一侧建立圆孔，最后完成的模型如图 5-46 所示。

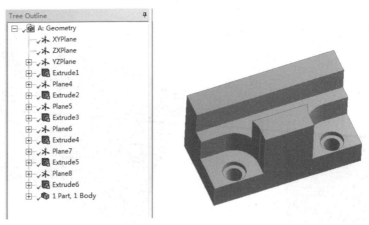

图 5-46　基台

5.5　高级体操作

5.5.1　阵列特征

阵列特征即复制所选的源特征，具体包括线性阵列、圆周阵列和矩形阵列，如图 5-47 所示。Pattern（阵列）特征操作路径在菜单栏中的位置为：Create→Pattern。

- Linear（线性阵列）：进行线性阵列需要设置阵列的方向和偏移的距离。
- Circular（圆周阵列）：进行圆周阵列需要设置旋转轴及旋转的角度。如将角度设为 0，系统会自动计算均布放置。
- Rectangular（矩形阵列）：进行矩形阵列需要设置两个方向和偏移的距离。

对于面选定，每个复制的对象必须和原始体保持一致（必须同为一个基准区域）。每个复制面不能彼此接触/相交。

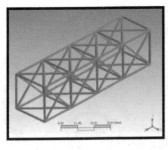
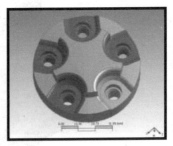
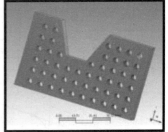

线性　　　　　　　　　　圆周　　　　　　　　　　矩形

图 5-47　阵列特征

5.5.2　布尔操作

使用 Boolean（布尔）命令可对现成的体进行相加、相减或相交操作。这里所指的体可以是实体、面体或线体（仅适用于布尔加）。另外，在操作时面体必须有一致的法向。

根据操作类型，体被分为 Target Bodies（目标体）与 Tool Bodies（工具体），如图 5-48 所示。

从上边的体中减去下面两个体

Details of Boolean3	
Boolean	Boolean3
Operation	Subtract
Target Bodies	1 Body
Tool Bodies	2 Bodies
Preserve Tool Bodies?	No

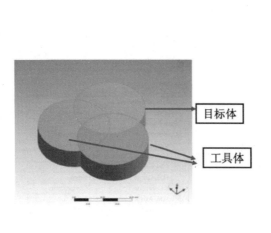

图 5-48　目标体与工具体

布尔操作包括 Subtract（求交）、Unite（求和）及 Intersect（相交）等。如图 5-49 所示为布尔操作示例。

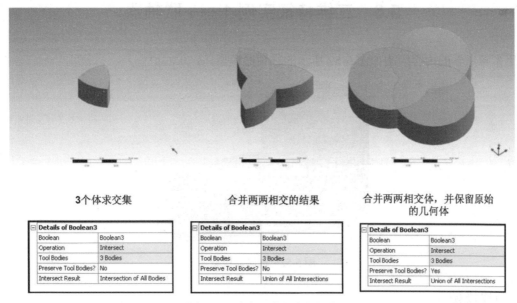

| 3个体求交集 | 合并两两相交的结果 | 合并两两相交体，并保留原始的几何体 |

Details of Boolean3	
Boolean	Boolean3
Operation	Intersect
Tool Bodies	3 Bodies
Preserve Tool Bodies?	No
Intersect Result	Intersection of All Bodies

Details of Boolean3	
Boolean	Boolean3
Operation	Intersect
Tool Bodies	3 Bodies
Preserve Tool Bodies?	No
Intersect Result	Union of All Intersections

Details of Boolean3	
Boolean	Boolean3
Operation	Intersect
Tool Bodies	3 Bodies
Preserve Tool Bodies?	Yes
Intersect Result	Union of All Intersections

图 5-49　求交及合并布尔操作

5.5.3　直接创建几何体

直接创建几何体外形，即通过定义几何外形（如球、圆柱等）来快速建立几何体外形。操作路径为 Create（创建）→Primitives（基本体），如图 5-50 所示。直接创建几何体不需要草图，可以直接创建体。但是，需要基本平面和若干个点或输入方向来创建。

另外，直接创建几何体需要输入可用坐标，或是在已有的几何上选定方法来定义。

直接创建的几何体与由草图生成的几何体在属性窗格中的表现是不同的。如图 5-51 所示为直接创建圆柱几何体的属性窗格，其中可以设置选择基准平面、定义原点、定义轴（定义圆柱高度）、定义半径、生成图形。

图 5-50　直接创建几何体

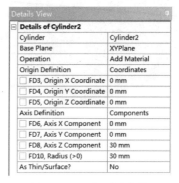

图 5-51　圆柱属性窗格

5.6　三维特征实例 1——联轴器

利用本章所学的内容绘制如图 5-52 所示的联轴器模型。

图 5-52　联轴器模型

5.6.1　新建模型

（1）进入 ANSYS Workbench 17.0 工作界面，在左侧展开 Component Systems（组件系统）工具箱。

（2）将 Component Systems（组件系统）工具箱中的 Geometry（几何模型）模块拖动到右边项目概图中，或在工具箱中直接双击 Geometry（几何模型）模块，项目概图中便会出现 Geometry（几何模型）模块，此模块默认编号为 A。

（3）双击 Geometry（几何模型）模块中的 A2 栏，在菜单栏中选择 Units（单位）→Millimeter（毫米）命令，采用毫米单位。单击 OK 按钮，打开 DesignModeler 应用程序。此时左端的树形目录默认为建模状态下的树形目录。

5.6.2 拉伸模型

（1）新建草图。首先单击选中树形目录中的 ZX 轴平面 ZXPlane 分支，然后单击工具栏中的"创建草图"按钮，新建一个草图。此时树形目录中 ZX 轴平面分支下会多出一个名为 Sketch1 的草图。

（2）单击选中树形目录中的 Sketch1 草图，然后单击树形目录下端如图 5-53 所示的 Sketching（草绘）标签，打开 Sketching Toolboxes（草图绘制工具箱）窗格，在新建的 Sketch1 草图上绘制图形。

（3）切换视图。单击工具栏中的"正视于"按钮（如图 5-54 所示）。将视图切换为 ZX 方向的视图。

（4）绘制草图。在 Sketching Toolboxes 窗格中默认展开了 Draw（草绘）工具箱，利用其中的绘图工具绘制一个圆，如图 5-55 所示。

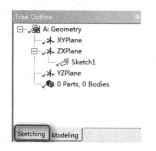

图 5-53　Sketching（草绘）标签　　　　　　　　　　图 5-54　正视于

（5）标注草图。展开 Sketching Toolboxes 窗格中的 Dimensions(标注)工具箱，从中选择 Diameter（直径标注）Diameter 命令，标注尺寸。此时草图中所绘制的轮廓线由绿色变为蓝色，表示草图中所有元素均完全约束。标注完成后的结果如图 5-56 所示。

（6）修改尺寸。由上步绘制后的草图虽然已完全约束，但尺寸并没有指定。现在通过在属性窗格中修改参数来精确定义草图。将属性窗格中 D1 的参数修改为 10mm，结果如图 5-57 所示。

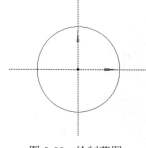
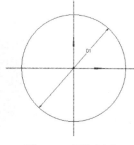
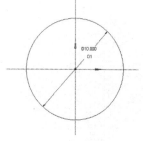

图 5-55　绘制草图　　　　　图 5-56　标注尺寸　　　　　图 5-57　修改尺寸

（7）拉伸模型。单击工具栏中的 Extrude（拉伸）Extrude 按钮，此时树形目录自动切换到 Modeling（建模）标签。在属性窗格中，将 FD1,Depth（>0）栏后的参数更改为 10mm，即拉伸深度为 10mm。单击工具栏中的 Generate（生成）Generate 按钮，生成模型。

（8）隐藏草图。在树形目录中右击 Extrude1 分支下的 Sketch1，在弹出的快捷菜单中选择 Hide Sketch（隐藏草图）命令，如图 5-58 所示。最后生成的模型如图 5-59 所示。

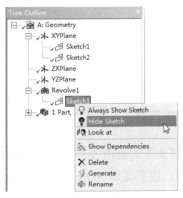

图 5-58 隐藏草图

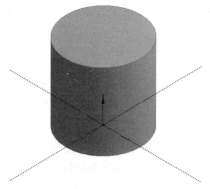

图 5-59 拉伸模型

5.6.3 拉伸底面

（1）新建草图。首先单击选中树形目录中的 ZX 轴平面 ✗ ZXPlane 分支，然后单击工具栏中的"新建草图"按钮 ，新建一个草图。此时树形目录中 ZX 轴平面分支下会多出一个名为 Sketch2 的草图。

（2）单击选中树形目录中的 Sketch2 草图，然后单击树形目录下端的 Sketching（草绘）标签，打开草图绘制工具箱窗格。在新建的 Sketch2 草图上绘制图形。

（3）切换视图。单击工具栏中的正视于按钮，将视图切换为 ZX 方向的视图。

（4）绘制草图。在 Sketching Toolboxes 窗格默认展开了 Draw（草绘）工具箱，首先利用其中的圆命令绘制两个圆，然后利用 Line by 2 Tangents（相切线） Line by 2 Tangents 命令绘制两圆之间的切线，之后利用修剪命令将多余的圆弧进行剪切处理。结果如图 5-60 所示。

（5）标注草图。展开 Sketching Toolboxes 窗格中的 Dimensions（标注）工具箱，从中选择标注尺寸命令，标注尺寸。此时草图中所绘制的轮廓线由绿色变为蓝色，表示草图中所有元素均完全约束。标注完成后的结果如图 5-61 所示。

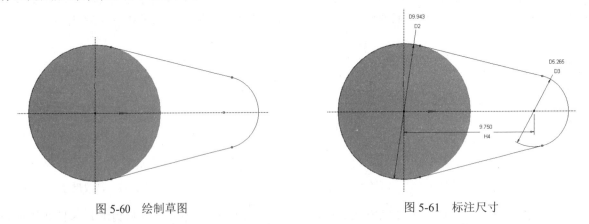

图 5-60 绘制草图

图 5-61 标注尺寸

（6）修改尺寸。由上步绘制后的草图虽然已完全约束，但尺寸并没有指定。现在通过在属性窗格中修改参数来精确定义草图。将属性窗格中 D2 的参数修改为 10mm、D3 的参数修改为 6mm、H4 的参数修改为 12mm，结果如图 5-62 所示。

（7）拉伸模型。单击工具栏中的 Extrude（拉伸） Extrude 按钮，此时树形目录自动切换到

Modeling（建模）标签。在属性窗格中，将 FD1,Depth（>0）栏后的参数更改为 4mm，即拉伸深度为 4mm。单击工具栏中的 Generate（生成）⚡Generate 按钮，生成模型。

（8）隐藏草图。在树形目录中右击 Extrude2 分支下的 Sketch2，在弹出的快捷菜单中选择 Hide Sketch（隐藏草图）命令，最后生成的模型如图 5-63 所示。

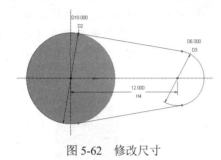

图 5-62　修改尺寸

图 5-63　拉伸模型

5.6.4　拉伸大圆孔

（1）新建草图。首先单击选中模型中最高的圆面，然后单击工具栏中的"新建平面"按钮 ✳，创建新的平面。最后单击工具栏中的 Generate（生成）⚡Generate 按钮，生成新的平面 Plane4。

（2）单击树形目录中的平面 4 ✔✳ Plane4 分支，然后单击工具栏中的"新建草图"按钮 🔗，新建一个草图。此时树形目录中平面 4 分支下会多出一个名为 Sketch3 的草图。单击选中树形目录中的 Sketch3 草图，然后单击树形目录下端的 Sketching（草绘）标签，打开 Sketching Toolboxes（草图绘制工具箱）窗格，在新建的 Sketch3 草图上绘制图形。

（3）切换视图。单击工具栏中的"正视于"按钮，将视图切换为平面 4 方向的视图。

（4）绘制草图。Sketching Toolboxes 窗格中默认展开 Draw（草绘）工具箱，利用其中的圆命令绘制一个圆，并标注直径为 7，结果如图 5-64 所示。

（5）拉伸模型。单击工具栏中的 Extrude（拉伸）🔲Extrude 按钮，此时树形目录自动切换到 Modeling 标签。在属性窗格中，将 Operation（操作）栏后面的参数更改为 Cut Material，FD1,Depth（>0）栏后的参数更改为 1.5mm，即拉伸深度为 1.5mm。单击工具栏中的 Generate（生成）⚡Generate 按钮，生成的模型如图 5-65 所示。

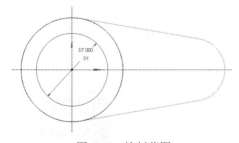

图 5-64　绘制草图

图 5-65　拉伸模型

（6）新建草图。首先单击选中树形目录中的 ZX 轴平面 ✔✳ ZXPlane 分支，然后单击工具栏中的"新建草图"按钮 🔗，新建一个草图。此时树形目录中 ZX 轴平面分支下会多出一个名为 Sketch4 的草图。

（7）单击选中树形目录中的 Sketch4 草图，然后单击树形目录下端的 Sketching（草绘）标签，打开 Sketching Toolboxes（草图绘制工具箱）窗格，在新建的 Sketch4 草图上绘制图形。

（8）切换视图。单击工具栏中的"正视于"按钮，将视图切换为 ZX 轴平面方向的视图。

（9）绘制草图。在 Sketching Toolboxes 窗格中默认展开了 Draw（草绘）工具箱，利用其中的圆命令绘制一个圆，并标注直径为 5，结果如图 5-66 所示。

（10）拉伸模型。单击工具栏中的 Extrude（拉伸）**Extrude** 按钮，此时树形目录自动切换到 Modeling（建模）标签。在属性窗格中，将 Operation（操作）栏后面的参数更改为 Cut Material，FD1,Depth（>0）栏后的参数更改为 8.5mm，即拉伸深度为 8.5mm。单击工具栏中的 Generate（生成）**Generate** 按钮，生成的模型如图 5-67 所示。

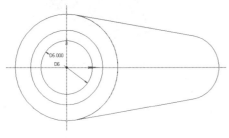

图 5-66　绘制草图　　　　　　　　图 5-67　拉伸模型

5.6.5　拉伸生成键槽

（1）新建草图。首先单击选中树形目录中的 ZX 轴平面 **ZXPlane** 分支，然后单击工具栏中的"创建草图"按钮，创建一个草图。此时树形目录中 ZX 轴平面分支下会多出一个名为 Sketch5 的草图。

（2）单击选中树形目录中的 Sketch5 草图，然后单击树形目录下端的 Sketching（草绘）标签，打开 Sketching Toolboxes（草图绘制工具箱）窗格，在新建的 Sketch5 草图上绘制图形。

（3）切换视图。单击工具栏中的"正视于"按钮，将视图切换为 ZX 轴平面方向的视图。

（4）绘制草图。在 Sketching Toolboxes 窗格中默认展开了 Draw（草绘）工具箱，利用其中的矩形命令绘制如图 5-68 所示的一个矩形，并标注长、宽分别为 3mm 和 1.2mm。

（5）拉伸模型。单击工具栏中的 Extrude（拉伸）**Extrude** 按钮，此时树形目录自动切换到 Modeling（建模）标签。在属性窗格中，将 Operation（操作）栏后面的参数更改为 Cut Material，FD1,Depth（>0）栏后的参数更改为 8.5mm，即拉伸深度为 8.5mm。单击工具栏中的 Generate（生成）**Generate** 按钮，最后生成的模型如图 5-69 所示。

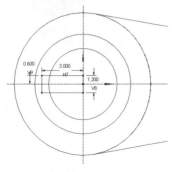

图 5-68　绘制草图　　　　　　　　图 5-69　拉伸模型

5.6.6　拉伸小圆孔

（1）新建草图。单击选中模型中的凸台面，单击工具栏中的"新建平面" ⊁命令，创建新的平面。单击工具栏中的 Generate（生成） ⚡Generate 按钮，生成新的平面 Plane5。

（2）单击树形目录中的平面 5✓⊁ Plane5 分支，然后单击工具栏中的"新建草图"按钮 ，新建一个草图。此时树形目录中平面 5 分支下，会多出一个名为 Sketch6 的草图。单击选中树形目录中的 Sketch6 草图，然后单击树形目录下端的 Sketching（草绘）标签，打开 Sketching Toolboxes（草图绘制工具箱）窗格，在新建的 Sketch6 草图上绘制图形。

（3）切换视图。单击工具栏中的"正视于"按钮，将视图切换为平面 6 方向的视图。

（4）绘制草图。在 Sketching Toolboxes 窗格中默认展开了 Draw（草绘）工具箱，利用其中的圆命令绘制一个圆，添加此圆与边上小圆同心的几何关系，并标注直径为 4，结果如图 5-70 所示。

（5）拉伸模型。单击工具栏中的 Extrude（拉伸） Extrude 按钮，此时树形目录自动切换到 Modeling（建模）标签。在属性窗格中，将 Operation（操作）栏后面的参数更改为 Cut Material，FD1,Depth（>0）栏后的参数更改为 1.5mm，即拉伸深度为 1.5mm。单击工具栏中的 Generate（生成） ⚡Generate 按钮，生成的模型如图 5-71 所示。

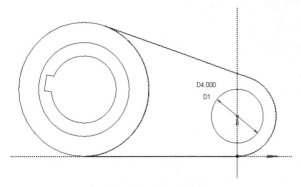

图 5-70　绘制草图

图 5-71　拉伸模型

（6）新建草图。首先单击选中树形目录中的 ZX 轴平面✓⊁ ZXPlane 分支，然后单击工具栏中的"新建草图"按钮 ，新建一个草图。此时树形目录中 ZX 轴平面分支下会多出一个名为 Sketch7 的草图。

（7）单击选中树形目录中的 Sketch7 草图，然后单击树形目录下端的 Sketching（草绘）标签，打开 Sketching Toolboxes（草图绘制工具箱）窗格，在新建的 Sketch7 草图上绘制图形。

（8）切换视图。单击工具栏中的"正视于"按钮，将视图切换为 ZX 轴平面方向的视图。

（9）绘制草图。在 Sketching Toolboxes 窗格中默认展开了 Draw（草绘）工具箱，利用其中的圆命令绘制一个圆，添加同心的几何关系，并标注直径为 3，结果如图 5-72 所示。

（10）拉伸模型。单击工具栏中的 Extrude（拉伸） Extrude 按钮，此时树形目录自动切换到 Modeling（建模）标签。在属性窗格中，将 Operation（操作）栏后面的参数更改为 Cut Material，FD1,Depth（>0）栏后的参数更改为 2.5mm，即拉伸深度为 2.5mm。单击工具栏中的 Generate（生成） ⚡Generate 按钮，生成的模型如图 5-73 所示。

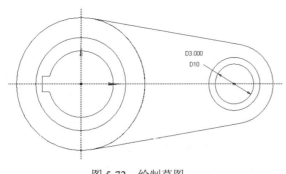

图 5-72　绘制草图

图 5-73　拉伸模型

5.7　三维特征实例 2——机盖

扫一扫，看视频

利用本章所学的内容绘制如图 5-74 所示的机盖模型。

图 5-74　机盖模型

5.7.1　新建模型

（1）进入 ANSYS Workbench 17.0 工作界面，在左侧展开 Component Systems 工具箱。

（2）将 Component Systems（组件系统）工具箱中的 Geometry（几何模型）模块拖动到右边项目概图中（或在工具箱中直接双击 Geometry（几何模型）模块），项目概图中便会出现如图 5-75 所示的 Geometry（几何模型）模块，此模块默认编号为 A。

（3）双击 Geometry（几何模型）模块中的 A2 栏，在菜单中选择 Units（单位）→Millimeter（毫米）命令，采用毫米单位。单击 OK 按钮，打开 DesignModeler 应用程序。此时左端的树形目录默认为建模状态下的树形目录。

5.7.2　旋转模型

（1）新建草图。首先单击选中树形目录中的 XY 轴平面 XYPlane 分支，然后单击工具栏中的"新建草图"按钮，新建一个草图。此时树形目录中 XY 轴平面分支下会多出一个名为 Sketch1 的草图。

（2）单击选中树形目录中的 Sketch1 草图，然后单击树形目录下端如图 5-76 所示的 Sketching（草绘）标签，打开 Sketching Toolboxes（草图绘制工具箱）窗格，在新建的 Sketch1 草图上绘制图形。

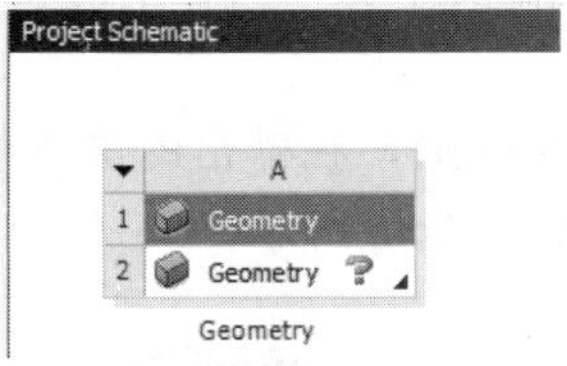

图 5-75　Geometry（几何模型）模块

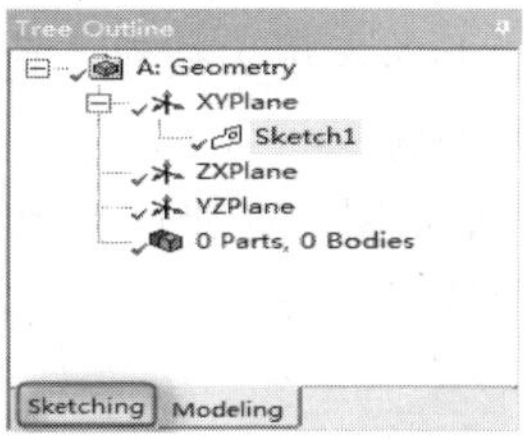

图 5-76　Sketching 标签

（3）切换视图。单击工具栏中的“正视于”按钮（如图 5-77 所示）。将视图切换为 XY 方向的视图。

（4）绘制草图。在 Sketching Toolboxes 窗格中默认展开了 Draw（草绘）工具箱，利用其中的绘图工具绘制如图 5-78 所示的草图（注：Y 轴方向上还有一条直线）。

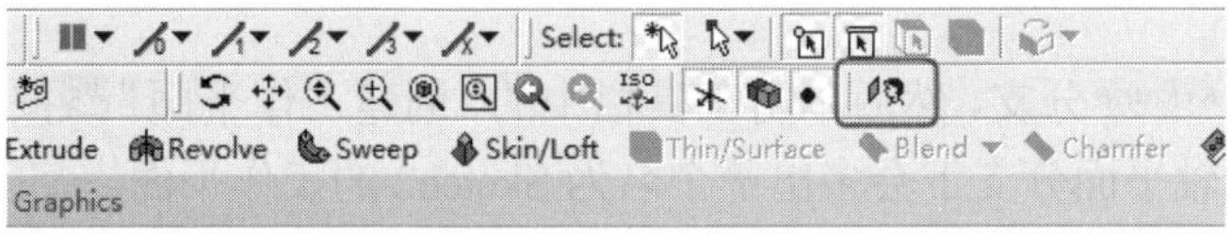

图 5-77　正视于

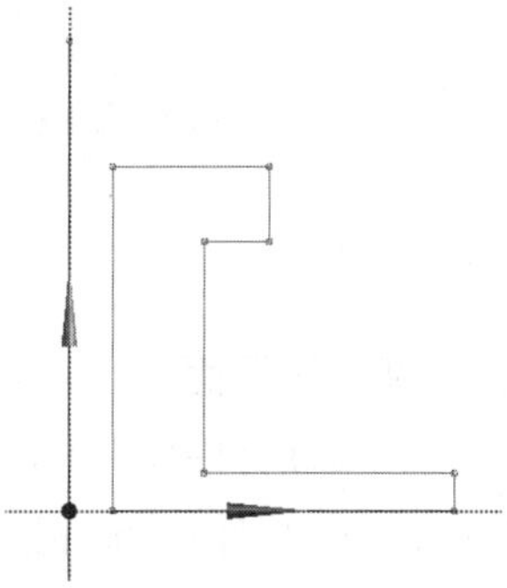

图 5-78　绘制草图

（5）标注草图。在 Sketching Toolboxes 窗格中展开 Dimensions（标注）工具箱，选择其中的 Horizontal（水平标注）Horizontal 命令和 Vertical（垂直标注）Vertical 命令，标注尺寸。此时草图中的所有绘制的轮廓线由绿色变为蓝色，表示草图中所有元素均完全约束。标注完成后的结果如图 5-79 所示。

（6）修改尺寸。由上步绘制后的草图虽然已完全约束，但尺寸并没有指定。现在通过在属性窗格中修改参数来精确定义草图。将属性窗格中 H1 的参数修改为 22mm、H2 的参数修改为 16mm、H3 的参数修改为 2mm，V4 的参数修改为 3mm，V5 的参数修改为 8mm，V6 的参数修改为 12mm，H7 的参数修改为 3mmSketching Toolboxes 窗格，结果如图 5-80 所示。

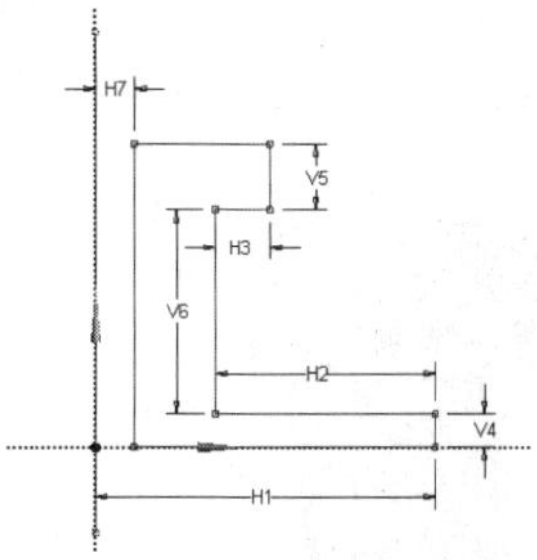

图 5-79　标注尺寸

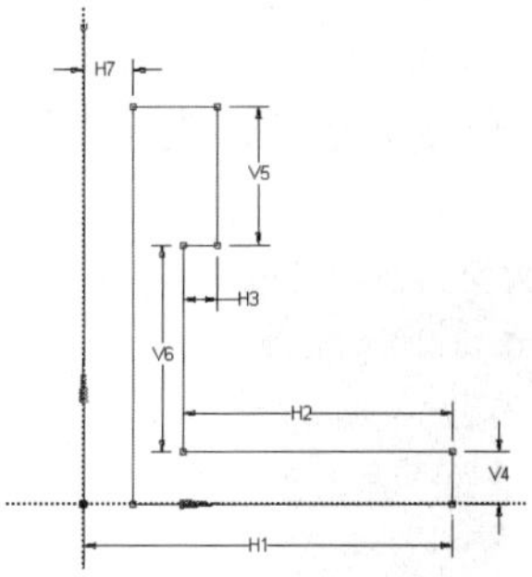

图 5-80　修改尺寸

（7）旋转模型。单击工具栏中的 Revolve（旋转）Revolve 按钮，此时树形目录自动切换到 Modeling（建模）标签，并生成 Revolve1 分支。在属性窗格中，Axis 栏采用默认的 Y 轴上的孤立直

线，单击 Apply（应用）按钮。此时绘图区域并没有更改，还需要单击工具栏中的 Generate（生成）
Generate 按钮。

（8）隐藏草图。在树形目录中右击 Revolve1 分支下的 Sketch1，在弹出的快捷菜单中选择 Hide
Sketch（隐藏草图）命令，如图 5-81 所示。最后生成的模型如图 5-82 所示。

图 5-81　隐藏草图

图 5-82　旋转模型

5.7.3　阵列筋

1. 创建工作平面

再次选中树形目录中的 XY 轴平面 XYPlane 分支，然后单击工具栏中的"创建工作平面" 按钮，
创建第 2 个工作平面。此时树形目录中 XY 轴平面分支下会多出一个名为 Sketch2 的工作平面。

2. 创建草图

单击选中树形目录中的 Sketch2 草图，然后单击树形目录下端的 Sketching（草绘）标签，打开
Sketching Toolboxes（草图绘制工具箱）窗格，在新建的 Sketch2 草图上绘制图形。单击工具栏中的
"正视于"按钮，将视图切换为 XY 方向的视图。

3. 绘制草图

在 Sketching Toolboxes 窗格中默认展开 Draw（草绘）工具箱，利用其中的绘图工具绘制如
图 5-83 所示的草图。

4. 标注草图

展开 Sketching Toolboxes 窗格中的 Dimensions（标注）工具箱，选择其中的 Horizontal（水平
标注） Horizontal 命令和 Vertical（垂直标注） Vertical 命令，标注尺寸。此时草图中的所有绘制
的轮廓线由绿色变为蓝色，表示草图中所有元素均完全约束。标注完成后的结果如图 5-84 所示。

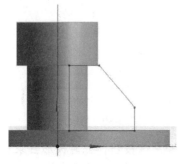

图 5-83　绘制草图

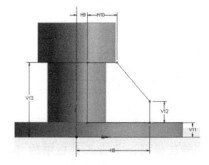

图 5-84　标注尺寸

5. 修改尺寸

由上步绘制后的草图虽然已完全约束，但尺寸并没有指定。现在通过在属性窗格中修改参数来精确定义草图。将属性窗格中 H8 的参数修改为 16mm、H9 的参数修改为 4mm、H10 的参数修改为 4mm，V11 的参数修改为 3mm，V12 的参数修改为 4mm，V13 的参数修改为 15mm，结果如图 5-85 所示。

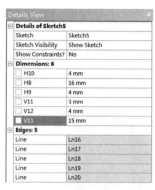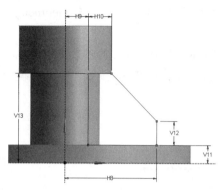

图 5-85　修改尺寸

6. 拉伸模型

单击工具栏中的 Extrude（拉伸） Extrude 按钮，此时树形目录自动切换到 Modeling（建模）标签。在属性窗格中，将 Direction（方向）栏后的参数更改为 Both-Symmetric，即拉伸方向为两侧对称。FD1,Depth（>0）栏后的参数更改为 1mm，即拉伸深度为 1mm。单击工具栏中的 Generate（生成） Generate 按钮。

7. 隐藏草图

在树形目录中右击 Extrude1 分支下的 Sketch2，在弹出的快捷菜单中选择 Hide Sketch（隐藏草图）命令，生成的模型如图 5-86 所示。

8. 阵列模型

首先在树形目录中单击选中上步拉伸生成的机盖筋，然后选择菜单栏中的 Create（创建）→Pattern（阵列）（如图 5-87 所示），生成阵列特征。

图 5-86　拉伸模型

图 5-87　选择 Pattern（阵列）命令

（1）在属性窗格中，将 Pattern Type（阵列类型）栏后的参数更改为 Circular（圆周），即阵列类型为圆周阵列。

（2）单击 Geometry（几何模型）栏，在绘图区域选中绘制的实体，使之变为黄色被选中状态，然后返回到属性窗格。

（3）单击 Geometry（几何模型）栏中的 Apply（应用）按钮。单击 Axis（轴）栏后，在绘图区域选择 Y 轴，然后返回到属性窗格，单击 Geometry（几何模型）栏中的 Apply（应用）按钮。将 Y 轴设置为旋转轴。

（4）将 FD3,Copies（>0）栏后的参数更改为 3，即圆周阵列再生成 3 个几何特征。单击工具栏中的 Generate（生成） Generate 按钮，生成的模型如图 5-88 所示。

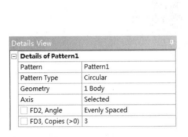

图 5-88　阵列模型

5.7.4　创建底面

（1）新建工作平面。在绘图区域中选中所创建模型的底面，使之变为绿色，如图 5-89 所示。单击工具栏中的"新建平面"按钮，新建工作平面。此时树形目录中会多出一个名为 Plane4 的工作平面。单击工具栏中的 Generate（生成） Generate 按钮，生成新的工作平面 Plane4。

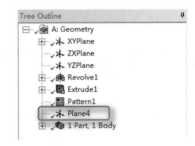

图 5-89　选中所创建模型的底面

（2）新建草图。首先单击选中树形目录中新建的 Plane4 平面分支，然后单击工具栏中的"新建草绘"按钮，新建一个草图。此时树形目录中 Plane4 分支下会多出一个名为 Sketch3 的草图平面。

（3）单击选中树形目录中的 Sketch3 草图，然后单击树形目录下端的 Sketching（草绘）标签，打开 Sketching Toolboxes（草图绘制工具箱）窗格，在新建的 Sketch3 草图上绘制图形。单击工具栏中的"正视于"按钮，将视图切换为 Plane4 平面的方向视图。

（4）绘制草图。在 Sketching Toolboxes 窗格中默认展开了 Draw（草绘）工具箱，利用其中的绘图工具绘制如图 5-90 所示的草图。

（5）添加约束。在 Sketching Toolboxes 窗格展开 Constraints（约束）工具箱，利用其中的约束工具添加对称及相切的几何关系，结果如图 5-91 所示。

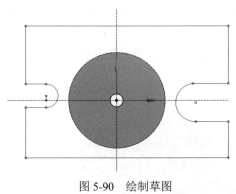

图 5-90　绘制草图

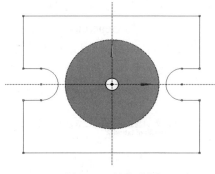

图 5-91　约束草图

（6）标注草图。展开 Sketching Toolboxes 窗格中的 Dimensions（标注）工具箱，从中选择 Horizontal（水平标注）⊟ Horizontal 命令、Vertical（垂直标注）⊺ Vertical 命令、Radius（半径标注）⟨ Radius 命令，标注尺寸。此时草图中的所有绘制的轮廓线由绿色变为蓝色，表示草图中所有元素均完全约束。标注完成后的结果如图 5-92 所示。

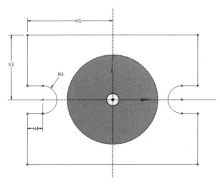

图 5-92　标注尺寸

（7）修改尺寸。由上步绘制后的草图虽然已完全约束，但尺寸并没有指定。现在通过在属性窗格中修改参数来精确定义草图。将属性窗格中 H1 的参数修改为 45mm、V2 的参数修改为 32mm、R3 的参数修改为 8mm、H4 的参数修改为 8mm，结果如图 5-93 所示。

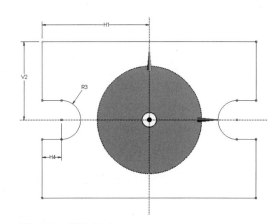

图 5-93　修改尺寸

（8）拉伸模型。单击工具栏中的 Extrude（拉伸）Extrude 按钮，此时树形目录自动切换到 Modeling（建模）标签。在属性窗格中，将 FD1,Depth（>0）栏后的参数更改为 3mm，即拉伸深度为 3mm。单击工具栏中的 Generate（生成）Generate 按钮。

（9）隐藏草图。在树形目录中右击 Extrude2 分支下的 Sketch3，在弹出的快捷菜单中选择 Hide Sketch（隐藏草图）命令，最后生成的模型如图 5-94 所示。

Details View	
Details of Extrude2	
Extrude	Extrude2
Base Object	Sketch6
Operation	Add Material
Direction Vector	None (Normal)
Direction	Normal
Extent Type	Fixed
☐ FD1, Depth (>0)	3 mm
As Thin/Surface?	No
Merge Topology?	Yes

图 5-94　拉伸模型

第6章　高级三维建模

内容简介

高级三维建模包括使用高级建模工具和附加特征高级工具。建模工具包括激活和冻结体、多体零件等，高级工具里面有中面、包围、对称特征、切片和面删除等。

内容要点

- ↳ 建模工具
- ↳ 高级工具
- ↳ 高级三维建模实例——铸管

案例效果

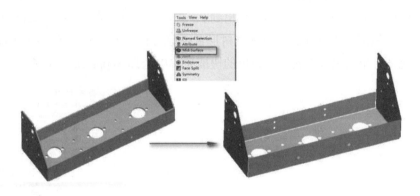

6.1 建 模 工 具

6.1.1 激活和冻结体

DesignModeler 会默认将新的几何体和已有的几何体合并保持单个体。如果想要生成不合并的几何体模型，则可以用激活或冻结体来进行控制。通过使用冻结和解冻工具，可以在激活和冻结状态中进行切换。操作的路径为 Tools（工具）→Freeze（冻结）或 Tools（工具）→Unfreeze（激活），如图 6-1 所示。

在 DesignModeler 中体有两种状态，如图 6-2 所示。

- ↳ 激活（Unfreeze）：在激活的状态，体可以进行常规的建模操作修改。激活体在特征树形目录中显示为蓝色，而体在特征树形目录中的图标取决于它的类型，包括实体、表面或线体。
- ↳ 冻结（Freeze）：主要目的是为仿真装配建模提供不同选择的方式。建模中的操作一般情况下均不能用于冻结体。用冻结特征可以将所有的激活体转换到冻结状态，选取体对象后用解冻特征可以激活单个体。冻结体在树形目录中显示为较淡的颜色。

图 6-1　激活和冻结体菜单

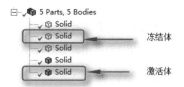

图 6-2　激活体或冻结体

6.1.2　体抑制

抑制体（Suppress Body）是不显示在绘图区域中的，而且抑制体既不能送到其他 Workbench 模块中用于分网与分析，也不能导出到 Parasolid（.x_t）或 ANSYS Neutral 文件（.anf）格式。

如图 6-3 所示，抑制体在树形目录前面有一个"×"。要将一个体抑制，可以在树形目录中选中此体，单击鼠标右键，在弹出的快捷菜单中选择 Suppress Body 命令。取消体抑制的操作与此类似。

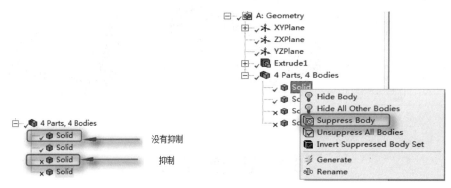

图 6-3　抑制体

6.1.3　多体零件

默认情况下，DesignModeler 将每一个体自动合并到一个零件中。但如果导入的是多体零件或已将体分割，则此时零件包含有多个体素，并且它们具有共享拓扑，也就是离散网格在共享面上匹配。

为构成一个新的零件，可以先在绘图区域中选定两个或更多的体，然后选择 Tools（工具）→Form New Part（自新零件）命令。只有在选择体之后才可以使用创建新零件选项，而且不能处在特征创建或特征编辑状态。多体零件操作路径如图 6-4 所示。

图 6-4　多体零件操作路径

6.2 高 级 工 具

通常三维实体特征操作如下。

（1）创建三维特征体（如拉伸特征）。

（2）通过布尔操作将特征体和现有模型合并：加入材料、切除材料、表面烙印记。

6.2.1　命名选择

Named Selection（命名选择）命令可以将特征进行分组，便于在 DesignModeler、Meshing 或其他模块中进行快速选择。可以通过菜单栏 Tools（工具）→Named Selection（命名选择），或在右键快捷菜单中选择 Named Selection（命名选择）命令来使用命名选择工具，如图 6-5 所示。

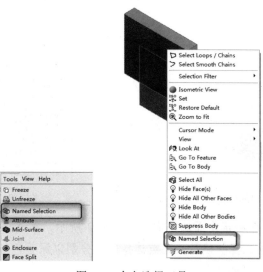

图 6-5　命名选择工具

操作步骤为：选择特征后，右击并选择 Named Selection（命名选择），然后在树形目录中更改名字。命名选择的对象可以是体、面、边或者点。

如果命名选择在项目页中被打开，命名选择可以传输到其他的 Workbench 模块中去，包括 Meshing（网格）模块。命名选择在 DesignModeler 中不可隐形，而在 Meshing（网格）模块可以做到。

6.2.2　中面

一般可将常具有厚度的几何简化为"壳"模型，Mid Surface（中面）工具可自动在三维面对中间位置生成面体。在 Mechanical 中允许用壳单元类型离散，如图 6-6 所示。

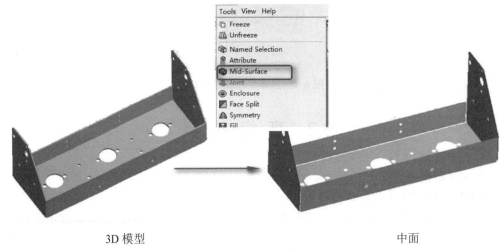

| 3D 模型 | 中面 |

图 6-6　中面工具

多个面组可以在单次中面操作中被选取，但是被选择的面必须是相对的，如图 6-7 所示。

1. Manual（手工创建中面）

（1）在属性窗格中单击 Face Pairs 使之激活。Face Pairs 栏出现 Apply/Cancel 按钮，如图 6-8 所示。选择需要抽取中面的两个对立面。

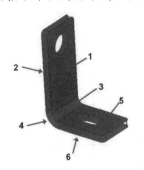

图 6-7　含多个面组的中面

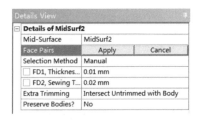

图 6-8　属性窗格

（2）注意，选择面的顺序决定中面的法向。如图 6-9 所示，第 1 次选择的面以紫色显示，第 2 次选择的面以粉红色显示。当选择被确认后，被选择的面分别以深蓝色与浅蓝色显示。法线方向为从第 2 次选择的面指向第 1 次选择的面。

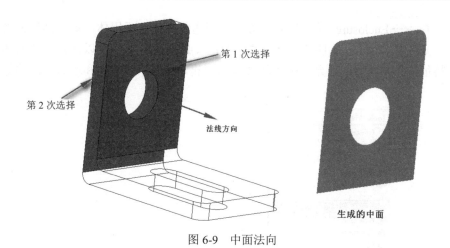

图 6-9 中面法向

（3）Sewing Tolerance（缝合容差）。在“缝合容差”之内，相邻面的缝隙可以在抽取中面的过程中被缝合为一个面。如图 6-10 所示为缝合容差属性窗格。

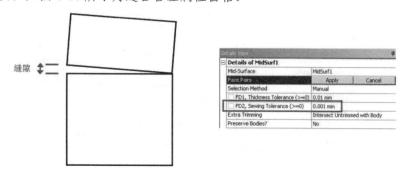

图 6-10 缝合容差

2．Automatic（自动创建中面）

“选择方式”从手工方式切换到自动方式时，将会出现一些其他选项。体选择方式包括：Visible Bodies（可视体）、Selected Bodies（被选择的体）或 All Bodies（所有的体）。保留体选项允许用户在生成中面后保留原始的几何体（默认是不保留的）。自动创建中面的属性窗格如图 6-11 所示。

Details View

Details of MidSurf1	
Mid-Surface	MidSurf1
Face Pairs	3
Selection Method	Automatic
Bodies To Search	Visible Bodies
Minimum Threshold	5 mm
Maximum Threshold	5 mm
Find Face Pairs Now?	No
FD1, Thickness Tolerance (>=0)	0.01 mm
FD2, Sewing Tolerance (>=0)	0.02 mm
Extra Trimming	Intersect Untrim...
Preserve Bodies?	No

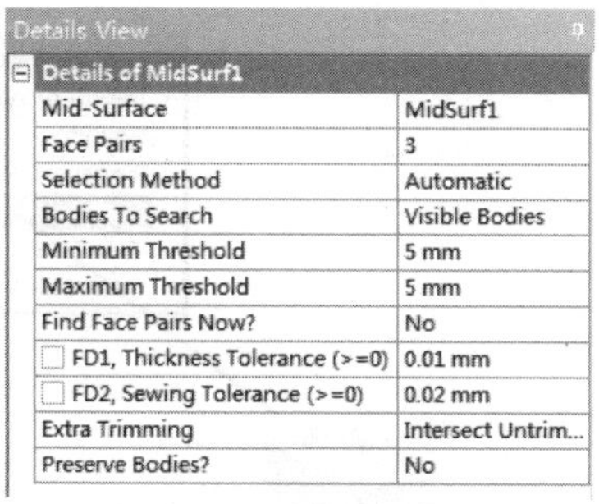

图 6-11 自动创建中面属性窗格

6.2.3 包围

Enclosure（包围）是指在体附近创建围绕的区域以方便模拟场区域，如 CFD、EMAG 等。包围的操作路径为：Tools→Enclosure，如图 6-12 所示。创建包围体可采用体、球、圆柱或者用户自定义的形状。在属性窗格中 Cushion 属性允许指定边界范围（必须大于 0），可以选择给所有体或者选中的目标使用包围特征，合并属性选项允许多体部件自动创建，确保原始部件和场域在网格划分时与节点的匹配。

图 6-12　包围特征

6.2.4　对称

可以使用 Symmetry（对称）创建对称模型的简化模型。对称的操作路径为：Tools→Symmetry，如图 6-13 所示。使用对称特征可最多定义 3 个对称平面。保留每个平面的正半轴的材料，切除负半轴的材料。

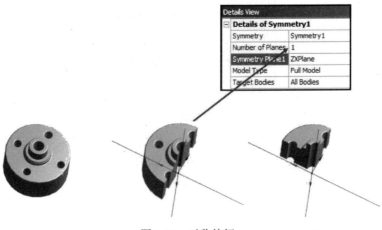

图 6-13　对称特征

6.2.5 填充

Fill（填充）命令可以创建填充内部空隙（如孔洞）的冻结体，对激活或冻结体均可进行操作。填充的操作路径为：Tools→Fill，如图 6-14 所示。填充仅对实体进行操作，此工具对在 CFD 应用中创建流动区域很有用。如图 6-15 所示为应用填充工具的一个例子。

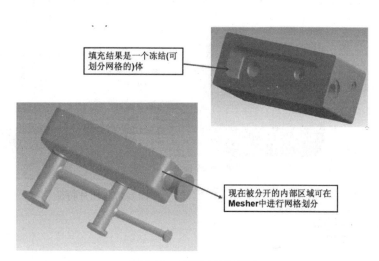

填充结果是一个冻结(可划分网格的)体

现在被分开的内部区域可在 Mesher 中进行网格划分

图 6-14 填充的操作路径   图 6-15 填充工具的应用

6.2.6 切片

Slice（切片）工具仅用于当模型完全由冻结体组成时。切片的操作路径为 Create→Slice，如图 6-16 所示。

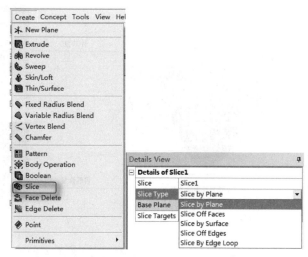

图 6-16 切片

在属性窗格中切片有 5 种类型：

（1）Slice by Plane（用平面切片）：选定一个面并用此面对模型进行切片操作。

（2）Slice Off Faces（切掉面）：在模型中选择表面，DesignModeler 将这些表面切开，然后就可以用这些切开的面创建一个分离体。

（3）Slice by Surface（用表面切片）：选定一个表面来切分体。

（4）Slice Off Edges（切掉边）：在模型中选择边，DesignModeler 将这些边切开，然后就可以用这些切开的边创建一个分离体。

（5）Slice By Edge Loop（用闭环边切片）：选定一个闭环边来切分体。

利用切片特征可以将一个原始实体切割为 3 个实体，如图 6-17 所示。

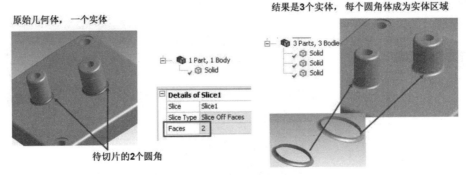

图 6-17　切片特征

6.2.7　面删除

Face Delete（面删除）工具通过删除模型中的面来删除特征，如倒圆和切除等特征，然后治愈"伤口"。面删除的操作路径为：Create→Face Delete，如图 6-18 所示。

如果不能确定合适的延伸，该特征将报告一个错误，表明它不能弥补缺口。在属性窗格中可以选择复原类型：Automatic（自动）、Natural Healing（自然修复）、Patch Healing（补片法）或 No Healing（不复原），如图 6-19 所示。

图 6-18　面删除特征

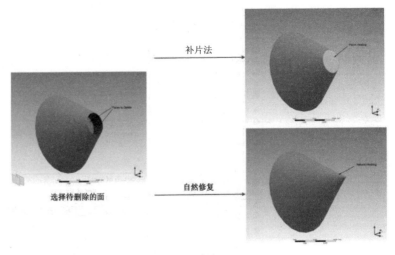

图 6-19　复原类型

扫一扫，看视频

6.3　高级三维建模实例——铸管

6.3.1　导入模型

（1）进入 ANSYS Workbench 17.0 工作界面，在左侧展开 Component Systems（组件系统）工具箱，将其中的 Geometry（几何模型）选项直接拖动到右侧的项目概图中，或者在项目上双击载入，建立一个含有 Geometry（几何模型）的项目模块，如图 6-20 所示。

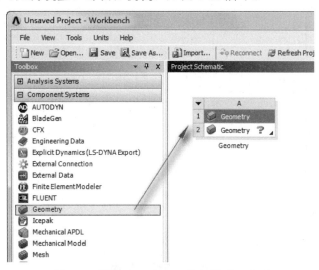

图 6-20　添加 Geometry（几何模型）选项

（2）导入模型。右击 A2 栏 2 Geometry ，在弹出的快捷菜单中选择 Import Geometry→ Browse 命令，在弹出的对话框中选择光盘源文件中的 cast.x_t。双击 A2 栏 2 Geometry ，启动 DesignModeler 应用程序。

（3）选择单位。进入 DesignModeler 工作界面后，在菜单栏中选择 Units → Millimeter 命令，采用毫米单位，然后单击 OK 按钮。

（4）设为冻结体并重新生成。在如图 6-21 所示的属性窗格中，更改 Operation（操作）选项，将之设置为 Add Frozen（添加冻结），其他选项采用默认。单击工具栏中的 Generate（生成） Generate 按钮，重新生成模型。导入后的几何体如图 6-22 所示。

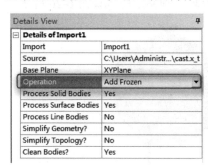

图 6-21　设为冻结体

图 6-22　导入后的几何体

6.3.2　填充特征

（1）执行填充命令。选择菜单栏中的 Tools→Fill 命令，如图 6-23 所示。

（2）选择填充面。在工具栏中打开 Select（选择）Select: ➤➤下拉列表，从中选择 Box Select（框选）Box Select，如图 6-24 所示。在绘图区域使用框选模式选中所有面，然后切换到单选模式，按住 Ctrl 键取消选定的外表面，单击属性窗格中的 Apply（应用）按钮，如图 6-25 所示。此时选中的面由绿色变为青色，表示选定完成。

图 6-23　填充菜单

图 6-24　框选

图 6-25　选择内部填充面

（3）生成模型。填充命令完成后，单击工具栏中的 Generate（生成）Generate 按钮，重新生成填充后的模型。

6.3.3　简化模型

（1）抑制体。右击树形目录中 2 Parts, 2 Bodies 分支中的第一个 Solid 分支，在弹出的快捷菜单中选择 Suppress Body（抑制体）命令，将外模型进行抑制处理。抑制后的体如图 6-26 所示。

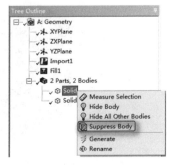

图 6-26　抑制体

（2）删除面简化模型。选择菜单栏中的 Create→Face Delete 命令，选择如图 6-27 所示的所有高亮的小特征，单击属性窗格中的 Apply（应用）按钮。

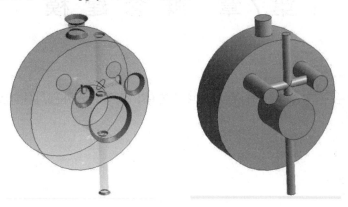

图 6-27　删除面

（3）生成模型。单击工具栏中的 Generate（生成） Generate 按钮，重新生成模型。

第7章 概 念 建 模

内容简介

可以直接通过草绘工具箱中的特征创建线或表面体，或者导入外部几何体文件特征，来设计二维草图或生成三维模型。

内容要点

- ↘ 概念建模工具
- ↘ 横截面
- ↘ 面操作
- ↘ 概念建模实例——框架结构

案例效果

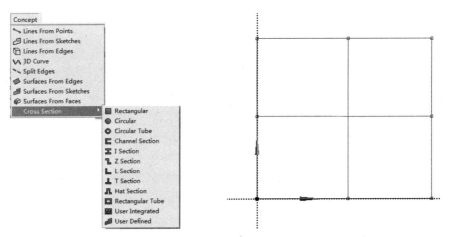

7.1 概念建模工具

Concept（概念）菜单中的特征用于创建、修改线和体，将它们变成有限元梁和板壳模型。如图 7-1 所示为概念建模菜单。

（1）概念建模工具可以用来创建线体的方法如下。

- ↘ Lines From Points（从点生成线）。
- ↘ Lines From Sketches（从草图生成线）。
- ↘ Lines From Edges（从边生成线）。

（2）概念建模工具可以用来创建表面体的方法如下。

- ↘ Surfaces From Edges（从线生成表面）。
- ↘ Surfaces From Sketches（从草图生成表面）。

概念建模首先需要创建线体，线体是概念建模的基础。

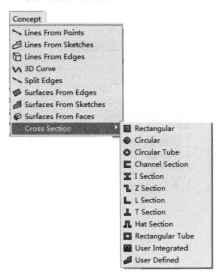

图 7-1　概念建模菜单

7.1.1　从点生成线

Lines From Points（从点生成线）时，点可以是任何二维草图点、三维模型顶点或特征（PF）点，此命令在菜单中的位置如图 7-2 所示。一条由点生成的线通常是一条连接两个选定点的直线。选择多个点时，点选的顺序不同会生成不同的线，可以通过选择点来添加或取消生成的线。

在利用 Lines From Points（从点生成线）创建线体时，首先选定两个点来定义一条线，绿线表示要生成的线段，单击 Apply（应用）按钮确认选择。然后单击 Generate（生成）按钮，结果如图 7-3 所示，线体被显示成蓝色。

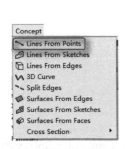

图 7-2　从点生成线命令

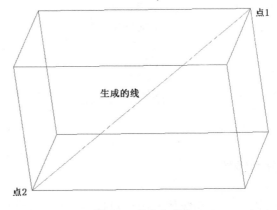

图 7-3　从点生成线

7.1.2　从草图生成线

Lines From Sketches（从草图生成线）命令是基于草图和从表面得到的平面创建线体。此命令在菜单中的位置如图 7-4 所示。操作时在特征树形目录中选择草图或平面使之高亮显示，然后在属性窗格中单击 Apply（应用）按钮。如图 7-5 所示为由草图生成的线。多个草图、面以及草图与平面组合可以作为基准对象来创建线体。

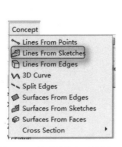

图 7-4　从草图生成线命令

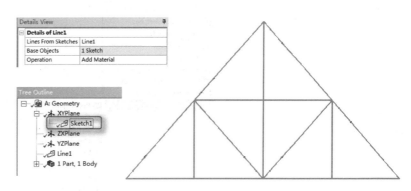

图 7-5　由草图生成的线

7.1.3　从边生成线

Lines From Edges（从边生成线）基于已有的二维和三维模型边界创建线体，可以根据所选边和面的关联性质创建多个线体。此命令在菜单中的位置如图 7-6 所示。在树形目录中或模型上选择边或面，表面边界将变成线体（另一种办法是直接选取三维边界），然后在属性窗格中单击 Apply（应用）按钮，作为基本对象。如图 7-7 所示为由边生成的线。

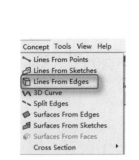

图 7-6　从边生成线命令

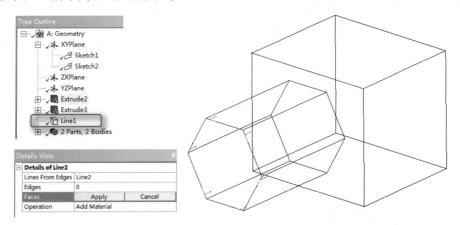

图 7-7　由边生成的线

7.1.4　分割线体

Split Edges（分割线体）命令可以将线进行分割。其操作路径为：Concept→Split Edges，如图 7-8 所示。分割线体命令将边分为两段，可以将线用比例特性控制分割位置（如 0.5 表示在一半处分割）。

在属性窗格中可以通过设置其他选项对线体进行分割，如图 7-9 所示为属性窗格中可调的分割类型。例如，选择 Split by Delta（按 Delta 分割），沿着边上给定的 Delta 确定每个分割点间的距离；选择 Split by N（按 N 分割），N 表示边的段数。

图 7-8 分割线体

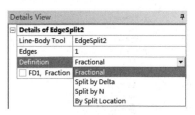

图 7-9 属性窗格

7.2 横 截 面

在 ANSYS Mechanical 17.0 中，Cross Section（横截面）命令可以给线赋予梁的属性。此横截面可以使用草图描绘，并可以赋予它一组尺寸值。要注意的是，只能修改界面的尺寸值和横截面的尺寸位置，在其他情况下是不能编辑的。如图 7-10 所示为 Cross Section（横截面）菜单。

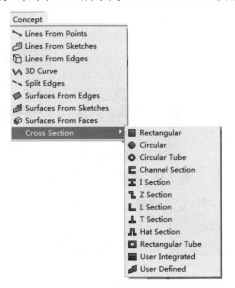

图 7-10 横截面菜单

7.2.1 横截面树形目录

DesignModeler 对横截面使用一套不同于 ANSYS 环境的坐标系。从概念菜单中可以选择横截面，建成后的横截面在树形目录中会显示。如图 7-11 所示，其中列出了每个被创建的横截面。

在树形目录中标亮横截面，即可在属性窗格中修改其尺寸。

7.2.2 横截面编辑

1. 横截面尺寸编辑

单击鼠标右键，在弹出的快捷菜单中选择 Move Dimensions（移动尺寸），如图 7-12 所示。这样就可以对横截面尺寸的位置重新定位。

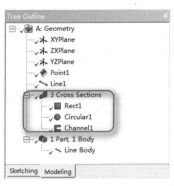 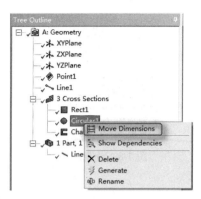

图 7-11　树形目录　　　　　　　　　　　　图 7-12　移动尺寸

2．将横截面赋给线体

将横截面赋给线体的操作步骤为：在树形目录中保持线体处于被选择状态，横截面的属性出现在属性窗格，在下拉列表中单击选择想要的横截面，如图 7-13 所示。

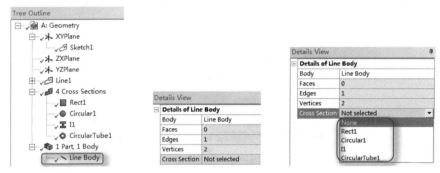

图 7-13　将横截面赋给线体

在 DesignModeler 中可以由用户自定义横截面。在定义时可以不用画出横截面，而只需在属性窗格中填写截面的属性，如图 7-14 所示。

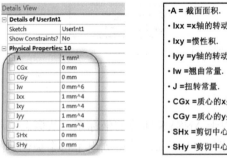

- **A** = 截面面积.
- **Ixx** =x轴的转动惯量.
- **Ixy** =惯性积.
- **Iyy** =y轴的转动惯量.
- **Iw** =翘曲常量.
- **J** =扭转常量.
- **CGx** =质心的x坐标.
- **CGy** =质心的y坐标.
- **SHx** =剪切中心的x坐标.
- **SHy** =剪切中心的y坐标

图 7-14　用户自定义横截面

在 DesignModeler 中还可定义用户已定义的横截面。在这里可以不用画出横截面，而只需基于用户定义的闭合草图来创建截面的属性。

创建用户定义的横截面的步骤为：首先从概念菜单中选择 Cross Section→User Defined（如图 7-15 所示），然后在树形目录中会多出一个空的横截面草图，单击 Sketching 标签绘制所要的草图（必须是闭合的草图），最后单击工具栏中的 Generate（生成） Generate 按钮，DesignModeler 会计算出横截面的属性并在细节窗格中列出，这些属性不能更改。

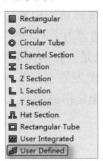

图 7-15　用户自定义横截面

3．横截面对齐

在 DesignModeler 中横截面位于 XY 平面，如图 7-16 所示。定义横截面对齐的步骤为：局部坐标系或横截面的+Y 方向，默认的对齐是全局坐标系的+Y 方向，除非这样做会导致非法的对齐。如果是这样的话，这时将会使用+Z 方向。

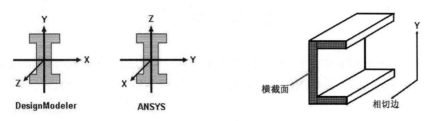

图 7-16　横截面对齐

🔊 注意：

在 ANSYS 经典环境中，横截面位于 YZ 平面中，用 X 方向作为切线方向，这种定位上的差异对分析没有影响。

用有色编码显示线体横截面的状态如下。

↘ 紫色：线体未赋值截面属性。

↘ 黑色：线体赋予了截面属性且对齐合法。

↘ 红色：线体赋予了截面属性但对齐非法。

树形目录中的线体图标有同样的可视化帮助，如图 7-17 所示。

↘ 绿色：有合法对齐的赋值横截面。

↘ 黄色：没有赋值横截面或使用默认对齐。

↘ 红色：非法的横截面对齐。

用视图菜单进行图形化的截面对齐检查步骤为：选择 Show Cross Section Alignments，其中，绿色箭头＝+Y，蓝色箭头=横截面的切线边；或选择 Cross Section Solids。

选择默认的对齐，总是需要修改横截面方向，有两种方式可以进行横截面对齐，即选择法或矢量法，选择法使用现有几何体（边、点等）作为对齐参照方式，矢量法输入相应的 X、Y、Z 坐标方向。

上述任何一种方式都可以输入旋转角度或确定是否反向。

4．横截面偏移

将横截面赋给一个线体后，属性窗格中的属性允许用户指定对横截面进行偏移的类型，如图 7-18

所示。

- ↘ Centroid（质心）：横截面中心和线体质心相重合（默认）。
- ↘ Shear Center（剪力中心）：横截面剪力中心和线体中心相重合。

注意质心和剪力中心的图形显示看起来是一样的，但分析时使用的是剪力中心。

- ↘ Origin（原点）：横截面不偏移，就照着它在草图中的样子放置。
- ↘ User Defined（用户定义）：用户指定横截面的 X 方向和 Y 方向上的偏移量。

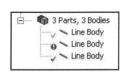

图 7-17　线体图标

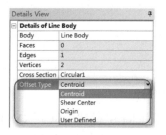

图 7-18　横截面偏移

7.3　面　操　作

在 ANSYS Workbench 17.0 中进行分析时，需要建立面。可以通过 Surfaces from Edges（从线建立面）、Surfaces From Sketches（从草图创建面）来完成，如图 7-19 所示。在修改操作中，可以进行面修补及缝合等。

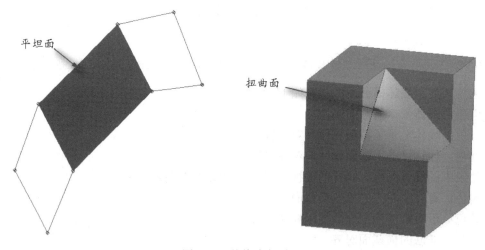

图 7-19　从线建立面

7.3.1　从线建立面

Surfaces from Edges（从线建立面）命令可以用线体边作为边界创建表面体，此命令的操作路径为 Concept→Surfaces from Edges。由线体边必须没有交叉的闭合回路，每个闭合回路都创建一个冻结表面体，回路应该形成一个可以插入到模型的简单表面形状，可以是平面、圆柱面、圆环面、圆锥面、球面和简单扭曲面等。

◀)) 注意:

在从线建立面时，无横截面属性的线体能用于将表面模型连在一起，在这种情况下线体仅仅起到确保表面边界有连续网格的作用。

7.3.2　从草图创建面

在 ANSYS Workbench 17.0 中可以用草图作为边界创建面体（单个或多个草图都是可以的）。其操作路径为：Concept→Surfaces From Sketches，如图 7-20 所示。基本草图必须是不自相交叉的闭合剖面。在属性窗格中可以选择添加或加入冻结体操作、是否和法线方向相反，如果选 No 为和平面法线方向一致。另外输入厚度则用于创建有限元模型。

图 7-20　从草图创建面

7.3.3　面修补

Surface Patch（面修补）命令用于对模型中的缝隙进行修补操作。其操作路径为：Tools→Surface Patch。

面修补的使用类似于面删除的缝合方法（Natural and Patch）。对于复杂的缝隙，可以创建多个面来修补缝隙。修补的模式除了 Automatic（自动模式）外，还可以使用 Natural Healing（正常修补）和Patch Healing（补丁修补模式），如图 7-21 所示。

选择待修补的两个洞　　　　　　　　使用多面的方法创建了两个补丁

图 7-21　面修补

7.3.4　边接合

Joint（边接合）命令用于粘接需要连续网格的体，如图 7-22 所示。在 ANSYS Workbench 17.0 中创建有一致边的面或线多体零件时会自动产生边结合。在没有一致拓扑存在时，可以进行人工接合。边结合的操作路径为：Tools→Joint。

在 View 菜单中选择 Edge Joints（边结合）命令（如图 7-23 所示），边接合将被显示。
在视图中边接合以蓝色或红色显示，分别代表不同的含义。

➦ 蓝色：边接合包含在已正确定义的多体素零件中。

➦ 红色：边接合没有分组进同一个零件中。

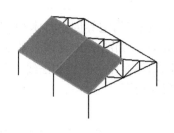
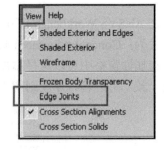

扫一扫，看视频

图 7-22　边接合　　　　　　　　　　　　　　　　图 7-23　View 菜单

7.4　概念建模实例——框架结构

下面以实例说明概念建模的绘制步骤。通过本实例可以了解并熟悉在建模过程中是如何进行概念建模的。

7.4.1　新建模型

（1）启动 ANSYS Workbench 17.0，展开左侧 Toolbox 窗体中的 Component Systems（组件系统）工具箱，将其中的 Geometry（几何模型）选项直接拖动到项目概图中，或者直接在项目上双击载入，建立一个含有 Geometry（几何模型）的项目模块，如图 7-24 所示。

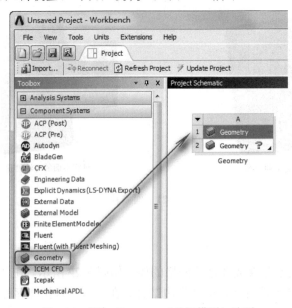

图 7-24　添加 Geometry（几何模型）选项

（2）创建模型。双击 A2 栏 2 ⬡ Geometry ？ ，启动 DesignModeler（创建模型）应用程序。

（3）选择单位。进入 DesignModeler 应用程序后，在菜单栏中选择 Units → Millimeter 命令，采用毫米单位，然后单击 OK 按钮。

7.4.2 创建草图

（1）新建草图。首先单击选中树形目录中的 XY 轴平面✔ ✚ XYPlane分支，然后单击工具栏中的"新建草图"按钮，新建一个工作平面。此时树形目录中 XY 轴平面分支下会多出一个名为 Sketch1 的草图。

（2）单击选中树形目录中的 Sketch1 草图，然后单击树形目录下端的 Sketching（草绘）标签，打开 Sketching Toolboxes（草图绘制工具箱）窗格，在新建的 Sketch1 草图上绘制图形。

（3）切换视图。单击工具栏中的"正视于"按钮。将视图切换为 XY 方向的视图。

（4）绘制矩形。在 Sketching Toolboxes 窗格中默认展开了 Draw（草绘）工具箱，从中选择 ☐ Rectangle命令，然后将光标移入到右边的绘图区域。移动光标到视图中的原点附近，直到光标中出现"P"字符。单击鼠标确定矩形的角点，然后移动光标到右上角单击鼠标，绘制一个矩形。结果如图 7-25 所示。

（5）绘制直线。在 Draw（草绘）工具箱中选择 ＼ Line 命令，在绘图区域中绘制两条互相垂直的直线，如图 7-26 所示。

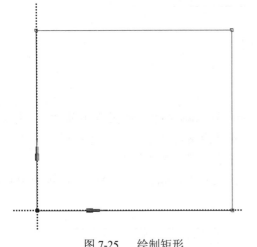

图 7-25　绘制矩形

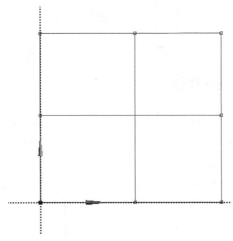

图 7-26　绘制直线

（6）添加水平尺寸标注。在 Sketching Toolboxes 窗格中展开 Dimensions（标注）工具箱，选择其中的水平标注⊢⊣ Horizontal 命令，分别标注两个水平方向的尺寸；选择垂直标注 Ⅱ Vertical 命令，分别标注两个垂直方向的尺寸，然后移动光标到合适的位置放置尺寸。标注完水平尺寸的结果如图 7-27 所示。

（7）修改尺寸。由上步绘制后的草图虽然已完全约束，但尺寸并没有指定。现在通过在属性窗格中修改参数来精确定义草图。此时的属性窗格如图 7-28 所示。将属性窗格中 H1 的参数修改为 200mm、H2 的参数修改为 400mm、V3 的参数修改为 200mm，V4 的参数修改为 400mm。单击工具栏中的"缩放到合适大小"按钮，将视图切换为合适的大小。绘制的结果如图 7-29 所示。

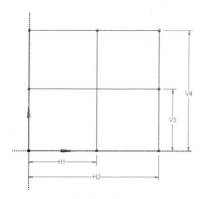

图 7-27　标注水平尺寸

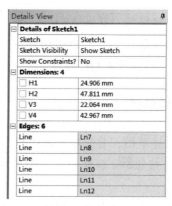

图 7-28　属性窗格

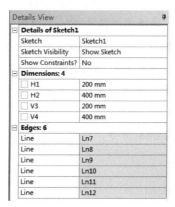

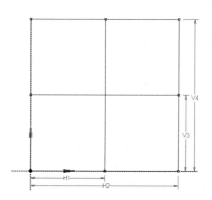

图 7-29　修改尺寸

7.4.3　创建线体

（1）创建线体。选择菜单栏中的 Concept→Lines From Sketches 命令（如图 7-30 所示），执行从草图创建线体命令。此时属性窗格中的 Base Objects 栏处于激活的状态。单击选中树形目录中的 Sketch1 分支，然后返回到属性窗格，单击 Apply（应用）按钮，完成线体的创建。

（2）生成模型。完成从草图生成线体命令后，单击工具栏中的 Generate（生成）⚡Generate 按钮来重新生成模型，结果如图 7-31 所示。

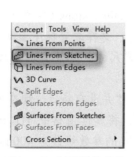

图 7-30　创建线体菜单

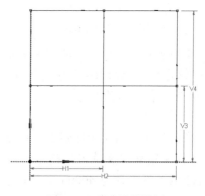

图 7-31　生成线体模型

7.4.4　创建横截面

（1）创建横截面。选择菜单栏中的 Concept→Cross Section→Rectangular 命令（如图 7-32 所示），创建矩形的横截面。选定此命令后，横截面连同尺寸一起呈现出来（在本实例中使用默认的尺寸）。如果需要修改尺寸，可以在属性窗格中进行更改。

（2）关联线体。选择好横截面后，将其与线体相关联。在树形目录中单击高亮显示线体（操作路径为树形目录→1 part, 1 Body→Line Body），在属性窗格中显示出还没有横截面与之相关联，如图 7-33 所示。单击 Cross Section（横截面）栏，自下拉列表中选择 Rect1 截面。

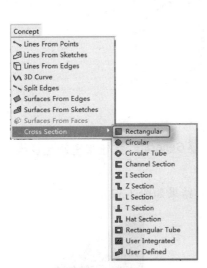

图 7-32　创建横截面

图 7-33　关联横截面

（3）带横截面显示。将横截面赋给线体后，系统默认显示横截面的线体，并没有将带有横截面的梁作为一个实体显示。现在需要将它显示。选择菜单栏中的 View→Cross Sections Solids 命令，显示带有梁的实体，如图 7-34 所示。

图 7-34　带梁实体

7.4.5　创建梁之间的面

（1）下面将创建梁之间的面，这些面将作为壳单元在有限元仿真中划分网格。选择菜单栏中的

Concept→Surfaces From Edges 命令然后按住 Ctrl 键选择如图 7-35 中所示的 4 条线，单击属性窗格中的 Edges 栏内的 Apply（应用）按钮。

选择此4
条线

图 7-35　选择线建立梁

（2）生成模型。单击工具栏中的 Generate（生成）Generate 按钮来重新生成模型，结果如图 7-36 所示。

（3）生成其他面。采用同样的方法绘制其余 3 个面，结果如图 7-37 所示。

图 7-36　生成面

图 7-37　生成其他面

7.4.6　生成多体零件

（1）建模操作时将所有的体素放入单个零件中，即生成多体零件。之所以这样做，是为了确保划分网格时每一个边界能与其相邻部分生成连续的网格。

（2）选择所有体。在工具栏中单击 Select（选择）按钮（如图 7-38 所示），设定选择过滤器为 Body（体）。在绘图区域中右击，在弹出的快捷菜单中选择 Select All（选择所有）命令，选择所有的体。

（3）生成多体零件。在绘图区域中再次单击右键。在弹出的快捷菜单中选择 Form New Part（自新建零件）命令，生成多体零件，如图 7-39 所示。

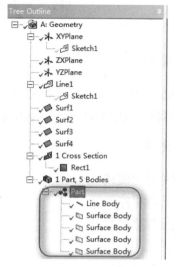

图 7-38　选择体　　　　　　　　　　　图 7-39　多体零件

第 8 章　一般网格控制

内容简介

在 ANSYS Workbench 中，网格的划分可以作为一个单独的应用程序，为 ANSYS 的不同求解器提供相应的网格划分后的文件，也可以集成到其他应用程序中。

内容要点

- ❯ 网格划分概述
- ❯ 全局网格控制
- ❯ 局部网格控制
- ❯ 网格工具
- ❯ 网格划分方法
- ❯ 网格划分实例

案例效果

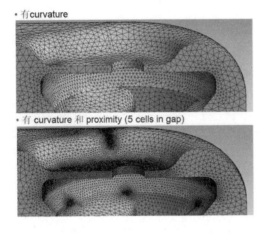

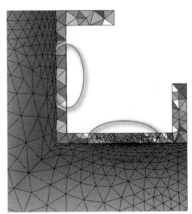

8.1　网格划分概述

网格划分利用的是 ANSYS Workbench 中的 Mesh 应用程序，可以在 ANSYS Workbench 项目管理器中直接利用 Mesh 概图中进入，也可以通过其他的概图进入 Mesh 应用程序。

8.1.1　ANSYS 网格划分应用程序概述

ANSYS Workbench 17.0 中的 Meshing 应用程序的目标是提供通用的网格划分格局。网格划分工具可以在任何分析类型中使用，包括进行结构动力学分析、显式动力学分析、电磁分析及进行 CFD

分析。

如图 8-1 所示为三维网格的基本形状。

四面体
(非结构化网格)　　六面体
(通常为结构化网格)　　棱锥 (四面体和六面体
之间的过渡)　　棱柱 (四面体网格被拉伸
时形成)

图 8-1　网格基本形状

8.1.2　网格划分步骤

（1）设置目标物理环境（结构、CFD 等），自动生成相关物理环境的网格（如 FLUENT、CFX 或 Mechanical）。

（2）设定网格划分方法。

（3）定义网格设置（尺寸、控制和膨胀等）。

（4）为方便使用创建命名选项。

（5）预览网格并进行必要调整。

（6）生成网格。

（7）检查网格质量。

（8）准备分析的网格。

8.1.3　分析类型

在 ANSYS Workbench 17.0 中不同分析类型有不同的网格划分要求：在进行结构分析时，使用高阶单元划分较为粗糙的网格；在进行 CFD 分析时，需要平滑过渡的网格，进行边界层的转化，另外不同 CFD 求解器也有不同的要求；而在显式动力学分析时，需要均匀尺寸的网格。

表 8-1 中列出的是通过设定物理优先选项设置的默认值。

表 8-1　物理优先权

物理优先选项	自动设置下列各项			
	实体单元默认中节点	关联中心默认值	平　滑　度	过　　渡
力学分析	保留	粗糙	中等	快
CFD	消除	粗糙	中等	慢
电磁分析	保留	中等	中等	快
显式分析	消除	粗糙	高	慢

在 ANSYS Workbench 17.0 中分析类型的设置是通过属性窗格来进行定义的，如图 8-2 所示为定义不同物理环境的属性窗格。

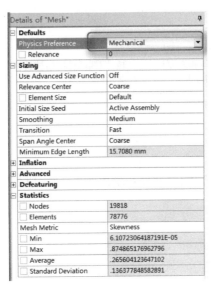

力学分析

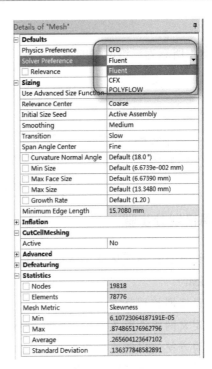

CFD

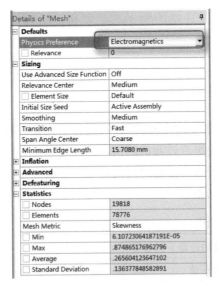

电磁分析

显式分析

图 8-2　不同分析类型

8.2　全局网格控制

选择分析的类型后并不等于网格控制的完成，而仅仅是进行初步的网格划分，还可以通过属性窗格中的其他选项进行网格控制。

8.2.1 相关性和关联中心

在属性窗格中通过修改选项来更改网格的相关性与关联的中心。

设置相关性通过拖动滑块，或直接输入-100~100 之间的数字来实现细化或粗糙的网格。设置关联中心是通过设置粗糙、中等和细化来设置全局的网格。

可以通过两个选项的设置来调节网格的粗糙程度，例如将"相关性设置为-100，关联中心设置为Medium（中等）"与"相关性设置为 0，关联中心设置为 Coarse（粗糙）"的效果是相同的。相关性与关联中心的关系如图 8-3 所示。

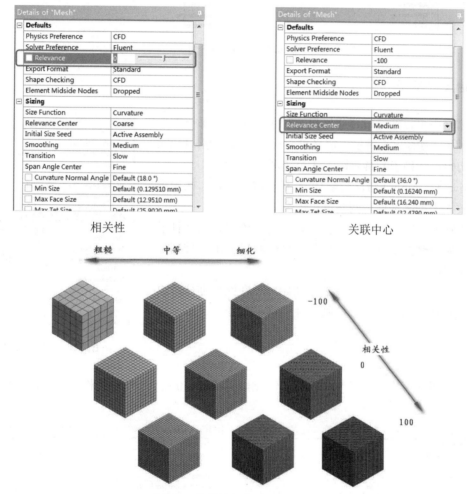

相关性　　　　　　　　　　　　　　关联中心

图 8-3　相关性与关联中心的关系

8.2.2 全局单元尺寸

全局单元尺寸的设置是通过在属性窗格中的 Element Size（单元尺寸）设置整个模型使用的单元尺寸。这个尺寸将应用到所有的边、面和体的划分。Element Size（单元尺寸）栏可以采用默认设置，也可以通过输入尺寸的方式来定义，如图 8-4 所示。

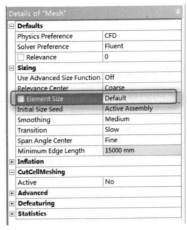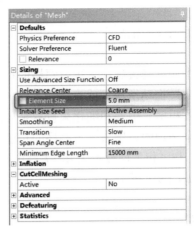

图 8-4　全局单元尺寸

8.2.3　初始尺寸种子

在属性窗格中可以通过设置初始尺寸种子栏来控制每一部件的初始网格种子。如图 8-5 所示已定义单元尺寸则被忽略，Initial Size Seed（初始尺寸种子）具有以下 3 个选项。

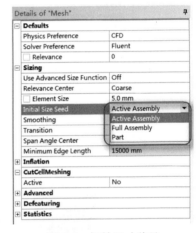

- ↘ Active Assembly（激活装配体）：基于这个设置，初始种子放入未抑制部件。网格可以改变。
- ↘ Full Assembly（全部装配体）：基于这个设置，初始种子放入所有装配部件，不管抑制部件的数量。由于抑制部件网格不改变。
- ↘ Part（零件）：基于这个设置，初始种子在网格划分时放入个别特殊部件。由于抑制部件网格不改变。

图 8-5　初始尺寸种子

8.2.4　平滑和过渡

可以通过在属性窗格中设置 Smoothing（平滑）和 Transition（过渡）栏来控制网格的平滑和过渡，如图 8-6 所示。

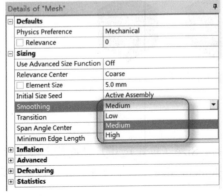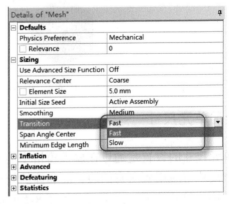

图 8-6　平滑和过渡

1. 平滑（当 Use Advanced Size Function 关闭时）

平滑网格是通过移动周围节点和单元的节点位置来改进网格质量。下列选项和网格划分器开始平滑的门槛尺度一起控制平滑迭代次数。

- ❯ Low（低）。
- ❯ Medium（中等）。
- ❯ High（高）。

2. 过渡（当 Use Advanced Size Function 关闭时）

过渡控制邻近单元增长比。

- ❯ Slow（缓慢）。
- ❯ Fast（快速）。

8.2.5 跨度中心角

在 ANSYS Workbench 17.0 中可以通过 Span Angle Center（跨度中心角）来设定基于边的细化的曲度目标，如图 8-7 所示。网格在弯曲区域细分，直到单独单元跨越这个角，有以下 3 种选择。

- ❯ Coarse（粗糙）：91°～60°。
- ❯ Medium（中等）：75°～24°。
- ❯ Fine（细化）：36°～12°。

同样跨度中心角也只在 Use Advanced Size Function 关闭时使用。选择 Goarse（粗糙）、Fine（细化）的效果对比如图 8-8 所示。

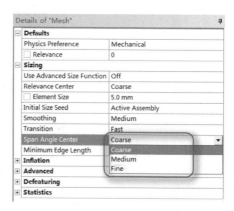

图 8-7 跨度中心角

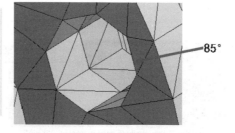

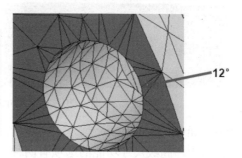

图 8-8 跨度中心角

8.2.6 高级尺寸功能

前几节进行的设置均为在无高级尺寸功能时的设置。现在开启高级尺寸功能，可以根据已定义的单元尺寸对边进行划分网格操作，对 Curvature 和 Proximity 细化，对缺陷和收缩控制进行调整。

如图 8-9 所示为高级尺寸功能中的相关选项。如图 8-10 所示为采用标准尺寸功能和采用高级尺寸功能的效果对比。

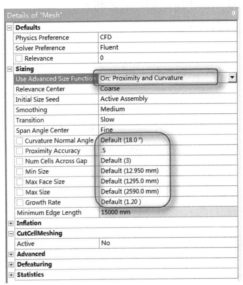

图 8-9　高级尺寸功能

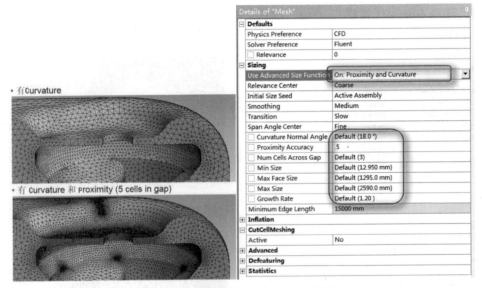

图 8-10　标准尺寸功能和高级尺寸功能

（1）Proximity and Curvature

在属性窗格中，高级尺寸功能的选项有两种，分别是 Proximity 与 Curvature，如图 8-11 所示。

↘　Curvature（默认）：默认值为 18°。

➥ Proximity：默认值为每个间隙 3 个单元（二维和三维），默认精度为 0.5，而如果 Proximity 不允许就增大到 1。

如图 8-12 所示为有 Curvature 与有 Curvature 和 Proximity（5 cells in gap）网格划分后的图形。

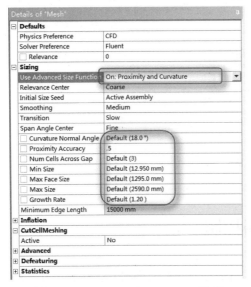

图 8-11　Proximity 与 Curvature 选项

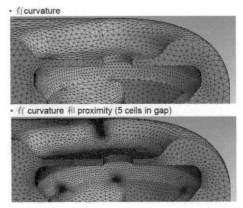

图 8-12　Curvature 与 Curvature 和 Proximity

（2）On: Curvature

➥ On: Curvature（曲度）：采用 Curvature 高级网格设置的属性窗格如图 8-13 所示，在此可看出曲度的变化。

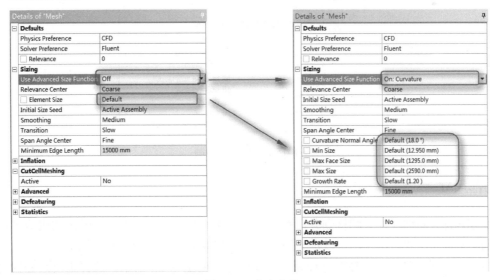

图 8-13　曲度变化

（3）On: Fixed

➥ On: Fixed（固定）：Curvature 或 Proximity 的出现导致没有局部细化，局部网格尺寸必须由网格控制来设定。选择的网格划分级别不同将产生不同等级尺寸的网格，如图 8-14 所示。

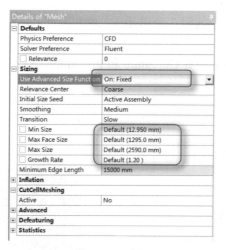

图 8-14　固定

8.3　局部网格控制

可用到的局部网格控制包含（可用性取决于使用的网格划分方法）局部尺寸、接触尺寸、细化、映射面划分、匹配控制、收缩和膨胀。通过在树形目录中右击 Mesh 分支，在弹出的快捷菜单中选择相应命令来进行局部网格控制，如图 8-15 所示。

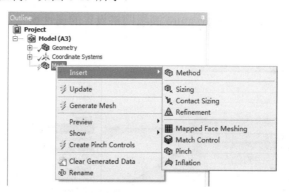

图 8-15　局部网格控制

8.3.1　局部尺寸

要实现 Sizing（局部尺寸）网格划分，在树形目录中右击 Mesh 分支，在弹出的快捷菜单中选择 Insert→Sizing（局部尺寸）命令，可以定义局部尺寸网格的划分，如图 8-16 所示。

在局部尺寸的属性窗格中选择要进行划分的线或体，如图 8-17 所示。选择需要划分的对象后，单击 Geometry（几何模型）栏中的 Apply（应用）按钮。

局部尺寸中的"类型"下拉列表中包括 3 个选项。

- ❯ Element Size（单元尺寸）：定义体、面、边或顶点的平均单元边长。
- ❯ Number of Divisions（分段数量）：定义边的单元分数。
- ❯ Sphere of Influence（影响球）：球体内的单元给定平均单元尺寸。

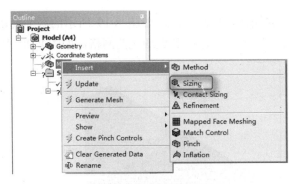

图 8-16　局部尺寸命令

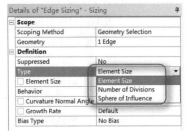

图 8-17　属性窗格

以上可用选项取决于作用的实体。选择边与选择体所含的选项不同，如表 8-2 所示为选择不同的作用对象属性窗格中的选项。

表 8-2　可用选项

作 用 对 象	单 元 尺 寸	分 段 数 量	影 响 球
体	√		√
面	√		√
边	√	√	√
顶点			√

在进行影响球的局部网格划分操作中，仅划分球内定义的面，如图 8-18 所示选择的面不同，划分后的效果不同。位于球内的单元具有给定的平均单元尺寸。常规 Sphere of Influence（影响球）控制所有可触及面的网格。在进行局部尺寸网格划分时，可选择多个实体并且所有球体内的作用实体受设定的尺寸的影响。

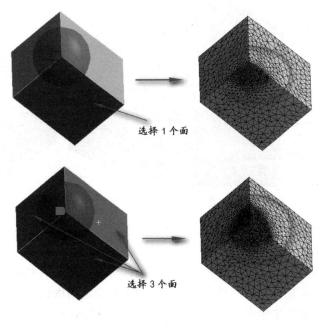

选择 1 个面

选择 3 个面

图 8-18　选择作用对象不同效果不同

边尺寸，可通过对一个端部、两个端部或中心的偏置把边离散化。如图 8-19 所示的源面使用了扫掠网格，源面的两对边定义了边尺寸，偏置边尺寸以在边附近得到更细化的网格，如图 8-20 所示。

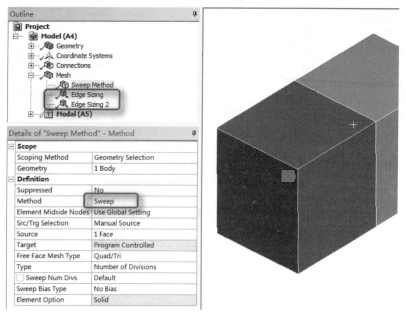

图 8-19　扫掠网格

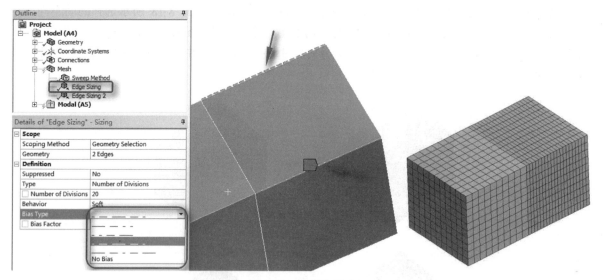

图 8-20　偏置边尺寸

　　顶点也可以定义尺寸，顶点尺寸即模型的一个顶点定义为影响球的中心。尺寸将定义在球体内所有实体上，如图 8-21 所示。

　　影响体只在高级尺寸功能打开的时候被激活。影响体可以是任何的 CAD 线、面或实体。使用影响体划分网格其实没有真正划分网格，只是作为一个约束来定义网格划分的尺寸，如图 8-22 所示。

　　影响体的操作通过 3 部分来定义，分别是：拾取几何、拾取影响体及指定参数，其中指定参数含有 Element size 及 Local growth rate。

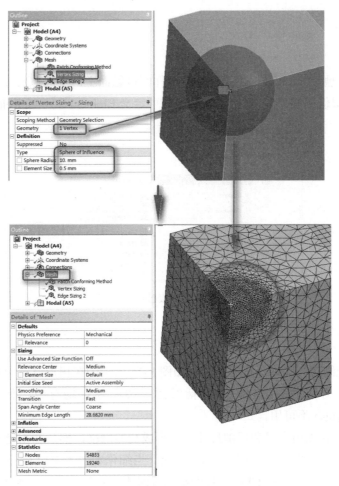

图 8-21 顶点影响球

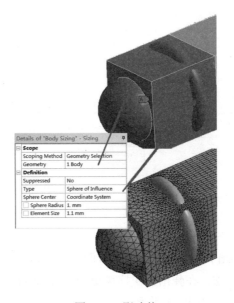

图 8-22 影响体

8.3.2　接触尺寸

Contact Sizing（接触尺寸）命令提供了一种在部件间接触面上产生近似尺寸单元的方式，如图 8-23 所示（网格的尺寸近似但不共形）。对给定接触区域可定义 Element Size 或 Relevance 参数。

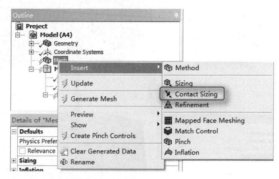

图 8-23　接触尺寸

8.3.3　细化

Refinement（单元细化）即划分现有网格，如图 8-24 所示为在树形目录中右击 Mesh 分支，插入 Refinement（细化）。对网格的细化划分包括对面、边和顶点均有效，但对 Patch Independent Tetrahedrons 或 CFX-Mesh 不可用。

在进行细化划分时首先由全局和局部尺寸控制形成初始网格，然后在指定位置单元细化。

细化水平可从 1（最小的）到 3（最大的）改变。当细化水平为 1 时将初始网格单元的边一分为二。由于不能使用膨胀，所以在对 CFD 进行网格划分时不推荐使用细化。如图 8-25 所示长方体左端采用了细化水平 1，而右边保留了默认的设置。

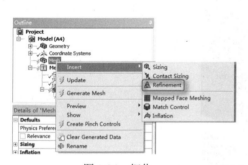

图 8-24　细化

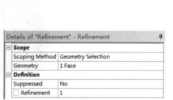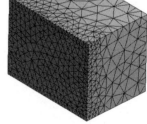

图 8-25　长方体左端面细化

8.3.4　映射面划分

在局部网格划分时，Mapped Face Meshing（映射面划分）可以在面上产生结构网格。

在树形目录中右击 Mesh 分支，在弹出的快捷菜单中选择 Insetr→Mapped Face Meshing 命令，可以定义局部映射面网格的划分，如图 8-26 所示。

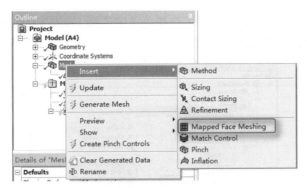

图 8-26　映射面划分

如图 8-27 所示，映射面划分的内部圆柱面有更均匀的网格模式。

图 8-27　映射面划分对比

如果面由于任何原因不能映射划分，会继续划分，但可从树形图图标上看出。

进行映射面划分时，如果选择的映射面划分的面是由两个回线定义的，就要激活径向的分割数。扫掠时指定穿过环形区域的分割数。

8.3.5　匹配控制

一般典型的旋转机械，周期面的匹配网格模式方便循环对称分析，如图 8-28 所示。

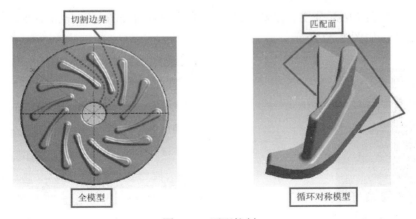

图 8-28　匹配控制

在树形目录中右击 Mesh 分支，在弹出的快捷菜单中选择 Insetr→Match Control 命令，可以定义局部匹配控制网格的划分，如图 8-29 所示。

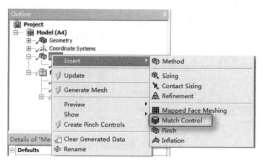

图 8-29　插入匹配控制

下面是建立匹配控制的过程，如图 8-30 所示。

（1）在 Mesh 分支下插入 Match Face Meshing 控制。

（2）识别对称边界的面。

（3）识别坐标系（Z 轴是旋转轴）。

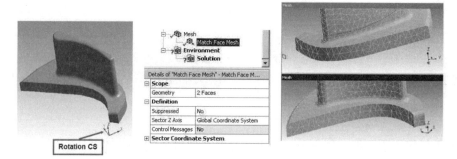

图 8-30　建立匹配控制

8.3.6　收缩控制

定义了收缩控制，网格生成时会产生缺陷。收缩只对顶点和边起作用，面和体不能收缩。如图 8-31 所示为应用收缩控制的结果。

在树形目录中右击 Mesh 分支，在弹出的快捷菜单中选择 Insetr→Pinch 命令，可以定义局部收缩控制网格的划分，如图 8-32 所示。

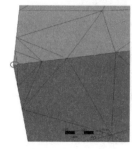

图 8-31　收缩控制

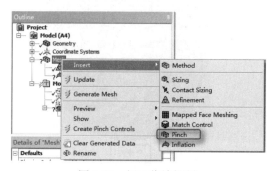

图 8-32　插入收缩控制

以下网格方法支持收缩特性。

- ➥ Patch Conforming 四面体。
- ➥ 薄实体扫掠。
- ➥ 六面体控制划分。
- ➥ 四边形控制表面网格划分。
- ➥ 所有三角形表面划分。

8.3.7 膨胀

当网格方法设置为四面体或多区域，通过选择想要 Inflation（膨胀）的面，膨胀层可作用于一个体或多个体。而对于扫掠网格，通过选择源面上要膨胀的边来施加膨胀。

在树形目录中右击 Mesh 分支，在弹出的快捷菜单中选择 Insetr→Inflation 命令，可以定义局部膨胀网格的划分，如图 8-33 所示。

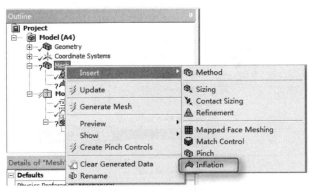

图 8-33　插入膨胀

下面为添加膨胀后的属性窗格的选项。

（1）使用自动膨胀，当所有面无命名选项及共享体间没有内部面的情况下就可以使用"程序化控制"自动膨胀。

（2）Inflation Option（膨胀选项），在膨胀选项中包括平滑过渡（对 2D 和四面体划分是默认的）、第一层厚度及总厚度（对其他是默认的）。

（3）Inflation Algorithm（膨胀算法），包含 Pre（前处理）、Post（后处理）。

8.4　网　格　工　具

对网格的全局控制和局部控制之后需要生成网格和进行查看，这需要一些工具，本节中包括生成网格、截面位面和命名选项。

8.4.1 生成网格

Generate Mesh（生成网格）是划分网格不可缺少的步骤。利用生成网格命令可以生成完整体网格，对之前进行的网格划分进行最终的运算。生成网格操作可以通过工具栏执行，也可以在树形目录中利用右键快捷菜单中执行，如图 8-34 所示。

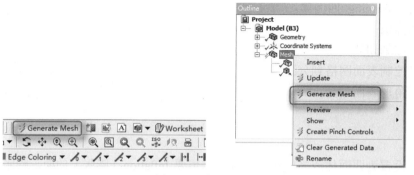

图 8-34　生成网格

在划分网格之前可以利用 Surface Mesh（表面网格）选项（如图 8-35 所示）来预览，对大多数方法（除了 Tetrahedral Patch Independent 方法）来说，这个选项更快。因此，通常划分网格时首先应查看一下表面网格。

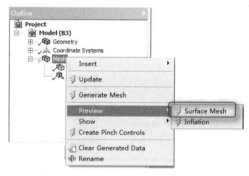

图 8-35　表面网格

如果不能满足单元质量参数，网格的划分有可能生成失败。利用预览表面网格功能，可看到哪里需要改进。

8.4.2　截面位面

在网格划分程序中，Section Planes（截面位面）可显示内部的网格。如图 8-36 所示为截面窗格，默认在程序的左下角。

要执行截面位面命令，也可以通过工具栏中的 New Section Plane 按钮来完成，如图 8-37 所示。

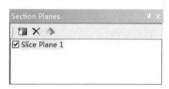

图 8-36　截面窗格

图 8-37　截面工具

利用截面位面命令可显示位于截面任一边的单元、切割或完整的单元或位面上的单元。

在使用截面工具时，可以通过多个位面生成需要的截面。如图 8-38 所示为利用两个位面得到的 120° 剖视的截面。

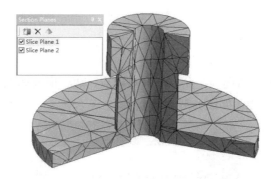

图 8-38　多位面截面

显示截面位面的操作步骤如下。

（1）如图 8-39 所示为没有截面位面时，绘图区域只能显示外部网格。

（2）在绘图区域创建截面位面，在绘图区域将显示创建的截面位面的一边，如图 8-40 所示。

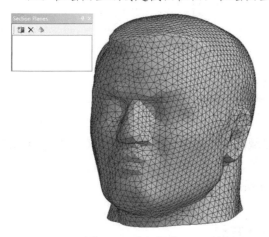

图 8-39　外部网格

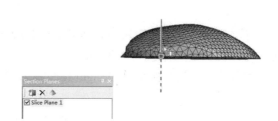

图 8-40　创建截面位面

（3）单击绘图区域中的虚线则转换显示截面位面边，也可拖动绘图区域中的蓝方块调节位面的移动，如图 8-41 所示。

（4）在截面窗格中单击"显示完整单元"按钮，显示完整的单元，如图 8-42 所示。

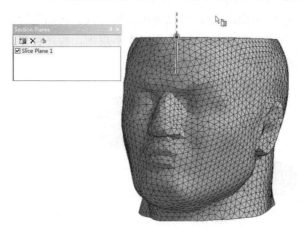

图 8-41　截面位面另一面

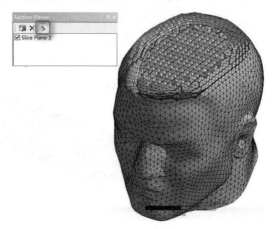

图 8-42　显示完整单元

8.4.3 命名选项

Create Named Selection（命名选项）允许用户对顶点、边、面或体创建组，用来定义网格控制、施加载荷和结构分析中的边界等，如图 8-43 所示。

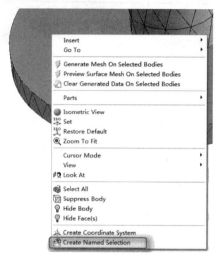

图 8-43　命名选项

命名选项将在网格输入到 CFX-Pre 或 Fluent 时，以域的形式出现，在定义接触区，边界条件等时可参考，提供了一种选择组的简单方法。

另外命名的选项组可从 DesignModeler 和某些 CAD 系统中输入。

8.5　网格划分方法

8.5.1　自动划分方法

在网格划分的方法中，自动划分方法（Automatic）是最简单的划分方法，系统自动进行网格的划分，但这是一种比较粗糙的方式，在实际运用中如不要求精确的解，可以采用此种方式。自动进行四面体（Patch Conforming）或扫掠网格划分，取决于体是否可扫掠。如果几何体不规则，程序会自动产生四面体；如果几何体规则的话，就可以产生六面体网格，如图 8-44 所示。

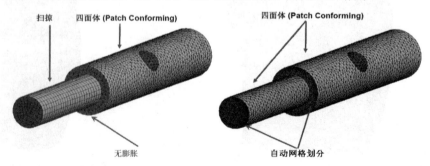

图 8-44　自动划分网格

8.5.2　四面体

四面体网格划分方法(Tetrahedrons)是基本的划分方法,其中包含两种方法,即 Patch Conforming 法与 Patch Independent 法。其中 Patch Conforming 法为 Workbench 自带的功能，而 Patch Independent 法主要依靠 ICEM CFD 软件包完成。

1．四面体网格特点

利用四面体网格进行划分具有很多优点：任意体都可以用四面体网格进行划分；利用四面体进行网格的划分可以快速、自动生成，并适用于复杂几何；在关键区域容易使用曲度和近似尺寸功能自动细化网格；可使用膨胀细化实体边界附近的网格（边界层识别）。

当然利用四面体网格进行划分还有一些缺点：在近似网格密度情况下，单元和节点数要高于六面体网格；四面体一般不可能使网格在一个方向排列，由于几何和单元性能的非均质性，不适合于薄实体或环形体。

2．四面体算法

（1）Patch Conforming: 首先由默认的考虑几何所有面和边的 Delaunay 或 Advancing Front 表面网格划分器生成表面网格（注意：一些内在缺陷在最小尺寸限度之下），然后基于 TGRID Tetra 算法由表面网格生成体网格。

（2）Patch Independent: 生成体网格并映射到表面产生表面网格。如没有载荷、边界条件或其他作用，面和它们的边界（边和顶点）不必要考虑。这种方法更加容许质量差的 CAD 几何。Patch Independent 算法基于 ICEM CFD Tetra。

3．Patch Conforming 四面体

（1）在树形目录中右击 Mesh，插入方法并选择应用此方法的体。

（2）将 Method 设置为 Tetrahedrons，将 Algorithm 设置为 Patch Conforming。

不同部分有不同的方法。多体部件可混合使用 Patch Conforming 四面体和扫掠方法生成共形网格，如图 8-45 所示。Patch Conforming 方法可以联合 Pinch Controls 功能，有助于移除短边。基于最小尺寸具有内在网格缺陷。

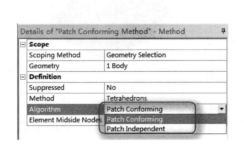
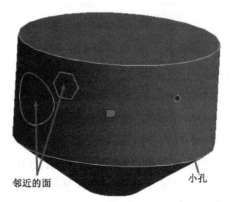

图 8-45　Patch Conforming

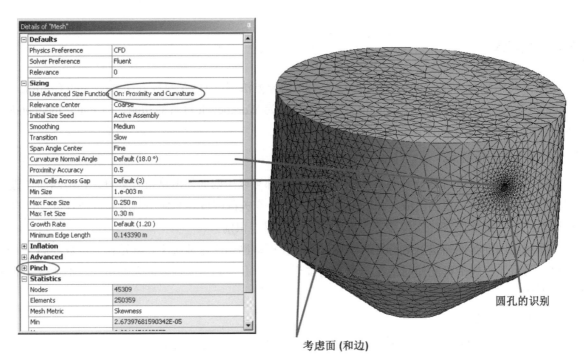

图 8-45　Patch Conforming（续）

4．Patch Independent 四面体

Patch Independent 四面体的网格划分对 CAD 许多面的修补很有用，如碎面、短边、差的面等。Patch Independent 四面体属性窗格如图 8-46 所示。

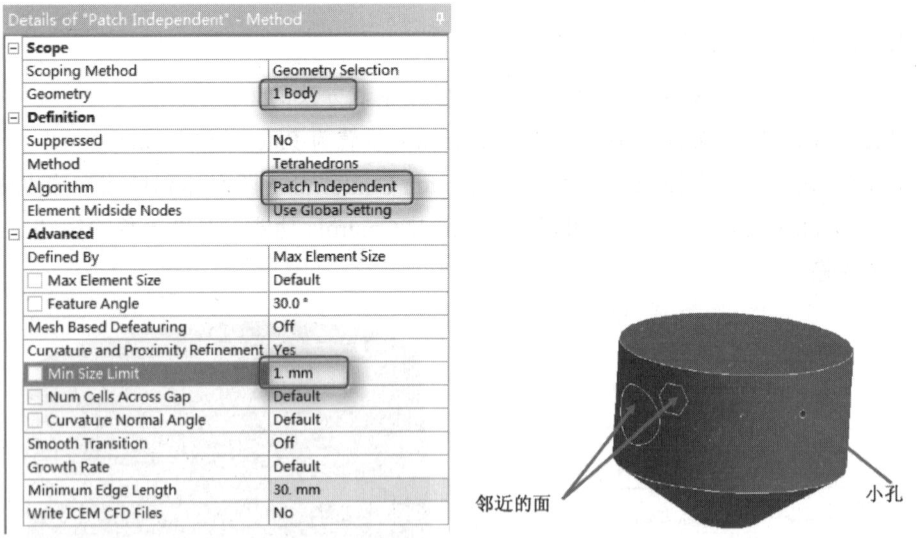

图 8-46　四面体

可以通过四面体方法，设置 Algorithm 为 Patch Independent。如没有载荷或命名选项，面和边可不必考虑。这里除设置 Curvature 和 Proximity 外，对所关心的细节部位有额外的设置，如图 8-47 所示。

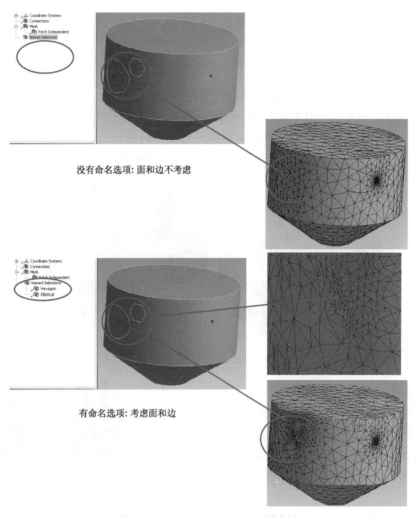

没有命名选项：面和边不考虑

有命名选项：考虑面和边

图 8-47 Patch Independent 网格划分

8.5.3 扫掠

扫掠方法（Sweep）网格划分一般会生成六面体网格，可以在分析计算时缩短计算的时间，因为它所生成的单元与节点数要远远低于四面体网格。但扫掠方法网格需要体必须是可扫掠的。

膨胀可产生纯六面体或棱柱网格，扫掠可以手动或自动设定 source/target。通常是单个源面对单个目标面。薄壁模型自动网格划分会有多个面，且厚度方向可划分为多个单元。

可以通过右击 Mesh 分支选 Show Sweepable Bodies 显示可扫掠体。当创建六面体网格时，先划分源面再延伸到目标面。扫掠方向或路径由侧面定义，源面和目标面间的单元层是由插值法而建立并投射到侧面，如图 8-48 所示。

图 8-48 扫掠

使用此技术，可扫掠体由六面体和楔形单元有效划分。在进行扫掠划分操作时，体相对侧源面和目标面的拓扑可手动或自动选择；源面可划分为四边形和三角形面；源面网格复制到目标面；随体的外部拓扑，生成六面体或楔形单元连接两个面；一个体单个源面/单个目标面。

可对一个部件中多个体应用单一扫掠方法。

8.5.4 多区域

多区域法为 ANSYS Workbench 17.0 网格划分的亮点之一。

多区域扫掠网格划分是基于 ICEM CFD 六面体模块，它会自动进行几何分裂，如图 8-49 所示。如果用扫掠方法，这个元件要被切成 3 个体来得到纯六面体网格。

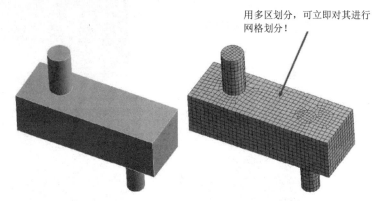

用多区划分，可立即对其进行网格划分！

图 8-49 多区域网格划分

1．多区域方法

多区域的特征是自动分解几何，从而避免将一个体分裂成可扫掠体以用扫掠方法得到六面体网格。

例如，图 8-50 所示的几何需要分裂成 3 个体以扫掠得到六面体网格。用多区域方法，可直接生成六面体网格。

图 8-50 自动分裂得到六面体网格

2．多区域方法设置

多区域不利用高级尺寸功能（只用 Patch Conforming 四面体和扫掠方法）。源面选择不是必须的，但是有用的。可拒绝或允许自由网格程序块。如图 8-51 所示为多区域的属性窗格。

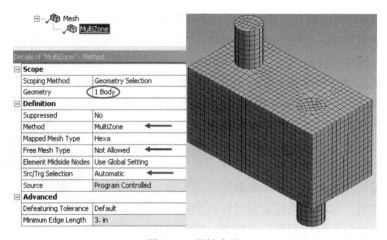

图 8-51 属性窗格

3．多区域方法可以进行的设置

（1）Mapped Mesh Type（映射网格类型）：可生成的映射网格有 Hexa（六面体）或 Hexa/Prism（六面体/棱柱）。

（2）Free Mesh Type（自由网格类型）：在自由网格类型选项中含有 4 个选项分别是 Not Allowed（不允许）、Tetra（四面体）、Hexa Dominant（六面体-支配）及 Hexa Core（六面体-核心）。

（3）Src/Trg Selection（源面/目标面选择）：包含有 Automatic（自动的）及 Manual Source（手动源面）。

（4）Advanced（高级的）：高级的栏中可进行编辑 Mesh Based Defeaturing（损伤容差）及 Minimum Edge Length（最小边长）。

8.6　网格划分实例 1——两管容器网格划分

扫一扫，看视频

本例对图 8-52 所示两管容器进行网格划分。

图 8-52　两管容器划分网格

8.6.1　定义几何

（1）进入 ANSYS Workbench 17.0 工作界面，在左侧展开 Component Systems 工具箱。

（2）将 Mesh 选项直接拖动到项目概图中，或者直接在项目上双击载入，建立一个含有 Mesh 的项目模块，如图 8-53 所示。

（3）导入模型。右击 A2 栏 ![2 Geometry ?]，在弹出的快捷菜单中选择 Import Geometry→Browse，在弹出的"打开"对话框中选择光盘源文件 Geom.agdb。双击 A2 栏 ![2 DM Geometry ✓]，启动 DesignModeler（创建模型）应用程序。

（4）重新生成模型。绘图区域如来显示模型，需要重生成模型。如图 8-54 所示，此时的模型树形目录中分支旁会有闪电图标提示。通过单击工具栏中的 Generate（生成）![Generate] 按钮来重新生成模型。在 Workbench 中第一次打开一个 DesignModeler 数据库的时候，在使用前必须要生成它。

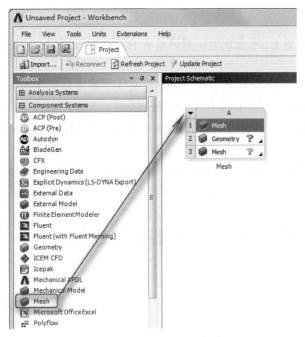

图 8-53　添加 Mesh 选项

图 8-54　重生成模型

8.6.2　初始网格

（1）双击项目概图中的 A3 栏 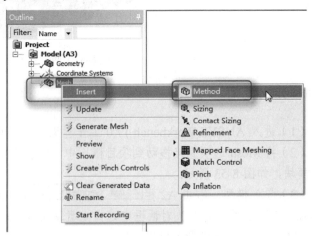，或右击并选择 Edit，将打开网格划分应用程序。

（2）在树形目录中选中 Mesh 分支，并在如图 8-55 所示的属性窗格中将 Physics Preference 设置为 CFD。

（3）在树形目录中右击 Mesh，在弹出的如图 8-56 所示快捷菜单中选择 Insert→Method，然后在视图中选择模型，单击属性窗格中的 Apply（应用）按钮。

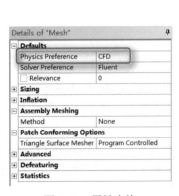

图 8-55　属性窗格

图 8-56　右键快捷菜单

（4）在树形目录中右击 Mesh，弹出如图 8-57 所示的右键快捷菜单，从中选择 Generate Mesh，进行网格的划分。划分后的网格如图 8-58 所示。

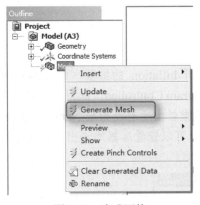

图 8-57　生成网格

图 8-58　划分网格

（5）使用视图操作工具和 3 个坐标轴来检查网格的划分情况。

8.6.3　命名选项

（1）单击工具栏中的选择"面"按钮（如图 8-59 所示），选择其中一个管端面。在模型视图中单击鼠标右键，在弹出的快捷菜单中选择 Create Named Selection，如图 8-60 所示。弹出如图 8-61 所示的 Selection Name 对话框，在 Enter aname for the selection group 文本框中输入 inlet。

图 8-59　选择面

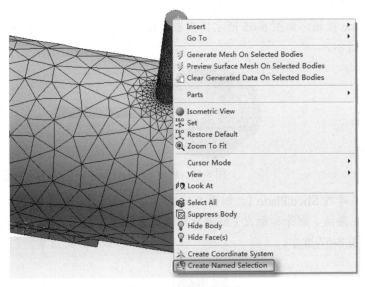

图 8-60　右键快捷菜单

图 8-61　输入名称

（2）对管的另一端面重复以上操作，将名字更改为 outlet。

（3）在树形目录中单击展开 Named Selections，刚才创建的 inlet 和 outlet 已在树形目录中列出。这里指配的名字将传输到 CFD 求解器，所以合适的流动初始条件可以施加到这些表面。

8.6.4 膨胀

（1）在树形目录中选中 Mesh 分支，并在属性窗格中展开 Inflation 的细节，如图 8-62 所示。

（2）在属性窗格中将 Use Automatic Inflation 设置为 Program Controlled，保留其他的设置。

（3）在树形目录中右击 Mesh 并选择 Generate Mesh。膨胀层由所有没指配 Named Selection 的边界形成。膨胀层厚度是表面网格的函数，是自动施加的。此时可以查看容器的进出管。进出管的端面如图 8-63 所示。

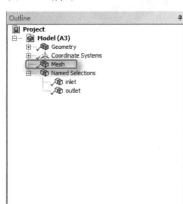
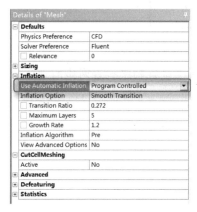

图 8-62　展开 Inflation 属性窗格

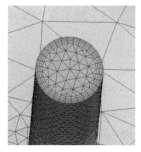

图 8-63　进出管端面

8.6.5 截面位面

（1）单击绘图区域右下角 axis triad 中的 X 轴，将模型定向为 X 向。

（2）单击工具栏中的 New Section Plane 按钮，如图 8-65 所示。单击鼠标并按住，沿图示箭头方向拖动鼠标创建 Section Plane，如图 8-64 所示。

图 8-64　单击 New Section Plane 按钮

图 8-65　创建 Section Plane

（3）在 Section Planes 窗格中列出了创建的 Slice Plane 1，如图 8-66 所示。在 3D 单元视图和 2D 切面视图之间使用检验栏。截面可以被单独激活、删除和触发（需要旋转模型来看横截面）。单击"显示完整单元"按钮，则绘图区域的模型如图 8-67 所示。

图 8-66　显示完全单元

图 8-67　显示完整单元模型

8.7 网格划分实例 2——四通管网格划分

本节对图 8-68 所示的四通管进行网格划分。

图 8-68 四通管网格划分

8.7.1 定义几何

（1）进入 ANSYS Workbench 17.0 工作界面，在左侧展开 Component Systems 工具箱。

（2）将 Mesh 选项直接拖动到项目概图中，或者直接在项目上双击载入，建立一个含有 Mesh 的项目模块。

（3）导入模型。右击 A2 栏 2 Geometry ?，在弹出的快捷菜单中选择 Import Geometry→Browse，然后在弹出的"打开"对话框中选择光盘源文件中的 pipe.agdb。双击 A3 栏 3 Mesh ，或右击并选择 Edit，打开网格划分应用程序。

（4）在树形目录中右击 Mesh，在弹出的快捷菜单中选择 Insert→Method，然后在视图中选择模型，单击属性窗格中的 Apply（应用）按钮，再将 Method 设置为 Terahedrons、Algorithm 设置为 Patch Conforming，如图 8-69 所示。导入后的模型如图 8-70 所示。

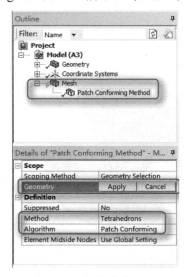

图 8-69 网格选项面板

图 8-70 导入模型

（5）在属性窗格中右击 Mesh，弹出如图 8-71 所示的右键快捷菜单，从中选择 Generate Mesh，进行网格的划分。划分后的网格如图 8-72 所示。

（6）使用视图操作工具和 3 个坐标轴来检查网格的划分情况。

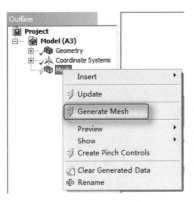

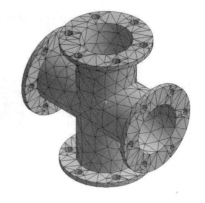

图 8-71　生成网格　　　　　　　　　　　　图 8-72　划分网格

8.7.2　Mechanical 默认与 CFD 网格

（1）在属性目录中单击 Mesh 分支，然后在属性窗格中展开 Sizing 和 Statistics 栏，将 Statistics 栏中的 Mesh Metric 设置为 Skewness；设置完成后在树形目录中右击 Mesh，在弹出的快捷菜单中选择 Generate Mesh（生成网格）命令，如图 8-73 所示。

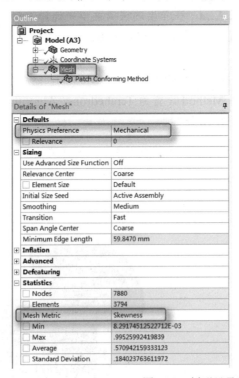

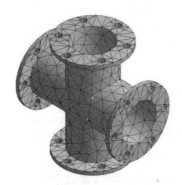

图 8-73　树形目录及属性窗格

（2）在属性窗格中将 Physics Preference 项改为 CFD、Solver Preference 项改为 Fluent，将 Use

Advanced Size Function（检验高级尺寸选项）设置为 On: Curvature，如图 8-74 所示。

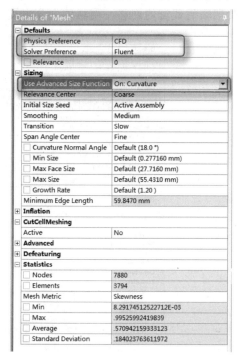

图 8-74　修改属性

（3）在树形目录中右击 Mesh，在弹出的快捷菜单中选择 Generate Mesh 命令，生成网格。注意查看更加细化的网格和网格中的改进。

8.7.3　截面位面

（1）在绘图区域的右下角单击 X 轴，确定模型的视图方向，如图 8-75 所示。单击工具栏中的 New Section Plane 按钮，如图 8-76 所示。

图 8-75　X 轴方向显示

图 8-76　New Section Plane 按钮

（2）绘制一个截面位面，从中间向下分开模型，如图 8-75 所示。确定模型的视图方向，使其平行于四通管的轴。单击左下角 Section Planes 窗格中的 Show Whole Elements（显示完整单元）按钮，如图 8-77 所示。注意这里只有一个单元穿过薄区域的厚度方向，截面位面后的模型如图 8-78 所示。

图 8-77　"显示完整单元"按钮

（3）在属性窗格中单击 Use Advanced Size Function，改变设置为 On: Proximity and Curvature，如图 8-79 所示。这种网格划分算法可以更好地处理临近部位的网格，网格的划分也更加细致。

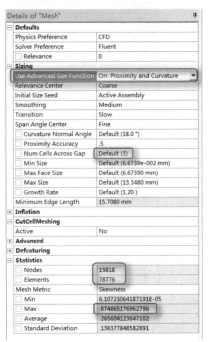

图 8-78　分网后模型

图 8-79　更改属性窗格

（4）保留 Section Planes 激活时的视图，再次生成网格（这需要一些时间）。注意，这里厚度方向有多个单元并且网格数量大大增加。划分后的网格及属性窗格如图 8-80 所示。

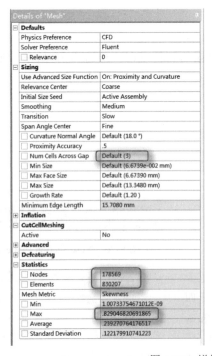

图 8-80　增加网格单元

（5）在属性窗格中设置 Min Size 为 1.0mm，如图 8-81 所示。

图 8-81　增大最小尺寸

（6）重新生成网格。此时这里厚度方向仍然有多个单元，但网格数量已经减少。

8.7.4　使用面尺寸

（1）在属性窗格中将 Use Advanced Size Function 设置为 On: Curvature，并关掉 Section Planes。

（2）在树形目录中右击 Mesh 在弹出的快捷菜单中选择 Insert→Sizing，如图 8-82 所示。拾取如图 8-83 所示的外部圆柱面，然后单击 Apply（应用）按钮。

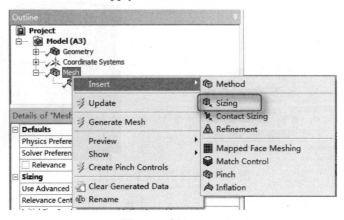

图 8-82　插入 Sizing

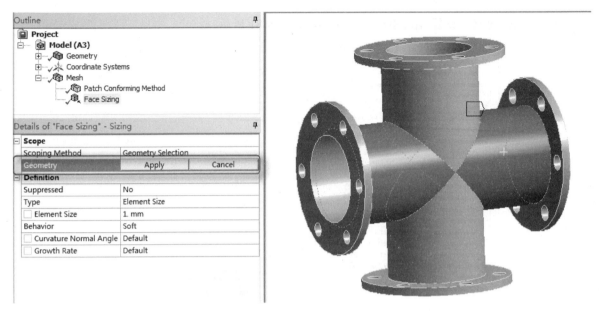

图 8-83　选择外部圆柱面

（3）设置 Min Size 为 1mm，重新生成网格，在图 8-84 中可以看到所选面的网格比邻近面的网格要细。

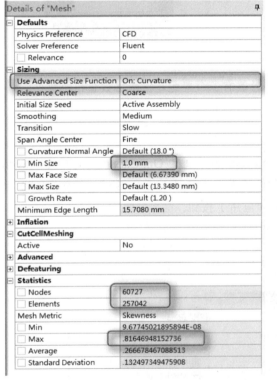

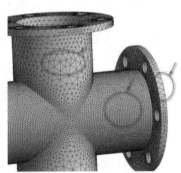

图 8-84　面尺寸网格大小不同

（4）重新激活 Section Planes，并使视图方向平行于四通管的轴。注意，这里只在面尺寸激活的截面厚度方向有多个单元，如图 8-85 所示。

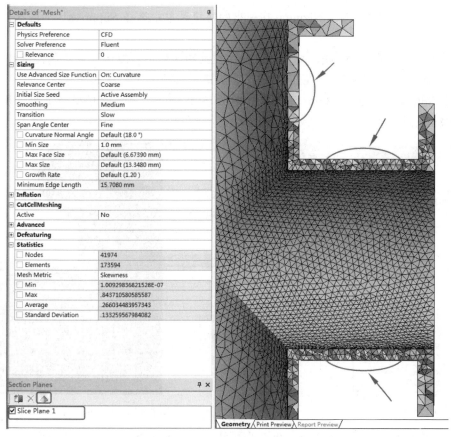

图 8-85 重新激活截面

8.7.5 局部网格划分

（1）在树形目录中右击 Coordinate Systems，在弹出的快捷菜单中选择 Insert→Coordinate Systems 命令，插入一个坐标系。在属性窗格中设置 Define By 选项为 Global Coordinates，在 Origin X、Origin Y 和 Origin Z 中分别输入-30mm、17mm 和 0mm。关掉 Section Planes，坐标系如图 8-86 所示。

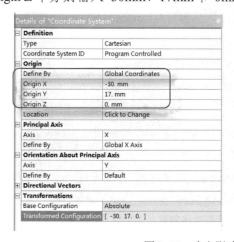

图 8-86 确定影响球的位置

（2）右击树形目录中的 Face Sizing，在弹出的快捷菜单中选择 Suppress（如图 8-87 所示），将 Face Sizing 关闭。

（3）在树形目录中右击 Mesh，插入 Sizing。在绘图区域中拾取体，并在属性窗格中设置 Type 为 Sphere of Influence。单击 Sphere Center，在下拉列表中选择之前创建的坐标系。

（4）设置 Sphere Radius 为 3mm，Element Size 为 0.5mm。显示的模型会更新以预览影响球的范围，如图 8-88 所示。

图 8-87　关闭 FaceSizing　　　　　　　　　　　　　　图 8-88　体尺寸

（5）在 Section Planes 关闭的情况下重新生成网格，如图 8-89 所示。注意影响球的有限范围。

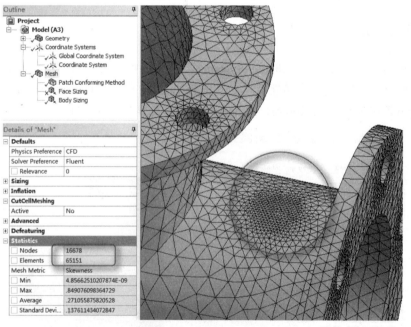

图 8-89　重新生成网格

（6）激活 Section Planes 并旋转视图使其平行于轴，如图 8-90 所示。注意，这里只在影响球附近的截面厚度方向有多个单元。

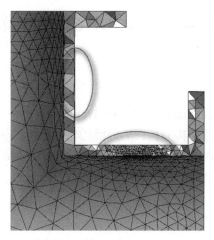

图 8-90　激活 Section Planes

划分完成后的网格如图 8-91 所示。

（7）激活 Section Planes，查看整体切除后的划分结果，如图 8-92 所示。

图 8-91　划分后结果

图 8-92　整体切除后的划分结果

第 9 章 Mechanical 简介

内容简介

与 DesignModeler 一样，Mechanical 是 ANSYS Workbench 的一个模块。

Mechanical 应用程序可以执行结构分析、热分析和电磁分析。在使用 Mechanical 应用程序时，需要定义模型的环境载荷情况、求解分析和设置不同的结果形式。Mechanical 应用程序包含有 Meshing 应用程序的功能。

内容要点

- ➥ 启动 Mechanical
- ➥ Mechanical 界面
- ➥ 基本分析步骤
- ➥ 简单分析实例——铝合金弯管头

案例效果

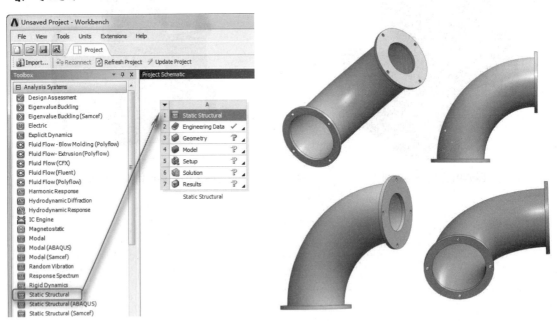

9.1 启动 Mechanical

Mechanical 主要用于结构分析、热分析和电磁分析。启动 Mechanical 的步骤与之前介绍的 DesignModeler 和 Meshing 应用程序是类似的，在项目概图中双击对应的功能栏，即可进入到 Mechanical 中。但进入 Mechanical 之前是需要有模型的，这个模型可以从其他建模软件中导入或直接使用 DesignModeler 创建，如图 9-1 所示。

图 9-1 导入模型

9.2 Mechanical 界面

标准的 Mechanical 图形用户界面的组成如图 9-2 所示。

9.2.1 Mechanical 菜单栏

与其他 Windows 程序一样，菜单栏提供了很多 Mechanical 的功能。如图 9-3 所示为 Mechanical 的 6 个下拉菜单。

- File（文件）菜单：通用文件菜单，可以刷新数据、保存工程及关闭程序。其中 Clear Generated Data 为删除网格划分或结果产生的数据库。
- Edit（编辑）菜单：在编辑菜单中可以对数据进行复制、剪切和粘贴等操作。
- View（查看）菜单：可以选择显示的方式，包括模型的显示方式、是否显示框架以及 Mechanical 应用程序中标题栏、窗格等的显示控制。
- Units（单位）菜单：在单位下拉菜单中可以进行改变单位的设置。
- Tools（工具）菜单：工具菜单包含求解过程设置、选项设置及运行宏。可以自己设置和选择。
- Help（帮助）菜单：打开帮助文件。

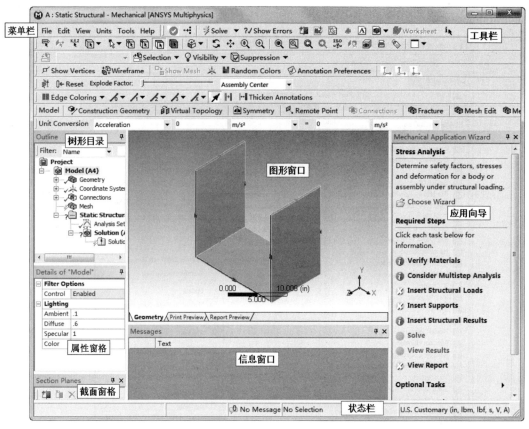

图 9-2　图形用户界面

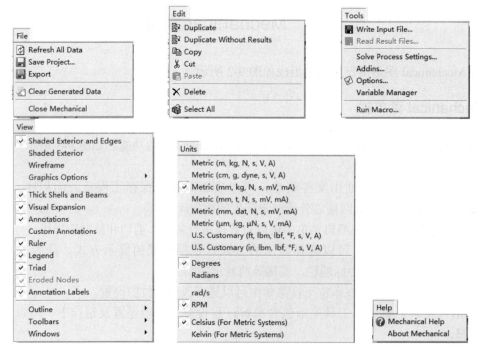

图 9-3　Mechanical 中的菜单

9.2.2 工具栏

工具栏为用户提供了快速的访问功能，可以从中选择所需要的命令，如图 9-4 所示。这些命令在菜单中也可以找到。工具栏可以在 Mechanical 窗口顶部的任何地方重新定位。

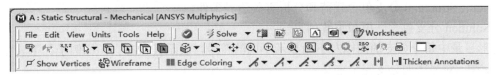

图 9-4 Mechanical 工具栏

在 Mechanical 界面中，除了固定的工具栏外，系统还提供了 Context（配置）工具条，如图 9-5 所示，其更新将取决于当前 Outline Tree 的分支。选择不同的分支 Context（配置）工具条将会出现不同的结果。

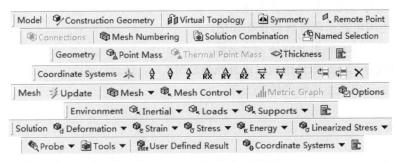

图 9-5 Mechanical Context（配置）工具条

如果光标在工具栏按钮上，会出现功能提示。

➴ Standard（标准）工具栏如图 9-6 所示。

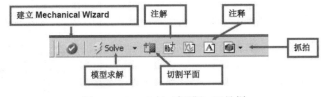

图 9-6 Standard（标准）工具栏

➴ Graphics（图形）工具栏用于选择几何和图形操作，如图 9-7 所示。

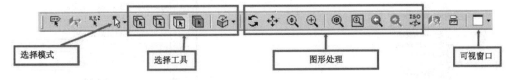

图 9-7 Graphics（图形）工具栏

鼠标左键功能可以在选择模式和图形操作模式之间切换。上面的工具栏按钮归类为实体选择和图形操作的控制两类。

图形选择的方式有单个选择或框选择，主要受选择模式图标控制。

9.2.3 树形目录

树形目录提供了进行模型、材料、网格、载荷和求解管理的方法，如图 9-8 所示。

- ➜ Model 分支包含分析中所需的输入数据。
- ➜ Static Structural 分支包含载荷和分析有关边界条件。
- ➜ Solution 分支包含结果和求解信息。

在树形目录中每个分支的图标左下角显示不同的符号，表示其状态。图标例子如下。

- ➜ 🗔：对号表明分支完全定义。
- ➜ ?🗀：问号表示项目数据不完全（需要输入完整的数据）。
- ➜ 🗔：闪电表明需要解决。
- ➜ 🗔：感叹号意味着存在问题。
- ➜ 🗔：叉号表示项目抑制（不会被求解）。
- ➜ 🗔：透明对号为全体或部分隐藏。
- ➜ 🗔：绿色闪电表示项目目前正在评估。
- ➜ 🗔：减号意味着映射面网格划分失败。
- ➜ 🗔：斜线标记表明部分结构已进行网格划分。
- ➜ 🗔：红色闪电表示失败的解决方案。

9.2.4 属性窗格

属性窗格（或称详细列表）包含数据输入和输出区域，其内容取决于选定的分支，它列出了所选对象的所有属性，另外，在属性窗格中不同的颜色表示不同的含义，如图 9-9 所示。

图 9-8 树形目录

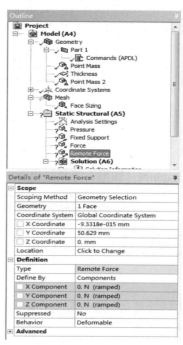

图 9-9 属性窗格

➔ 白色区域：白色区域表示此栏为输入数据区，可以对白色区域的数据进行编辑。

➔ 灰色（红色）区域：灰色区域用于信息的显示，此领域的数据是不能修改的。

➔ 黄色区域：黄色区域表示不完整的输入信息，此区域的数据显示信息丢失。

9.2.5 绘图区域

绘图区域（或称图形窗口）中显示几何和结果，还有列出 HTML 报告及打印预览的功能，如图 9-10 所示。

图 9-10 绘图区域

9.2.6 应用向导

应用向导是一个可选组件，可提醒用户完成分析所需要的步骤，如图 9-11 所示。可以通过如图 9-12 所示工具栏中的"查看 Mechanical 向导"按钮 打开或关闭应用向导。

应用向导提供了一个必要的步骤清单及其图标符号，下面列举了图标符号的含义。

➔ ：绿色对号表示该项目已完成。

➔ ：绿色的"i"显示了一个信息项目。

➔ ：灰色的符号表示该步骤无法执行。

➥ ：红色的问号表示一个不完整的项目。

➥ ：叉号表示该项目还没有完成。

➥ ：闪电表示该项目准备解决或更新。

图 9-11　应用向导

图 9-12　"查看 Mechanical 向导"按钮

应用向导工具栏中的选项将根据分析的类型而改变。

9.3　基本分析步骤

CAD 几何模型是理想的物理模型，网格模型是一个 CAD 模型的数学表达方式，计算求解的精度取决于各种因素。如图 9-13 所示为 CAD 的模型和有限元网格划分模型。

➥ 如何很好地用物理模型代替取决于怎么假设。

➥ 数值精度由网格密度决定。

使用 Mechanical 进行分析时每种分析都分为 4 步，如图 9-14 所示。

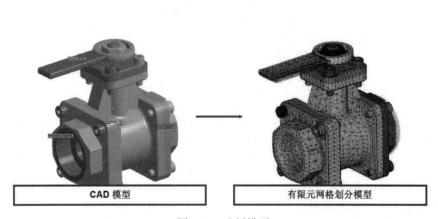

图 9-13　分析模型

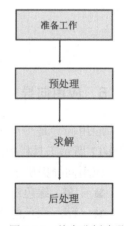

图 9-14　基本分析步骤

（1）准备工作。

➥　什么类型的分析：静态、模态等？

➥　怎么构建模型：部分或整体？

➥　什么单元：平面或实体机构？

（2）预处理。

➥　几何模型导入。

➥　定义和分配部件的材料特性。

➥　模型的网格划分。

➥　施加负载和支撑。

➥　需要查看的结果求解。

（3）求解模型。

➥　进行求解。

（4）后处理。

➥　检查结果。

➥　检查求解的合理性后处理。

9.4　简单分析实例——铝合金弯管头

下面介绍一个简单的铝合金弯管头分析实例，通过此实例可以了解使用 Mechanical 应用进行 ANSYS 分析的基本过程。

9.4.1　问题描述

本例中要进行分析的模型是一个弯头，如图 9-15 所示。弯头由铝合金制成，假设是在一个内压下使用（如 5 MPa）。要得到的结果是检验确定这个部件能在假设的环境下使用。

图 9-15　铝合金弯头

9.4.2　项目概图

（1）打开 ANSYS Workbench 17.0 程序，展开左侧的 Analysis Systems（分析系统）工具箱，将

其中的 Static Structural 选项直接拖动到项目概图中，或者直接在项目上双击载入，建立一个含有 Static Structural 的项目模块，如图 9-16 所示。

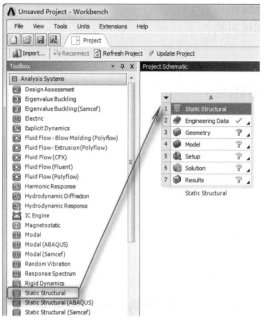

图 9-16　添加 Static Structural 选项

（2）导入模型。右击 A3 栏 3 ▣ Geometry ❓◢，在弹出的快捷菜单中选择 Import Geometry→Browse，然后在弹出的 "打开" 对话框中选择光盘源文件中的 elbow.x_t。

（3）双击 A4 栏 4 ▣ Model ⚡◢，启动 Mechanical 应用程序，如图 9-17 所示。

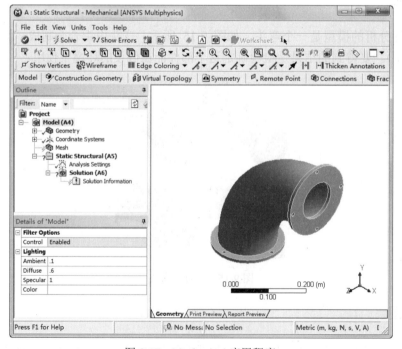

图 9-17　Mechanical 应用程序

9.4.3 前处理

（1）设置单位系统，在菜单栏中选择 Units→Metric (mm, kg, N, s, mV, mA)，设置单位为毫米制单位。

（2）为部件选择一种合适的材料。返回到 Project Schematic 窗口并双击 A2 栏 Engineering Data，得到它的材料特性。

（3）在打开的材料特性应用中，单击工具栏中的 Engineering Data Sources 按钮，如图 9-18 所示。打开左上角的 Engineering Data Sources 窗格，单击其中的 General Materials 使之点亮。

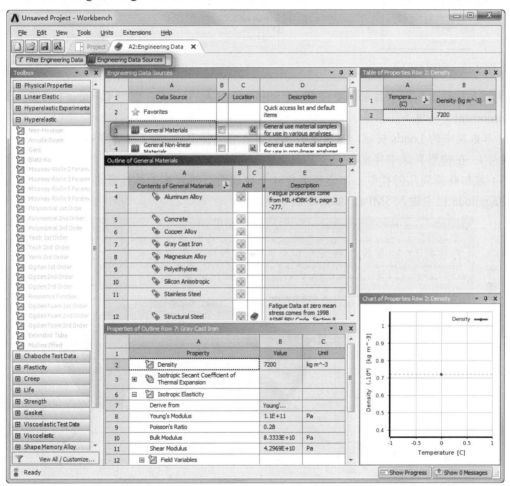

图 9-18　材料特性

（4）在 General Materials 点亮的同时单击 Outline of General Materials 窗格中的 Aluminum Alloy 旁边的"+"，将这两种材料添加到当前项目。

（5）关闭 A2: Engineering Data 窗口，返回到 Project（项目）中。这时 Model 模块指出需要进行一次刷新。

（6）在 Model 栏单击鼠标右键，在弹出的快捷菜单中选择 Refresh（刷新）命令，刷新 Model 栏，如图 9-19 所示。

（7）返回到 Mechanical 窗口，在树形目录中选择 Geometry 下的 Part 1，并在下面的属性窗格中选择 Material→Assignment 来改变铝合金的材料特性，如图 9-20 所示。

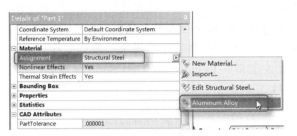

图 9-19 刷新 Model   图 9-20 改变材料

（8）插入载荷，在树形目录中单击 Static Structural（A5）分支，此时 Context（配置）工具条显示为 Environment（环境）工具条。

（9）单击其中的 Loads 按钮，在弹出的下拉列表中选择 Pressure（压力载荷），插入一个 Pressure（压力载荷）。在树形目录中将出现一个 Pressure 选项。

（10）施加载荷到几何模型上。选择部件 4 个内表面，然后单击属性窗格中的 Apply（应用）按钮，在 Magnitude 栏中输入 5MPa，如图 9-21 所示。

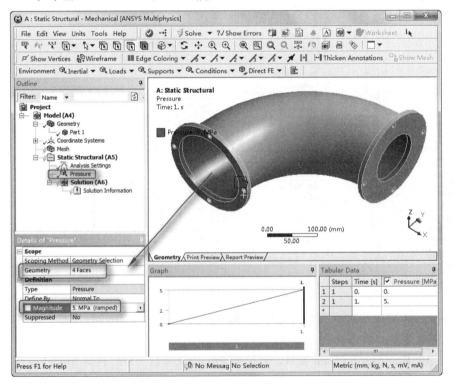

图 9-21 施加载荷

（11）给部件施加约束，单击其中的 Supports（约束）按钮，在弹出的下拉列表中选择 Frictionless

Support（无摩擦约束）。将其施加到两端的表面，结果如图 9-22 所示。

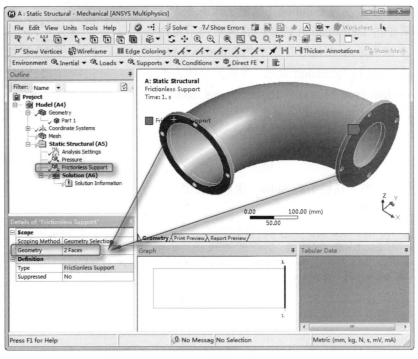

图 9-22　施加约束

（12）重复上面的步骤，将 Frictionless Support（无摩擦约束）施加到弯管的 8 个结合孔，结果如图 9-23 所示。

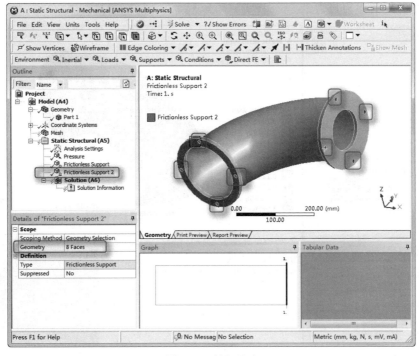

图 9-23　施加约束

（13）在树形目录中单击 Solution（A6）分支，此时 Context（配置）工具条显示为 Solution（求解）工具条。

（14）单击其中的 Deformation 按钮，在弹出的下拉列表中选择 Total（全部变形）。在树形目录中的 Solution（A6）分支下将出现一个 Total Deformation 选项。采用同样的方式插入 Stress→Equivalent (von-Mises)和 Tools→Stress Tool 两个结果，添加后的分支结果如图 9-24 所示。

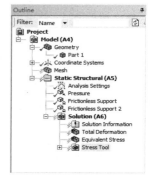

图 9-24　添加结构结果

9.4.4　求解

下面求解模型。单击工具栏中的 Solve（求解）按钮（如图 9-25 所示），进行求解。

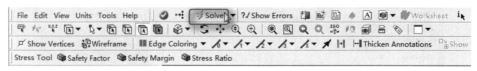

图 9-25　求解

9.4.5　结果

（1）求解完成后，结果在树形目录 Solution（求解）（A6）分支中可用。

（2）绘制模型的变形图，在 Structural Analysis（结构分析）中提供真实变形结果显示。检查变形的一般特性（方向和大小），可以避免建模步骤中的明显错误。常常使用动态显示。如图 9-26 所示为总变形，如图 9-27 所示为应力。

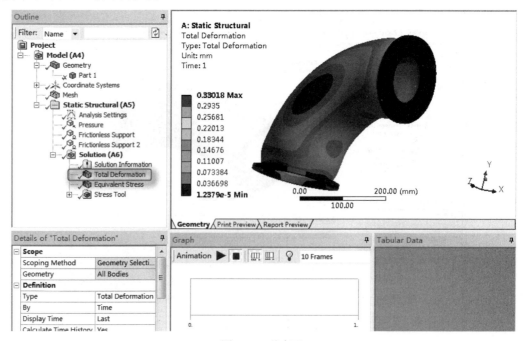

图 9-26　总变形

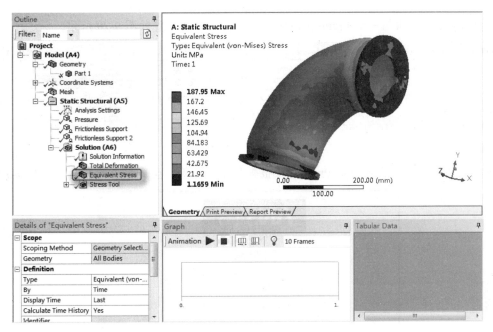

图 9-27 应力

（3）在查看了应力结果后，展开 Stress Tool 并绘制 Safety Factor（安全因子）图，如图 9-28 所示。注意，所选失效准则给出的最小安全因子约为 1.5，大于 1。

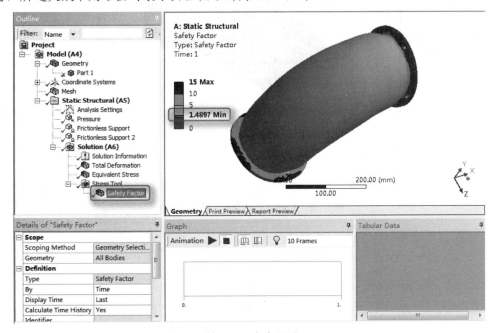

图 9-28 安全因子

9.4.6 报告

（1）创建一个 HTML 报告。首先选择需要放在报告中的绘图项，通过选择对应的分支和绘图方式实现。

（2）从 Toolbar 中插入一个 Figure。Figure 在工具栏中的位置如图 9-29 所示。

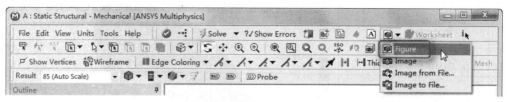

图 9-29　Figure

（3）在绘图区域中单击 Report Preview（报告预览）标签，生成报告的预览，如图 9-30 所示。

图 9-30　Report Preview（报告预览）

第 10 章　静力结构分析

内容简介

在使用 ANSYS Workbench 17.0 进行有限元分析时，线性静力结构分析是有限元分析（FEM）中最基本的内容，所以本章为其后章节的基础。

内容要点

➥ 几何模型
➥ 分析设置
➥ 载荷和约束
➥ 求解模型
➥ 后处理静力结构分析

案例效果

10.1　几　何　模　型

下面介绍线性静态结构分析的原理。对于一个线性静态结构分析（Linear Static Analysis），位移 $\{x\}$ 由下面的矩阵方程解出：

$$[K]\{x\} = \{F\}$$

式中，$[K]$ 是一个常量矩阵，它建立的假设条件为：假设是线弹性材料行为，使用小变形理论，可能包含一些非线性边界条件；$\{F\}$ 是静态加在模型上的，不考虑随时间变化的力，不包含惯性影响（质量、阻尼）。

在结构分析中，ANSYS Workbench 17.0 可以模拟各种类型的实体，包括实体、壳体、梁和点。但对于壳实体，在属性窗格中一定要指定厚度值，如图 10-1 所示。

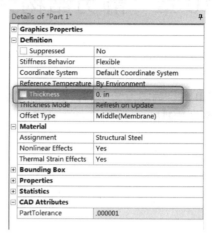

图 10-1　壳体的属性窗格

线实体的截面和方向，在 DesignModeler 里进行定义，并自动导入到 Simulation（模拟）中。

10.1.1　质量点

在使用 ANSYS Workbench 进行有限元分析时，有些模型没有给出明确的重量，需要在模型中添加一个质量点来模拟结构中没有明确重量的模型体。这里需要注意，质量点只能和面一起使用。

关于质量点的位置，可以通过在用户自定义坐标系中指定坐标值，或通过选择顶点/边/面指定位置。如图 10-2 所示为 Geometry（几何模型）工具栏。

在 ANSYS Workbench 17.0 中，质量点（见图 10-3）只受加速度、重力加速度和角加速度的影响。质量是与选择的面联系在一起的，并假设它们之间没有刚度，它不存在转动惯性。

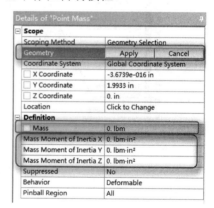

图 10-2　Geometry（几何模型）工具栏　　　　　　图 10-3　质量点

10.1.2　材料特性

在线性静态结构分析中需要给出弹性模量和泊松比，另外还需要注意以下事项。

➥　所有的材料属性参数是通过在 Engineering Data 中输入的。

- ◢ 当要分析的项目存在惯性时，需要给出材料密度。
- ◢ 当施加了一个均匀的温度载荷时，需要给出热膨胀系数。
- ◢ 在均匀温度载荷条件下，不需要指定导热系数。
- ◢ 想得到应力结果，需要给出应力极限。
- ◢ 进行疲劳分析时需要定义疲劳属性，在许可协议中需要添加疲劳分析模块。

10.2 分 析 设 置

单击树形目录中 Static Structural（A5）下的 Analysis Settings 分支，属性窗格中会显示 Analysis Settings 的细节属性，其中提供了一般的求解过程控制，如图 10-4 所示。

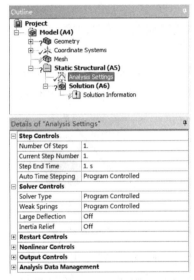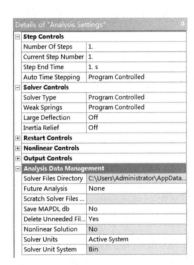

图 10-4 分析设置

（1）Step Controls（求解步控制）

求解步控制分为人工时间步控制和自动时间步控制，可以在求解步控制中指定分析中的分析步数目和每个步的终止时间。在静态分析里的时间是一种跟踪的机制。

（2）Solver Controls（求解控制）

求解控制中包含两种求解方式（默认是 Program Controlled）：

- ◢ Direct（直接）求解：ANSYS 中是稀疏矩阵法。
- ◢ Iterative（迭代）求解：ANSYS 中是 PGC（预共轭梯度法）。

Weak Springs：尝试模拟得到无约束的模型。

（3）Analysis Data Management（分析数据管理器）

- ◢ Solver Files Directory：给出了相关分析文件的保存路径。
- ◢ Future Analysis：指定求解中是否要进行后续分析（如预应力模型）。如果在 Project Schematic 里指定了耦合分析，将自动设置该选项。
- ◢ Scratch Solver Files Directory：求解中的临时文件夹。
- ◢ Save MAPDL db：保存 ANSYS DB 分析文件。

- Delete Unneeded Files：在 Mechanical APDL 中，可以选择保存所有文件以备后用。
- Solver Units：Active System 或 Manual。
- Solver Unit System：如果以上设置是人工的，那当 Mechanical APDL 共享数据的时候，就可以选择 8 个求解单位系统中的一个来保证一致性（在用户操作界面中不影响结果和载荷显示）。

10.3　载荷和约束

载荷和约束是以所选单元的自由度的形式定义的。ANSYS Workbench 17.0 中的 Mechanical 中有 4 种类型的结构载荷，分别是惯性载荷、结构载荷、结构约束和热载荷。这里介绍前 3 种，第 4 种热载荷将在后面章节中介绍。

实体的自由度是 X、Y 和 Z 方向上的平移（壳体还得加上旋转自由度，绕 X、Y 和 Z 轴的转动），如图 10-5 所示。

约束，不考虑实际的名称，也是以自由度的形式定义的，如图 10-6 所示。在块体的 Z 面上施加一个光滑约束，表示其 Z 方向上的自由度不再是自由的（其他自由度是自由的）。

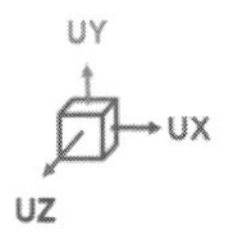

图 10-5　自由度

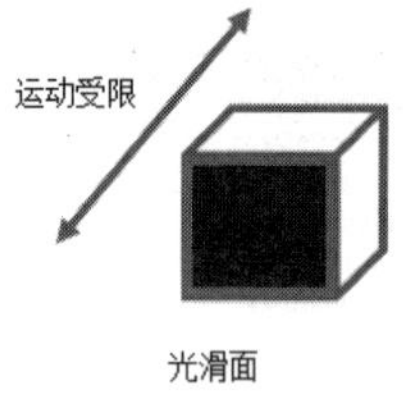

图 10-6　约束

- 惯性载荷：也可以称为加速度和重力加速度载荷。这些载荷需施加在整个模型上，对于惯性计算时需要输入模型的密度，并且这些载荷专指施加在定义好的 Point Masses（质量点上的力）。
- 结构载荷：也称集中力和压力，指施加在系统部件上的力或力矩。
- 结构约束：防止在某一特定区域上移动的约束。
- 热载荷：热载荷会产生一个温度场，使模型中发生热膨胀或热传导。

10.3.1　加速度和重力加速度

在进行分析时需要设置重力加速度。在程序内部，加速度是通过惯性力施加到结构上的，而惯性力的方向和所施加的加速度方向相反。

（1）Acceleration（加速度）：Acceleration

- 施加在整个模型上，单位是长度比上时间的平方。
- 加速度可以定义为分量或矢量的形式。
- 物体运动方向为加速度的反方向。

（2）Standard Earth Gravity（重力加速度）：Standard Earth Gravity

- 根据所选的单位制系统确定它的值。

➥　重力加速度的方向定义为整体坐标系或局部坐标系的其中一个坐标轴方向。

➥　物体运动方向与重力加速度的方向相同。

（3）Rotational Velocity（角加速度）：🔲 **Rotational Velocity**

➥　整个模型以给定的速率绕轴转动。

➥　以分量或矢量的形式定义。

➥　输入单位可以是弧度/秒（默认选项），也可是度/秒。

10.3.2　集中力和压力

集中力和压力是作用于模型上的载荷。力载荷可以施加在结构的外面、边缘或表面等位置，而压力载荷只能施加在表面，而且方向通常与表面的法向方向一致。

（1）Pressure（施加压力）：🔲 **Pressure**

➥　以与面正交的方向施加在面上。

➥　指向面内为正，反之为负。

➥　单位是单位面积的力。

（2）Force（施加集中力）：🔲 **Force**

➥　集中力可以施加在点、边或面上。

➥　它将均匀分布在所有实体上，单位是 $mass*length/time^2$。

➥　可以以矢量或分量的形式定义集中力。

（3）Hydrostatic Pressure（静水压力）：🔲 **Hydrostatic Pressure**

➥　在面（实体或壳体）上施加一个线性变化的力，模拟结构上的流体载荷。

➥　流体可能处于结构内部或外部，另外还需指定：加速度的大小和方向、流体密度、代表流体自由面的坐标系。对于壳体，提供了一个顶面/底面选项。

（4）Remote Force（轴承负载）（集中力）：🔲 **Remote Force**

➥　使用投影面的方法将力的分量按照投影面积分布在压缩边上。不允许存在轴向分量，每个圆柱面上只能使用一个轴承负载。在施加该载荷时，若圆柱面是分裂的，一定要选中它的两个半圆柱面。

➥　轴承负载可以矢量或分量的形式定义。

（5）Moment（力矩载荷）：🔲 **Moment**

➥　对于实体，力矩只能施加在面上。

➥　如果选择了多个面，力矩则均匀分布在多个面上。

➥　可以根据右手法则以矢量或分量的形式定义力矩。

➥　对于面，力矩可以施加在点上、边上或面上。

➥　力矩的单位是力乘以距离。

（6）Remote Force（远程载荷）：🔲 **Remote Force**

➥　给实体的面或边施加一个远离的载荷。

➥　用户指定载荷的原点（附着于几何上或用坐标指定）。

➥　可以以矢量或分量的形式定义。

- 给面上施加一个等效力或等效力矩。

（7）Bolt Pretension（螺栓预紧力）：Bolt Pretension

- 给圆柱形截面上施加预紧力以模拟螺栓连接：预紧力（集中力）或者调整量（长度）。
- 需要给物体指定一个局部坐标系统（在Z方向上的预紧力）。
- 自动生成两个载荷步求解。
  - LS1：施加有预紧力、边界条件和接触条件。
  - LS2：预紧力部分的相对运动是固定的，并施加了一个外部载荷。
- 对于顺序加载，还有其他额外选项。

（8）Line Pressure（线压力载荷）：Line Pressure

- 只能用于三维模拟中，通过载荷密度形式给一个边上施加一个分布载荷。
- 单位是单位长度上的载荷。
- 可按以下方式定义。
  - 幅值和向量。
  - 幅值和分量方向（总体或者局部坐标系）。
  - 幅值和切向。

10.3.3 约束

在了解载荷后对Mechanical常见的约束进行介绍。

（1）Fixed Support（固定约束）：Fixed Support

- 限制点、边或面的所有自由度。
  - 实体：限制X、Y和Z方向上的移动。
  - 面体和线体：限制X、Y和Z方向上的移动和绕各轴的转动。

（2）Displacement（已知位移）：Displacement

- 在点、边或面上施加已知位移。
- 允许给出X、Y和Z方向上的平动位移（在用户定义坐标系下）。
- “0”表示该方向是受限的，而空白表示该方向自由。

（3）Elastic Support（弹性约束）：Elastic Support

- 允许在面/边界上模拟弹簧行为。
- 基础的刚度为使基础产生单位法向偏移所需要的压力。

（4）Frictionless Support（无摩擦约束）：Frictionless Support

- 在面上施加法向约束（固定）。
- 对实体而言，可以用于模拟对称边界约束。

（5）Cylindrical Support（圆柱面约束）：Cylindrical Support

- 为轴向、径向或切向约束提供单独控制。
- 施加在圆柱面上。

（6）Compression Only Support（仅有压缩的约束）：Compression Only Support

- 只能在正常压缩方向施加约束。

> 可以模拟圆柱面上受销钉、螺栓等的作用。

> 需要进行迭代（非线性）求解。

（7）Simply Supported（简单约束）： Simply Supported

> 可以施加在梁或壳体的边缘或者顶点上。

> 限制平移，但是所有旋转都是自由的。

（8）Fixed Rotation（约束转动）： Fixed Rotation

> 可以施加在壳或梁的表面、边缘或者顶点上。

> 约束旋转，但是平移不限制。

10.4　求　解　模　型

在 ANSYS Workbench 17.0 中，Mechanical 具有两个求解器，分别为直接求解器和迭代求解器。通常求解器是自动选取的，还可以预先选用哪一个。操作路径为：Tools→Options→Analysis Settings and Solution 选项下进行设置。

当分析的各项条件都已经设置完成以后，单击标准工具栏中的 Solve 按钮求解模型。

> 默认情况下为两个处理器进行求解。

> 通过 Tools→Solve Process Settings 设置使用的处理器个数，如图 10-7 所示。

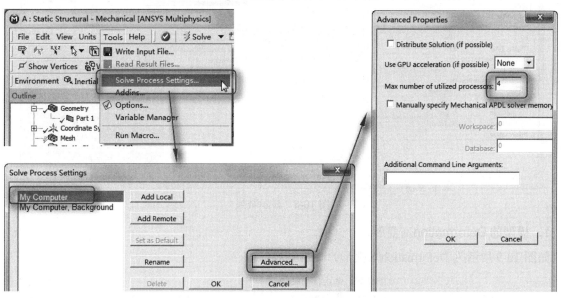

图 10-7　求解模型

10.5　后　处　理

在 Mechanical 的后处理中，可以得到多种不同的结果：各个方向变形及总变形、应力应变分量、主应力应变或者应力应变不变量；接触输出、支反力。

在 Mechanical 中，结果通常是在计算前指定的，但是它们也可以在计算完成后指定。如果求解一个模型后再指定结果，可以单击 Solve（求解）按钮，然后检索结果。

所有的结果云图和矢量图均可在模型中显示，而且利用 Context Toolbar（变形）可以改变结果的显示比例等，如图 10-8 所示。

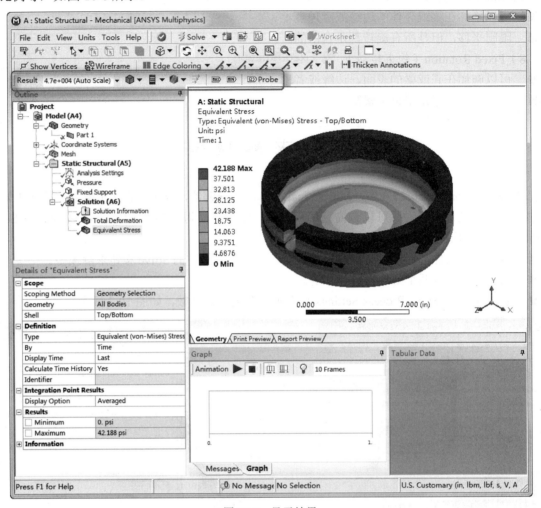

图 10-8　显示结果

1. 模型的 Deformation（变形）

如图 10-9 所示为 Deformation（变形）下拉列表。

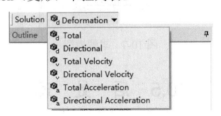

图 10-9　Deformation（变形）下拉列表

整体变形是一个标量，即 $U_{\text{total}} = \sqrt{U_x^2 + U_y^2 + U_z^2}$；在 Directional（方向）里可以指定变形的 x、y 和 z 分量，显示在整体或局部坐标系中。最后可以得到变形的矢量图，如图 10-10 所示。

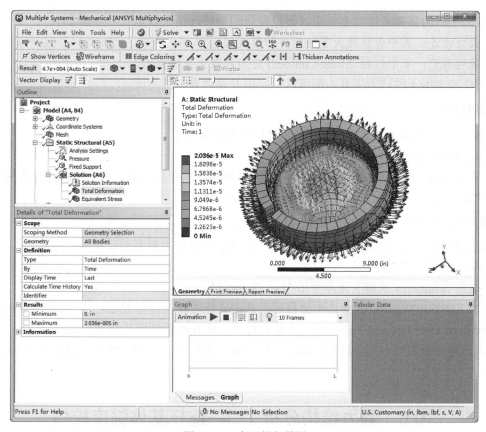

图 10-10 变形的矢量图

2. Strain（应力）和 Stress（应变）

如图 10-11 所示为应力和应变下拉列表。

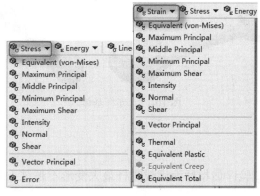

图 10-11 应力和应变

在显示应力和应变前，需要注意：应力和弹性应变有 6 个分量（x, y, z, xy, yz, xz），而热应变有三个分量（x, y, z）。对应力和应变而言，它们的分量可以在 Normal 和 Shear 里指定；而对于热应变，在 Thermal 中指定。

主应力关系：s1 > s2 > s3。

强度定义为下面值的最大绝对值：s1-s2、s2-s3 或 s3-s1。

使用应力工具时需要设定安全系数（根据应用的失效理论来设定）。

（1）柔性理论：其中包括最大等效应力和最大切应力。

（2）脆性理论：其中包括 Mohr-Coulomb 应力和最大拉伸应力。

使用每个安全因子的应力工具，都可以绘制出安全边界和应力比。

3．接触结果

通过 Solution（求解）下的 Contact Tool 可以得到接触结果。

为 Contact Tool 选择接触域有两种方法。

（1）Worksheet view (details)：从表单中选择接触域，包括接触面、目标面或同时选择两者。

（2）Geometry（几何模型）：在图形窗口中选择接触域。

4．用户自定义结果

除了标准结果，用户可以插入自定义结果，包括数学表达式和多个结果的组合。

按以下两种方式定义结果。

（1）选择 Solution（求解）菜单中的 User Defined Result。

（2）在 Solution Worksheet 中选中结果后，单击鼠标右键，选择 Create User Defined Result。

在 Details of User Defined Result 中，表达式允许使用各种数学操作符号，包括平方根、绝对值、指数等。用户定义结果可以用一种 Identifier（标识符）来标注。结果图例包含 Identifier（标识符）和表达式。

10.6　静力结构分析 1——连杆基体强度校核

连杆基体为一个承载构件，在校核计算时需要进行连杆基体的垂直弯曲刚度试验、垂直弯曲静强度试验、垂直弯曲疲劳试验。连杆基体的模型如图 10-12 所示。

图 10-12　连杆基体

10.6.1　问题描述

连杆基体垂直弯曲刚度试验评估指标为满载时杆最大变形不超过 1.5mm。垂直弯曲静强度试验评估指标为 $K>6$ 为合格。

$$K = \frac{P_n}{P}$$

式中，K 为垂直弯曲破坏后备系数；P_n 为垂直弯曲破坏荷载；P 为满载轴荷。

（1）打开 ANSYS Workbench 17.0 程序，展开左侧的 Analysis Systems（分析系统）工具箱，将其中的 Static Structural 选项直接拖动到项目概图中，或者直接在项目上双击载入，建立一个含有 Static Structural 的项目模块，如图 10-13 所示。

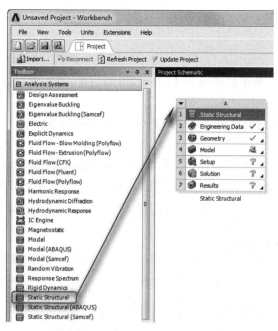

图 10-13　添加 Static Structural 选项

（2）导入模型。右击 A3 栏 3 ⊙ Geometry ?◢，在弹出的快捷菜单中，选择 Import Geometry→Browse，然后在弹出的"打开"对话框中选择光盘源文件中的 base.igs。

（3）双击 A4 栏 4 ⊙ Model ⚡◢，启动 Mechanical 应用程序，如图 10-14 所示。

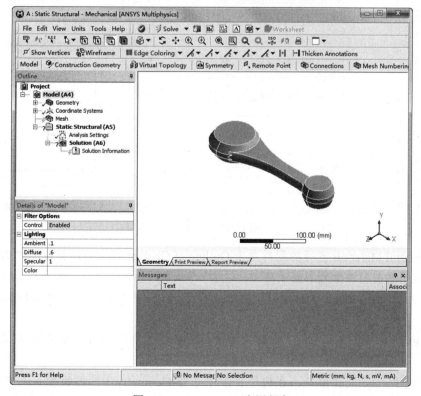

图 10-14　Mechanical 应用程序

10.6.2　前处理

（1）设置单位系统，在菜单栏中选择 Units→Metric (mm, kg, N, s, mV, mA)，设置单位为毫米制单位。

（2）为部件选择一种合适的材料。返回到 Project Schematic 窗口并双击 A2 栏 2 Engineering Data ✓ ⌄ Engineering Data，得到它的材料特性。

（3）在打开的材料特性应用中，单击工具栏中的 Engineering Data Sources 按钮，如图 10-15 所示。打开左上角的 Engineering Data Sources 窗格，单击其中的 General Materials，使之点亮。

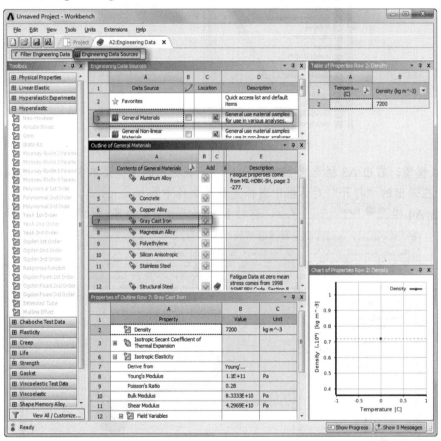

图 10-15　材料特性

（4）在 General Materials 点亮的同时单击 Outline of General Materials 窗格中的 Gray Cast Iron 旁边的 "+"，将这两种材料添加到当前项目。

（5）关闭 A2: Engineeving Data 窗口，返回到 Project（项目）中。这时 Model 模块指出需要进行一次刷新。

（6）在 Model 栏单击鼠标右键，在弹出的快捷菜单中选择 Refresh（刷新），刷新 Model 栏，如图 10-16 所示。

（7）返回到 Mechanical 窗口，在树形目录中选择 Geometry（几何模型）下的 Part1，并选择 Material→Assignment 栏，将其改变为 Gray Cast Iron（灰铸铁）的材料特性，如图 10-17 所示。

图 10-16　刷新 Model

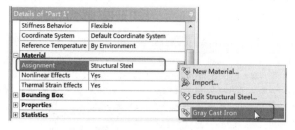

图 10-17　改变材料

（8）网格划分。在树形目录中右击 Mesh（网格）分支，激活 Sizing（网格尺寸）命令，如图 10-18 所示。

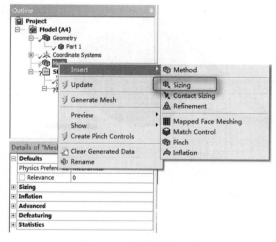

图 10-18　网格划分尺寸

（9）输入尺寸。在 Sizing（网格尺寸）的属性窗格中，首先选择整个连杆基体实体，并指定网格尺寸为 10mm，如图 10-19 所示。

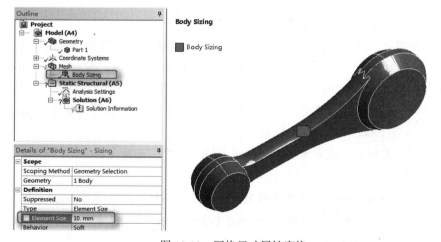

图 10-19　网格尺寸属性窗格

（10）施加位移约束。在树形目录中单击 Static Structural（A5）分支，此时 Context（配置）工具条显示为 Environment（环境）工具条。单击其中的 Supports（约束）按钮，在弹出的下拉列表中选择 Displacement（位移）。按住 Ctrl 键将其施加到大圆面的两端表面，将位移约束设置为综合约束，约束尺寸为（Free，0，Free）。结果如图 10-20 所示。

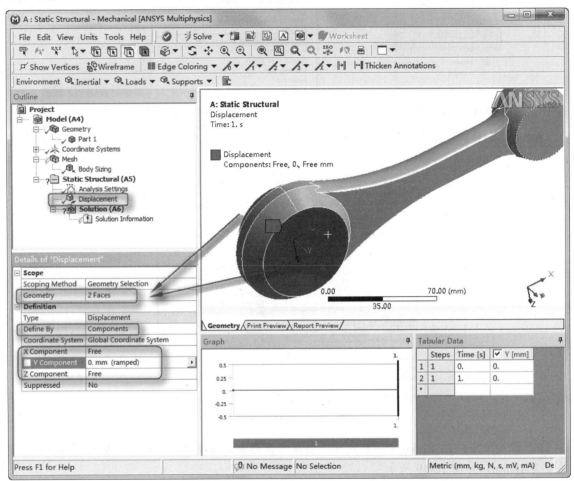

图 10-20　施加位移约束

（11）施加载荷约束。连杆基体最大负载为 1000N，以面力方式施加在小端面中间位置。单击工具栏中的 Loads（载荷）按钮，在弹出的下拉列表中选择 Remote Force，插入一个 Remote Force。在树形目录中将出现一个 Remote Force 选项。

（12）选择参考受力面，并指定受力点的坐标位置。X=180mm，载荷类型为 Components，方向沿 Y 轴负方向，大小为 1000N，如图 10-21 所示。

（13）结构结果。在树形目录中单击 Solution（A6）分支，此时 Context（配置）工具条显示为 Solution（求解）工具条。

（14）单击其中的 Deformation（变形）按钮，在弹出的下拉列表中选择 Total（全部变形），在树形目录中的 Solution（A6）分支下将出现一个 Total Deformation 选项。采用同样的方式插入 Strain→Equivalent (von-Mises)。添加后的分支结果如图 10-22 所示。

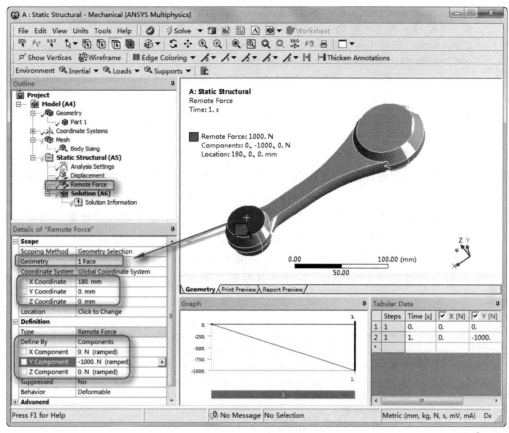

图 10-21　施加载荷

图 10-22　添加结构结果

10.6.3　求解

下面求解模型。单击工具栏中的 Solve（求解）按钮（如图 10-23 所示），进行求解。

图 10-23 求解

10.6.4 结果

（1）通过计算，连杆基体在满载工况下，各点的位移云图如图 10-24 所示。根据连杆基体垂直弯曲刚度试验评估指标为满载轴荷时的要求，对比分析结果可知，最大变形约为 1.24mm，小于指标的 1.5mm。

（2）绘制模型的 Mises 应变云图，如图 10-25 所示。在连杆基座各点应力计算结果中，应力较大区域位于连杆基座的柄部，即颜色为红色的区域，最大应力值为 0.0086MPa。

（3）根据连杆基体垂直弯曲失效载荷的确定，用连杆基体应力值达到材料的屈服极限对应的载荷代替。根据材料的屈服极限为 610MPa 和试验评价指标垂直弯曲失效后备系数 $K>6$ 的要求，计算结果是合格的。

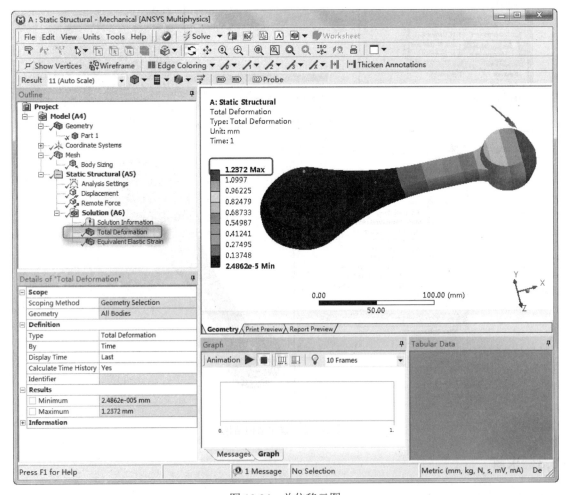

图 10-24 总位移云图

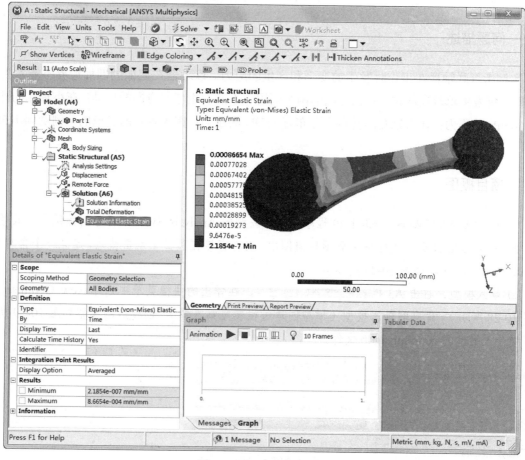

图 10-25　Mises 应变云图

10.7　静力结构分析 2——联轴器变形和应力校核

本节对图 10-26 所示联轴器进行静力结构分析，帮助读者进一步了解使用 Mechanical 进行 ANSYS 分析的基本过程。

图 10-26　联轴器

10.7.1 问题描述

本实例考查联轴器在工作时发生的变形和产生的应力。联轴器在底面的四周边界不能发生上下运动，即不能发生沿轴向的位移；在底面的两个圆周上不能发生任何方向的运动；在小轴孔的孔面上分布有 1e6Pa 的压力；在大轴孔的孔台上分布有 1e7Pa 的压力；在大轴孔的键槽的一侧受到 1e5Pa 的压力。

10.7.2 项目概图

（1）打开 ANSYS Workbench 17.0 程序，展开左侧的 Analysis Systems（分析系统）工具箱，将其中的 Static Structural 选项直接拖动到项目概图中，或者直接在项目上双击载入，建立一个含有 Static Structural 的项目模块，如图 10-27 所示。

（2）导入模型。右击 A3 栏 3 📦 Geometry ❓ ◢，在弹出的快捷菜单中选择 New Geometry 命令（如图 10-28 所示），建立联轴器模型（模型创建过程参见第 5 章），创建后的模型如图 10-29 所示；或者直接导入附赠的 coupling.agdb 文件。

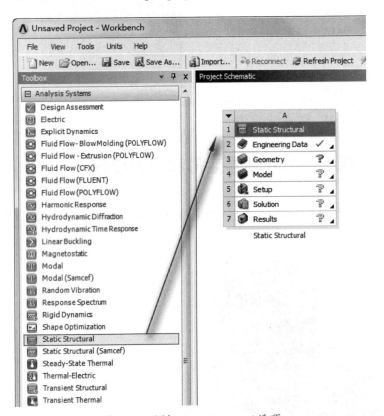

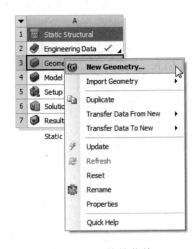

图 10-27　添加 Static Structural 选项　　　　　　图 10-28　快捷菜单

（3）双击 A4 栏 4 📦 Model ⚡ ◢，启动 Mechanical 应用程序。

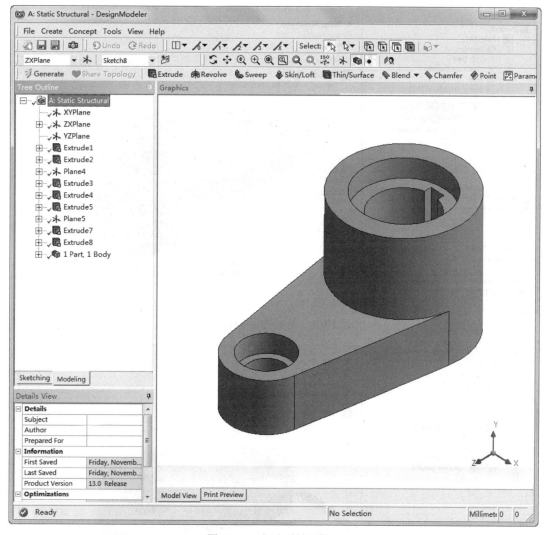

图 10-29 创建联轴器模型

10.7.3 前处理

（1）设置单位系统。在菜单栏中选择 Units→Metric (mm, kg, N, s, mV, mA)，设置单位为毫米单位。

（2）施加位移约束。在树形目录中单击 Static Structural（A5）分支，此时 Context（配置）工具条显示为 Environment（环境）工具条。

（3）单击其中的 Supports 按钮，在弹出的下拉列表中选择 Displacement（位移）。拾取基座底面的所有 4 条外边界线，单击属性窗格中的 Apply（应用）按钮，然后单击 Z Component，将之设置为0，其余采用默认设置，如图 10-30 所示。

（4）单击其中的 Supports（约束）按钮，在弹出的下拉列表中选择 Fixed Support（固定约束）。拾取基座底面的两条圆周线，单击属性窗格中的 Apply（应用）按钮，其余采用默认设置，如图 10-31所示。

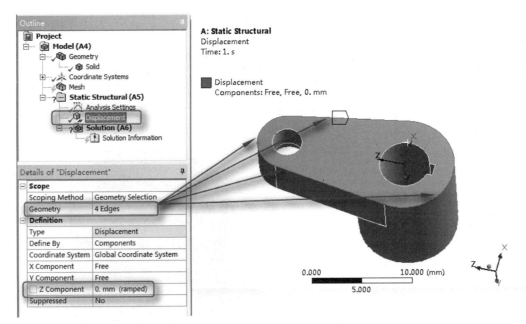

图 10-30　基座底面位移约束

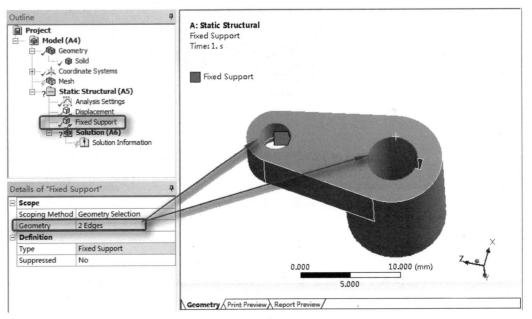

图 10-31　基座底面固定约束

（5）单击其中的 Loads（载荷）按钮，在弹出的下拉列表中选择 Pressure（压力载荷）。插入一个 Pressure（压力载荷），在树形目录中将出现一个 Pressure 2 选项。选择大轴孔轴台，然后单击属性窗格中的 Apply（应用）按钮，在 Magnitude 栏中输入 1e+007MPa，如图 10-32 所示。

（6）单击其中的 Loads（载荷）按钮，在弹出的下拉列表中选择 Pressure（压力载荷）。插入一个 Pressure（压力载荷），在树形目录中将出现一个 Pressure 3 选项。选择键槽的一侧，然后单击属性窗格中的 Apply（应用）按钮，在 Magnitude 栏中输入 1e+005MPa，如图 10-33 所示。

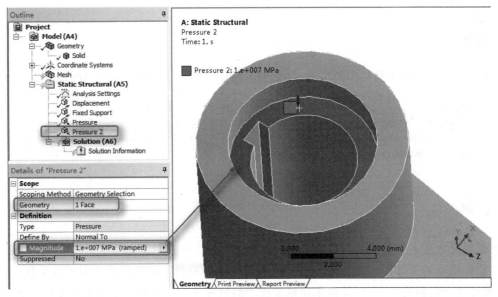

图 10-32　施加载荷

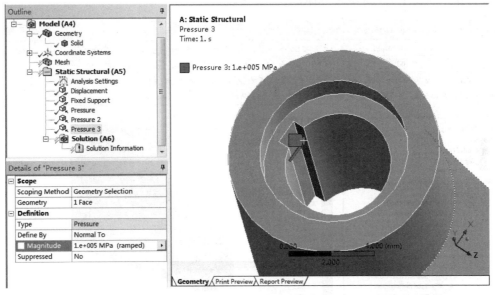

图 10-33　施加载荷

（7）结构结果。在树形目录中单击 Solution（A6）分支，此时 Context（配置）工具条显示为 Solution（求解）工具条。

（8）单击其中的 Deformation 按钮，在弹出的下拉列表中选择 Total（全部变形），在树形目录中的 Solution（A6）分支下将出现一个 Total Deformation 选项。采用同样的方式插入 Stress→Equivalent (von-Mises)和 Tools→Stress Tool 两个结果。添加后的分支结果如图 10-34 所示。

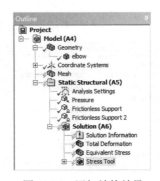

图 10-34　添加结构结果

10.7.4　求解

下面求解模型。单击工具栏中的 Solve（求解）按钮（如图 10-35 所示），进行求解。

图 10-35　求解

10.7.5　结果

（1）求解完成后，结果在树形目录 Solution（A6）分支中可用。

（2）绘制模型的变形图，在 Structural Analysis（结构分析）中提供真实变形结果显示。检查变形的一般特性（方向和大小），可以避免建模步骤中的明显错误。常常使用动态显示。如图 10-36 所示为总变形云图，如图 10-37 所示为 Mises 应力云图。

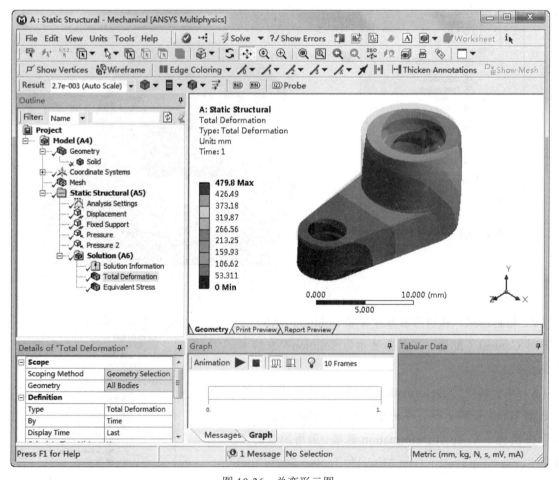

图 10-36　总变形云图

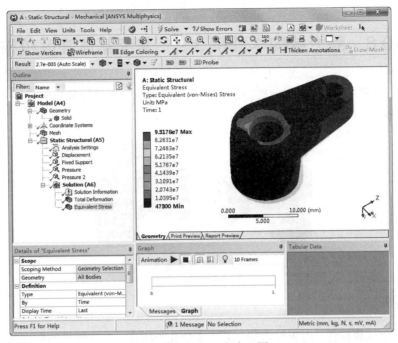

图 10-37　Mises 应力云图

10.7.6　报告

（1）创建一个 HTML 报告。首先选择需要放在报告中的绘图项，通过选择对应的分支和绘图方式实现。

（2）在绘图区域中单击 Report Preview（预览报告）标签，生成报告的预览，如图 10-38 所示。

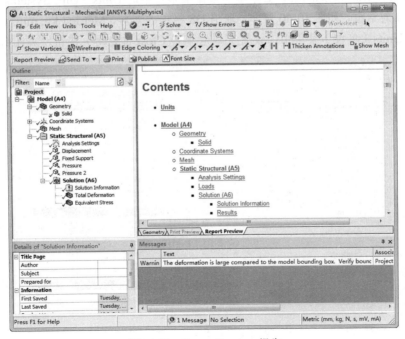

图 10-38　Report Preview 报告

10.8 静力结构学分析 3——基座基体强度校核

本节将对基座基体零件进行结构分析。模型已经创建完成，在进行分析前直接导入即可。基座基体的模型如图 10-39 所示。

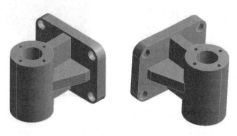

图 10-39　基座基体

10.8.1　问题描述

基座基体为一个承载构件，由灰铸铁制作，在 4 个孔处固定，并在圆柱的侧面载有 5Mpa 的压力，下面对其进行结构分析，求出其应力、应变及疲劳特性等的参数。

10.8.2　建立分析项目

（1）在 Windows 系统下执行"开始"→"所有程序"→ANSYS 17.0→Workbench 17.0 命令，启动 ANSYS Workbench 17.0。

（2）在 ANSYS Workbench 17.0 主界面中选择菜单栏中的 Units→Unit Systems 命令，打开 Unit Systems（单位制）对话框，如图 10-40 所示。取消 D8 栏中的对勾，Metric（kg, mm, s, ℃, mA, N, mV）选项将会出现在 Units（单位）菜单中。设置完成后单击 Close（关闭）按钮，关闭此对话框。

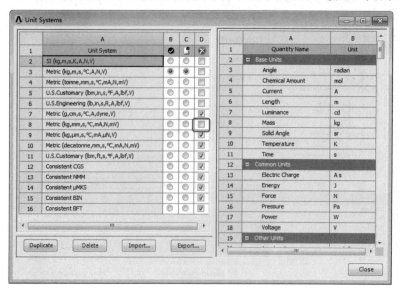

图 10-40　Unit Systems 对话框

（3）选择菜单栏中的 Units→Metric（kg, mm, s, ℃, mA, N, mV）命令，设置模型的单位，如图 10-41 所示。

（4）在 ANSYS Workbench 17.0 界面中，展开左侧的 Analysis Systems（分析系统）工具箱，将其中的 Static Structural 选项直接拖动到项目概图中，或者直接在项目上双击载入，建立一个含有 Static Structural 的项目模块，如图 10-42 所示。

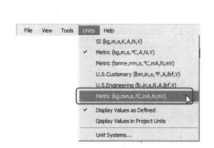

图 10-41　设置模型单位　　　　　　　　图 10-42　添加 Static Structural 选项

（5）导入模型。右击 A3 栏 3 Geometry ，在弹出的快捷菜单中选择 Import Geometry→Browse 命令，然后在弹出的"打开"对话框中选择光盘源文件中的 base2.igs。

（6）双击 A4 栏 4 Model ，启动 Mechanical 应用程序，如图 10-43 所示。

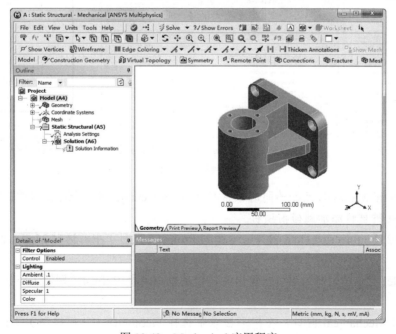

图 10-43　Mechanical 应用程序

10.8.3　前处理

（1）设置单位系统。在菜单栏中选择 Units→Metric (mm, kg, N, s, mV, mA)，设置单位为公制毫米单位。

（2）为部件选择一种合适的材料。返回到 Project schematic 窗口并双击 A2 栏 Engineering Data，得到它的材料特性。

（3）在打开的材料特性应用中，单击工具栏中的 Engineering Data Sources 标签按钮，如图 10-44 所示。打开左上角的 Engineering Data Sources 窗格，单击其中的 General Materials 使之点亮。

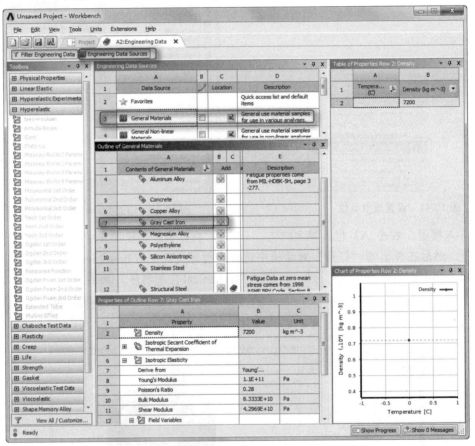

图 10-44　材料特性

（4）在 General Materials 点亮的同时单击 Outline of General Materials 窗格中的 Gray Cast Iron 旁边的"+"，将这两种材料添加到当前项目。

（5）关闭 A2: Engineering Data 窗口，返回到 Project（项目）中。这时 Model 模块指出需要进行一次刷新。

（6）在 Model 栏单击鼠标右键，在弹出的快捷菜单中选择 Refresh（刷新）命令，刷新 Model 栏，如图 10-45 所示。

（7）返回到 Mechanical 窗口，在树形目录中选择 Geometry（几何模型）下的 Part 1，并选择 Material→Assignment 栏，将其改变为 Gray Cast Ivon（灰铸铁）的材料特性，如图 10-46 所示。

图 10-45　刷新 Model 栏

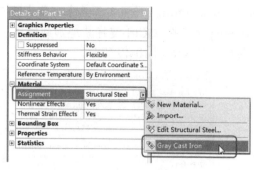

图 10-46　改变材料

（8）网格划分。在树形目录中右击 Mesh 分支，激活 Sizing（网格尺寸）命令，如图 10-47 所示。

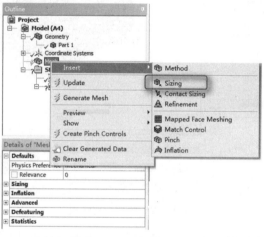

图 10-47　网格划分尺寸

（9）输入尺寸。在 Sizing（网格尺寸）的属性窗格中，首先选择整个基座基体实体，并指定网格尺寸为 10mm，如图 10-48 所示。

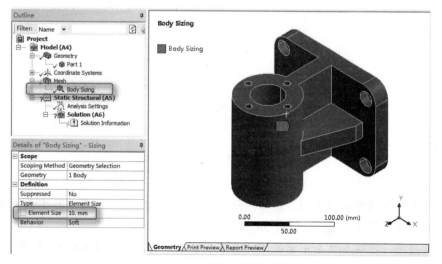

图 10-48　网格尺寸属性窗格

（10）施加固定约束。在树形目录中单击 Static Structural（A5）分支，此时 Context（配置）工具条显示为 Environment（环境）工具条。单击其中的 Supports（约束）按钮，在弹出的下拉列表中选择 Fixed Support。按住 Ctrl 键将其施加到底座上的 4 个内圆面，单击左下角属性窗格中的 Apply（应用）按钮，结果如图 10-49 所示。

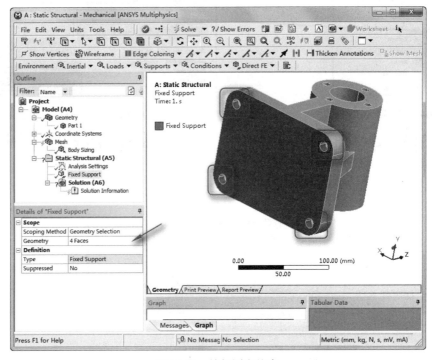

图 10-49　施加固定约束

（11）施加压力。单击 Environment（环境）工具栏中的 Loads 按钮，在弹出的快捷菜单中选择 Pressure 命令，为模型施加压力，如图 10-50 所示。

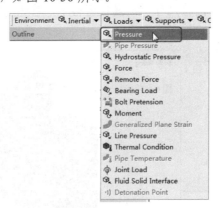

图 10-50　施加压力

（12）在绘图区域选择圆柱顶面，在属性窗格的 Geometry（几何模型）栏中单击 Apply（应用）按钮，完成面的选择；设置 Magnitude 为 5Mpa，如图 10-51 所示。

（13）结构结果。在树形目录中单击 Solution（A6）分支，此时 Context（配置）工具条显示为 Solution（求解）工具条。

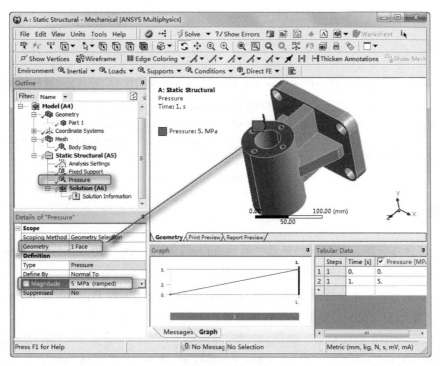

图 10-51　施加压力

（14）单击其中的 Deformation（变形）按钮，在弹出的下拉列表中选择 Total（全部变形），在树形目录中的 Solution（A6）分支下将出现一个 Total Deformation 选项。采用同样的方式插入 Stress→Equivalent (von-Mises)。添加后的分支结果如图 10-52 所示。

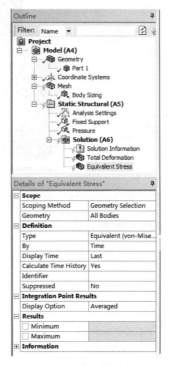

图 10-52　添加结构结果

10.8.4 求解

下面求解模型。单击工具栏中的 Solve（求解）按钮（如图 10-53 所示），进行求解。

图 10-53　求解

10.8.5 结果

（1）总位移分布云图。单击树形目录中的 Solution（A6）分支下的 Total Deformation 分支，通过计算，基座基体在满载工况下，各点的位移云图如图 10-54 所示。

（2）应力分布云图。单击树形目录中的 Solution（A6）分支下的 Equivalent Stress 分支，此时在图形窗口中会出现如图 10-55 所示的应力分布云图。

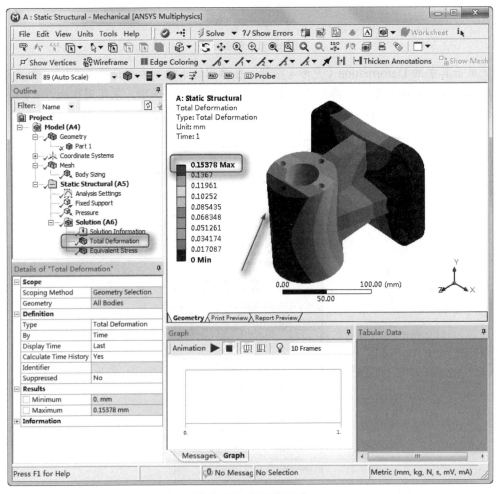

图 10-54　总位移云图

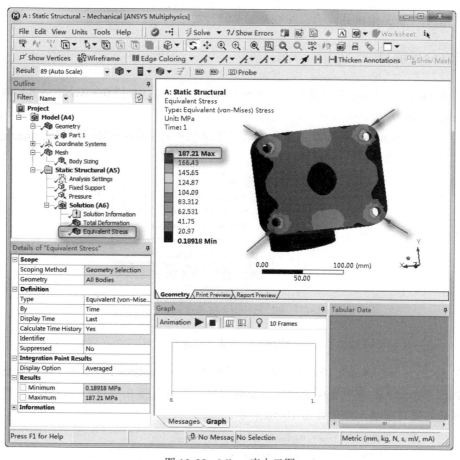

图 10-55　Mises 应力云图

扫一扫，看视频

10.9　静力结构学分析 4——托架基体强度校核

本节将对托架基体零件进行结构分析，使读者掌握线性静力结构分析的基本过程。模型已经创建完成，在进行分析前直接导入即可。托架基体的模型如图 10-56 所示。

图 10-56　托架基体

10.9.1　问题描述

托架基体为一个承载构件，由灰铸铁制作，在两个孔处固定，并在圆柱的侧面载有 5Mpa 的压力。

下面对其进行结构分析，求出其应力、应变及疲劳特性等的参数。

10.9.2　建立分析项目

（1）在 Windows 系统下执行"开始"→"所有程序"→ANSYS 17.0→Workbench 17.0 命令，启动 ANSYS Workbench 17.0。

（2）在 ANSYS Workbench 17.0 主界面中选择菜单栏中的 Units→Metric（kg, mm, s, °C, mA, N, mV）命令，设置模型的单位，如图 10-57 所示。

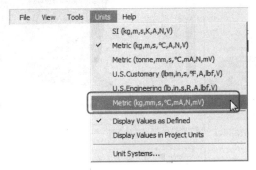

图 10-57　设置模型单位

（3）在 ANSYS Workbench 17.0 主界面中，展开左侧的 Analysis Systems（分析系统）工具箱，将其中的 Static Structural 选项直接拖动到项目概图中，或者直接在项目上双击载入，建立一个含有 Static Structural 的项目模块，结果如图 10-58 所示。

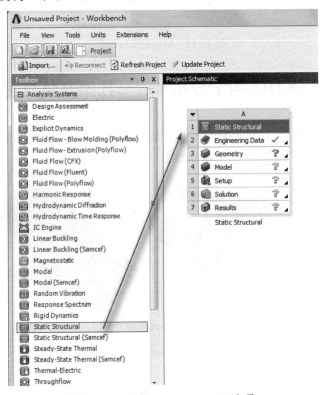

图 10-58　添加 Static Structural 选项

（4）导入模型。右击 A3 栏 3 ⬛ Geometry 　？⬛，在弹出的快捷菜单中选择 Import Geometry→ Browse 命令，然后在弹出的"打开"对话框中选择光盘源文件中的 bracket.igs。

（5）双击 A4 栏 4 ⬛ Model 　⚡⬛，启动 Mechanical 应用程序，如图 10-59 所示。

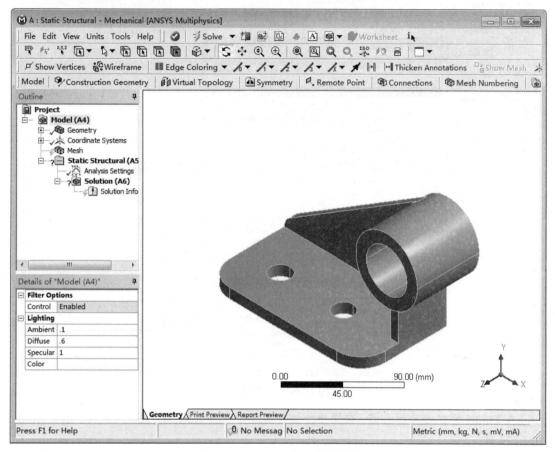

图 10-59　Mechanical 应用程序

10.9.3　前处理

（1）设置单位系统。在菜单栏中选择 Units→Metric (mm, kg, N, s, mV, mA)，设置单位为公制毫米单位。

（2）为部件选择一种合适的材料。返回到 Project Schematic 窗口并双击 A2 栏 2 ⬛ Engineering Data ✓⬛ Engineering Data，得到它的材料特性。

（3）在打开的材料特性应用中，单击工具栏中的 ⬛ Engineering Data Sources 按钮，如图 10-60 所示。打开左上角的 Engineering Data Sources 窗格，单击其中的 General Materials 使之点亮。

（4）在 General Materials 点亮的同时单击 Outline of General Materials 窗格中的 Gray Cast Iron 旁边的"+"，将这两种材料添加到当前项目。

（5）关闭 A2: Engineering Data 窗口，返回到 Project（项目）中。这时 Model 模块指出需要进行一次刷新。

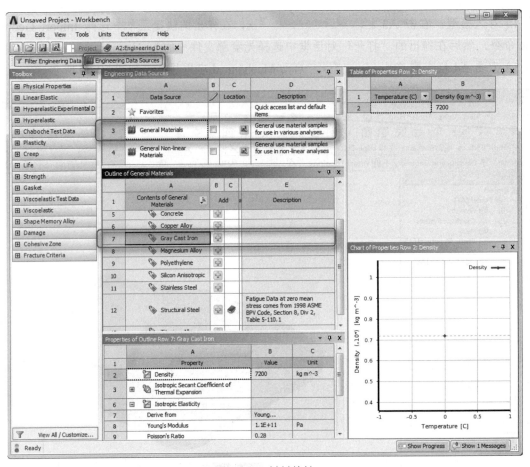

图 10-60　材料特性

（6）在 Model 栏单击鼠标右键，在弹出的快捷菜单中选择 Refresh（刷新）命令，刷新 Model 栏，如图 10-61 所示。

（7）返回到 Mechanical 窗口，在树形目录中选择 Geometry（几何模型）下的 Part1，并选择 Material→Assignment 栏，将其改变为 Gray Cast Iron（灰铸铁）的材料特性，如图 10-62 所示。

图 10-61　刷新 Model 栏

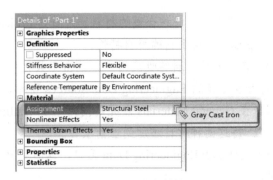

图 10-62　改变材料

（8）网格划分。在树形目录中右击 Mesh 分支，激活 Sizing（网格尺寸）命令，如图 10-63 所示。

（9）输入尺寸。在 Sizing（网格尺寸）的属性窗格中，首先选择整个托架基体实体，并指定网格尺寸为 10mm，如图 10-64 所示。

图 10-63　网格划分尺寸格

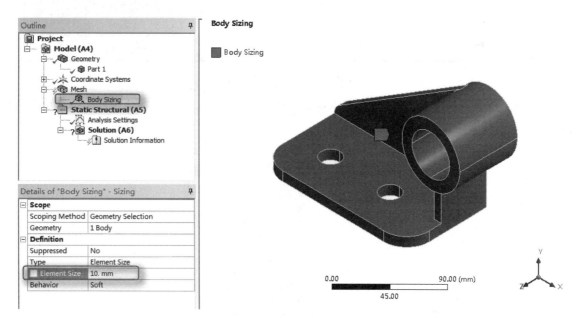

图 10-64　网格尺寸属性窗格

（10）施加固定约束。在树形目录中单击 Static Structural（A5）分支，此时 Context（配置）工具条显示为 Environment（环境）工具条。单击其中的 Supports（约束）按钮，在弹出的下拉列表中选择 Fixed Support。按住 Ctrl 键将其施加到底座上的两个内圆面，单击左下角属性窗格中的 Apply（应用）按钮，结果如图 10-65 所示。

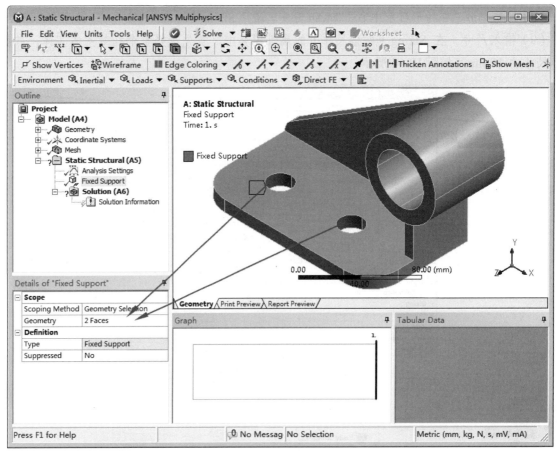

图 10-65　施加固定约束

（11）施加压力。单击 Environment（环境）工具栏中的 Loads 按钮，在弹出的快捷菜单中选择 Pressure，为模型施加压力，如图 10-66 所示。

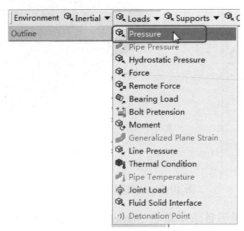

图 10-66　施加压力

（12）在绘图区域选择圆柱侧面，在属性窗格中的 Geometry（几何模型）栏中单击 Apply（应用）按钮，完成面的选择；设置 Magnitude 为 5Mpa，如图 10-67 所示。

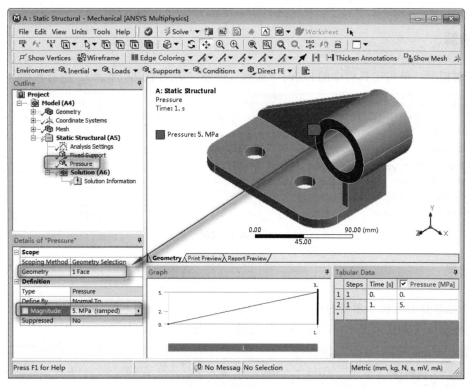

图 10-67　施加压力

（13）结构结果。在树形目录中单击 Solution（A6）分支，此时 Context（配置）工具条显示为 Solution（求解）工具条。

（14）单击其中的 Deformation（变形）按钮，在弹出的下拉列表中选择 Total（全部变形），在树形目录中的 Solution（A6）分支下将出现一个 Total Deformation 选项。采用同样的方式插入 Stress→ Equivalent (von-Mises)，在树形目录中将出现一个 Equivalent Elastic Strain 选项。添加后的分支结果如图 10-68 所示。

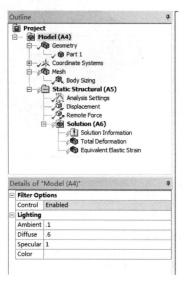

图 10-68　添加结构结果

10.9.4 求解

下面求解模型。单击工具栏中的 Solve（求解）按钮（如图 10-69 所示），进行求解。

图 10-69　求解

10.9.5 结果

（1）总位移分布云图。单击树形目录中的 Solution（A6）分支下的 Total Deformation 分支，通过计算，托架基体在满载工况下，各点的位移云图如图 10-70 所示。

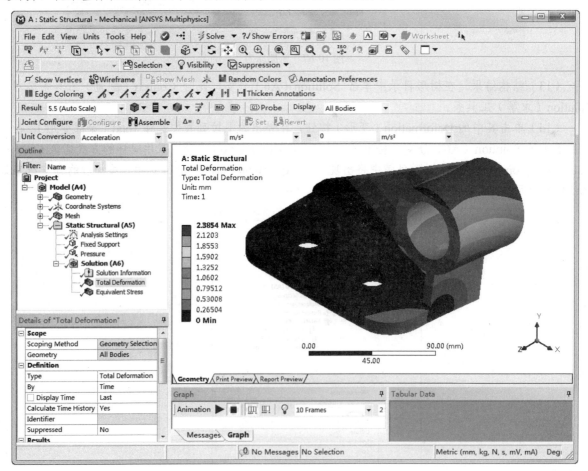

图 10-70　总位移云图

（2）应力分布云图。单击树形目录中的 Solution（A6）分支下的 Equivalent Stress 分支，此时在图形窗口中会出现如图 10-71 所示的应力分布云图。

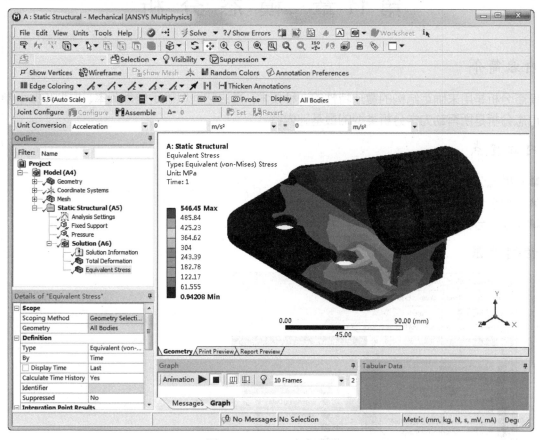

图 10-71　Mises 应力云图

第 11 章　模 态 分 析

内容简介

模态分析是用来确定结构的震动特性的一种技术，通过它可以确定自然频率、振型和振型参与系数。模态分析是所有动力学分析类型的最基础内容。

内容要点

- ❯ 模态分析方法
- ❯ 模态分析步骤
- ❯ 模态分析实例

案例效果

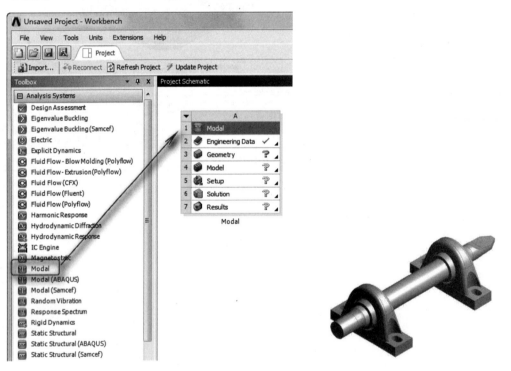

11.1　模态分析方法

求解通用运动方程有两种主要方法，即模态叠加法和直接积分法。其中模态叠加法是确定结构的固有频率和模态，乘以正则化坐标，然后加起来计算位节点的位移解。这种方法可以用来进行瞬态和谐响应分析。直接积分法是直接求解运动方程。对于谐响应分析，由于载荷与响应都假设是谐函数，所以运动方程式是以频率函数，而不是以时间函数的形式来写出并求解的。

对于模态分析，振动频率 ω_i 和模态 ϕ_i 是根据下面的方程计算出的：

$$\left([K]-\omega_i^2[M]\right)\{\phi_i\}=0$$

11.2　模态分析步骤

模态分析与线性静态分析的过程非常相似，因此不对所有的步骤进行详细介绍。进行模态分析的步骤如下。

（1）附加几何模型。

（2）设置材料属性。

（3）定义接触区域（如果有的话）。

（4）定义网格控制（可选择）。

（5）定义分析类型。

（6）加支撑（如果有的话）。

（7）求解频率测试结果。

（8）设置频率测试选项。

（9）求解。

（10）查看结果。

11.2.1　几何体和质点

模态分析支持各种几何体，包括实体、表面体和线体。

可以使用质量点：质点在模态分析中只有质量（无硬度），量点的存在会降低结构自由振动的频率。

在材料属性设置中，弹性模量、泊松比和密度的值是必须要有的。

11.2.2　接触区域

模态分析可能存在接触，然而由于模态分析是纯粹的线性分析，因此所采用的接触不同于非线性分析中的接触类型。

接触模态分析包括粗糙接触和摩擦接触，将在内部表现为黏结或不分离；如果有间隙存在，非线性接触行为将是自由无约束的。

绑定和不分离的接触情形将取决于 Pinball 区域的大小。

11.2.3　分析类型

在进行分析时，从 Workbench 的工具箱中选择 Modal 来指定模型分析的类型，如图 11-1 所示。

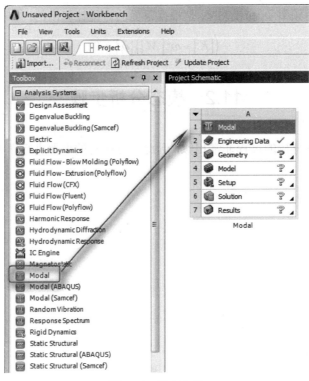

图 11-1　模态分析

在 Analysis Settings 中，属性窗格如图 11-2 所示。

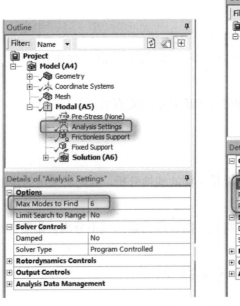

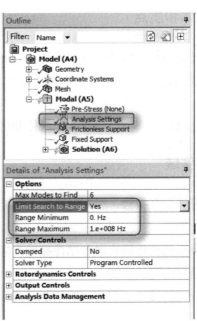

图 11-2　属性窗格

- 提取的模态阶数（Max Modes to Find）：1~200（默认的是 6）。
- 指定频率变化的范围（Limit Search to Range）：（默认的是 0~1e+08Hz）。

11.2.4　载荷和约束

在进行模态分析时，结构和热载荷无法在模态中存在。

约束：假如没有或者只存在部分的约束，刚体模态将被检测。这些模态将处于 0Hz 附近。与静态结构分析不同，模态分析并不要求禁止刚体运动。

边界条件对于模态分析来说，是很重要的。因为它们能影响零件的振型和固有频率。因此需要仔细考虑模型是如何被约束的。

压缩约束是非线性的，因此在此分析中不被使用。

11.2.5　求解

求解模型（没有要求的结果）。求解结束后，求解分支会显示一个图标，显示频率和模态阶数。可以从图表或者图形中选择需要振型或者全部振型进行显示。

11.2.6　检查结果

在进行模态分析时由于在结构上没有激励作用，因此振型只是与自由振动相关的相对值。

在详细列表里可以看到每个结果的频率值，应用图形窗口下方的时间标签的动画工具栏来查看振型。

11.3　模态分析实例 1——机盖壳体强度校核

机盖壳体为一个由 18#钢制造的电动机盖，它被固定在一个工作频率为 1000Hz 的设备上。机盖壳体如图 11-3 所示。

图 11-3　机盖壳体

11.3.1　问题描述

盖子被嵌套在一个圆柱形裙箍上，而且螺栓孔处受到约束。裙箍的接触区域使用无摩擦约束来模拟。无摩擦约束限制了面的法向，因此轴向和切向位移是允许的，而径向位移是不允许的。

11.3.2　项目概图

（1）打开 ANSYS Workbench 17.0 程序，展开左侧的 Analysis Systems（分析系统）工具箱，将

其中的 Modal 选项直接拖动到项目概图中，或者直接在项目上双击载入，建立一个含有 Modal 的项目模块，结果如图 11-4 所示。

（2）设置项目单位。选择菜单栏中的 Units→Metric (kg, m, s, ℃, A, N, V)，然后选择 Display Values in Project Units，如图 11-5 所示。

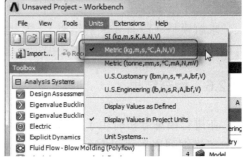

图 11-4　添加 Modal 选项　　　　　　　　　　　图 11-5　设置项目单位

（3）导入模型。右击 A3 栏 ，在弹出的快捷菜单中选择 Import Geometry→Browse 命令，然后在弹出的"打开"对话框中选择光盘源文件中的 cover.x_t。

（4）双击 A4 栏 ，启动 Mechanical 应用程序，如图 11-6 所示。

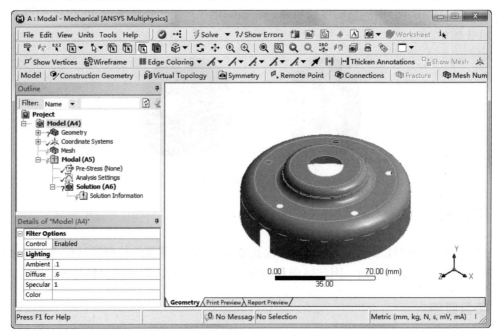

图 11-6　Mechanical 应用程序

11.3.3　前处理

（1）设置单位系统，在菜单栏中选择 Units→Metric (mm, kg, N, s, mV, mA)，设置单位为毫米制单位。

（2）在树形目录中选择 Geometry（几何模型）下的 Part1，此时属性窗格中的 Thickness 栏以黄色显示，表示没有定义；同时，这个部件名旁边还有一个问号，表示没有完全定义，如图 11-7 所示。

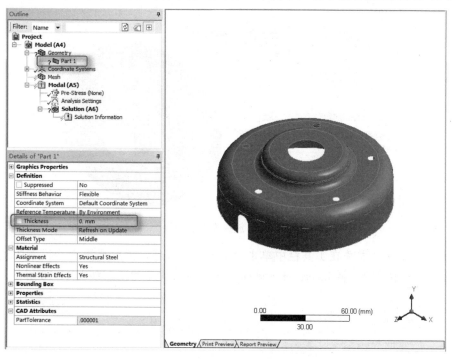

图 11-7　壳体模型

（3）单击 Thickness 栏，把 Thickness 设置为 2mm。此时，状态标记由问号改为复选标记，表示已经完全定义，如图 11-8 所示。

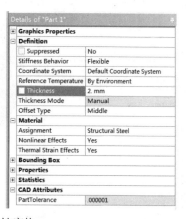

图 11-8　属性窗格

（4）施加位移约束。在树形目录中单击 Modal（A5）分支，此时 Context（配置）工具条显示为

Environment（环境）工具条。单击其中的 Supports（约束）按钮，在弹出的下拉列表中选择 Frictionless Support（无摩擦约束）。单击工具栏中的"面选择"按钮，然后选择如图 11-9 所示的裙箍，定义无摩擦约束。

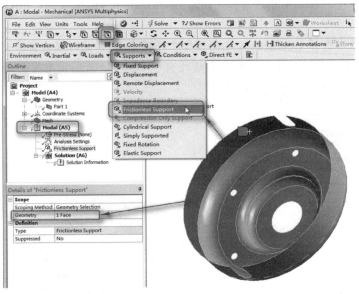

图 11-9　施加无摩擦约束

（5）施加固定约束。首先在工具栏中单击"边选择"按钮，然后选择 5 个孔洞的边，单击鼠标右键，在弹出的快捷菜单中选择 Insert→Fixed support，定义固定约束，如图 11-10 所示。

图 11-10　施加固定约束

11.3.4 求解

下面求解模型。单击工具栏中的 Solve（求解）按钮（如图 11-11 所示），进行求解。

图 11-11 求解

11.3.5 结果

（1）查看模态的形状。单击树形目录中的 Solution（A6）分支，此时在绘图区域的下方会出现 Timeline 图形和 Tabular Data 表，给出了对应模态的频率表，如图 11-12 所示。

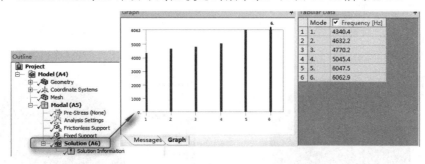

图 11-12 Timeline 图形与 Tabular Data 表

（2）在 Timeline 图形上右击，在弹出的快捷菜单中选择 Select All（选择所有），选择所有的模态。

（3）再次右击，在弹出的快捷菜单中选择 Create Mode Shape Results，此时会在树形目录中显示各模态的结果图（只是还需要再次求解才能正常显示），如图 11-13 所示。

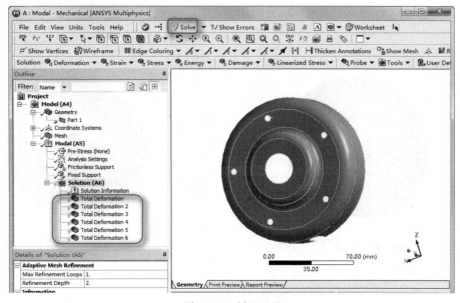

图 11-13 树形目录

（4）单击工具栏中的 Solve（求解）按钮，查看结果。

（5）在树形目录中单击各个模态，查看各阶模态的云图，如图 11-14 所示。

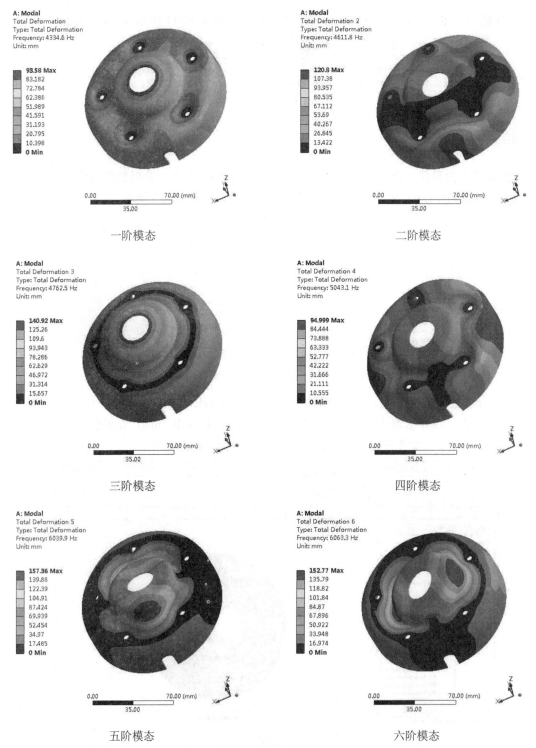

图 11-14　各阶模态

扫一扫，看视频

11.4 模态分析实例 2——长铆钉预应力

长铆钉在工作中不可避免会产生震动，在这里进行的分析为模拟在有预应力和无预应力两种状态下长铆钉的模态响应。长铆钉如图 11-15 所示。

图 11-15 长铆钉

11.4.1 问题描述

长铆钉受到一个 4000N 的拉力，然后同自由状态下的拉杆固有的频率做比较。

11.4.2 项目概图

（1）打开 ANSYS Workbench 17.0 程序，展开左侧的 Analysis Systems（分析系统）工具箱，将其中里的 Static Structural 选项直接拖动到项目概图中，或者直接在项目上双击载入，建立一个含有 Static Structural 的项目模块，结果如图 11-16 所示。

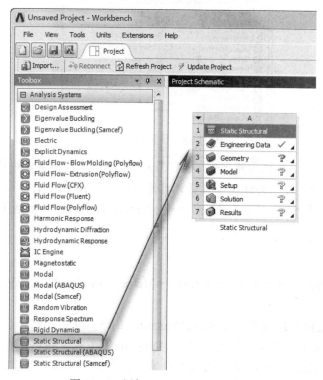

图 11-16 添加 Static Structural 选项

（2）放置 Modal 系统。把 Modal 系统拖放到 Static Structural 系统中的 Solution 模块，如图 11-17 所示。

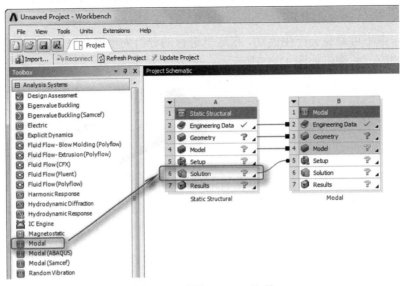

图 11-17　添加 Modal 选项

（3）设置项目单位。选择菜单栏中的 Units→Metric(kg，m, s, ℃, A, N, V)，然后选择 Display Values in Project Units，如图 11-18 所示。

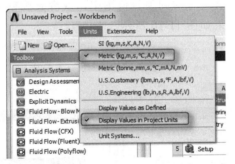

图 11-18　设置项目单位

（4）导入模型。右击 A3 栏 [3 Geometry ?]，在弹出的快捷菜单中选择 Import Geometry→Browse，然后在弹出的"打开"对话框中选择光盘源文件中的 rivet. x_t。

（5）双击 A4 栏 [4 Model]，启动 Mechanical 应用程序，如图 11-19 所示。

11.4.3　前处理

（1）设置单位系统。在菜单栏中选择 Units→Metric (mm, kg, N, s, mV, mA)，设置单位为毫米单位。

（2）施加约束。在树形目录中单击 Static Structural（A5）分支，此时 Context（配置）工具条显示为 Environment（环境）工具条。单击其中的 Supports（约束）按钮，在弹出的下拉列表中选择 Frictionless Support（无摩擦约束）。单击工具栏中的"面选择"按钮，然后选择如图 11-20 所示的圆环，定义无摩擦约束。

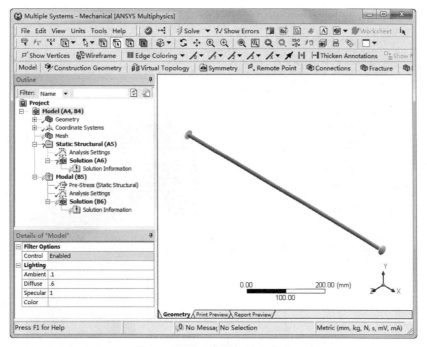

图 11-19　Mechanical 应用程序

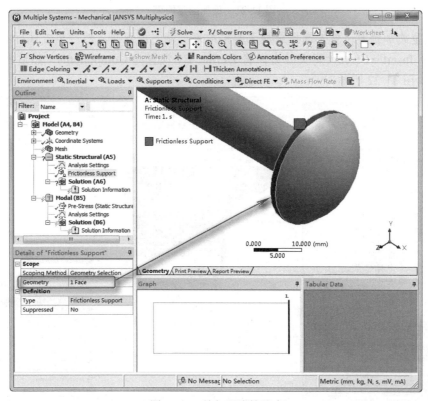

图 11-20　施加无摩擦约束

（3）单击其中的 Supports（约束）按钮，在弹出的下拉列表中选择 Fixed Support（固定约束）。单击工具栏中的"面选择"按钮，然后选择如图 11-21 所示的另一面的内表面，定义固定约束。

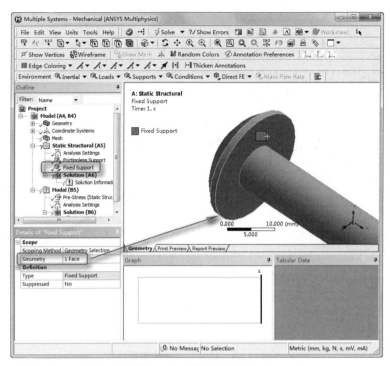

图 11-21　施加固定约束

（4）给模型施加拉力。首先选择施加无摩擦约束一端的内表面，然后单击鼠标右键，在弹出的快捷菜单中选择 Insert→Force，定义拉力；将 Define By 设置为 Components，然后将 X Component 改为 4000N，如图 11-22 所示。

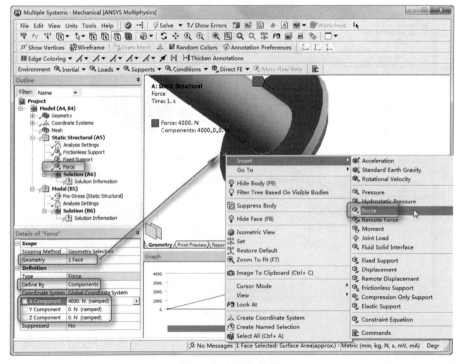

图 11-22　施加拉力

11.4.4　求解

选中 Solution（B6），单击 Solve（求解）按钮（如图 11-23 所示），进行求解。

图 11-23　求解

11.4.5　结果

（1）查看模态的形状。单击树形目录中的 Solution（B6）分支，此时在绘图区域的下方会出现 Timeline 图形和 Tabular Data 表，给出对应模态的频率表，如图 11-24 所示。

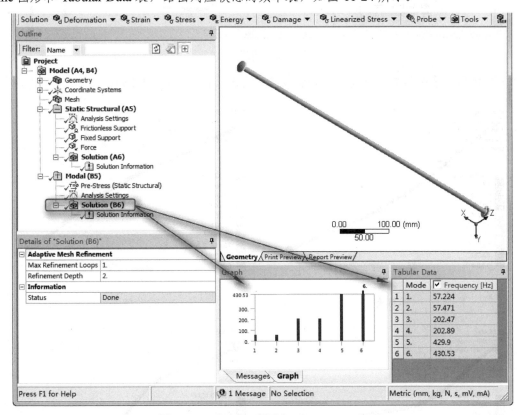

图 11-24　Timeline 图形与 Tabular Data 表

（2）在 Timeline 图形上右击，在弹出的快捷菜单中选择 Select All（选择所有），选择所有的模态。

（3）右击，在弹出的快捷菜单中选择 Create Mode Shape Results，此时会在树形目录中显示各模态的结果图（只是还需要再次求解才能正常显示），如图 11-25 所示。

（4）单击工具栏中的 Solve（求解）按钮，查看结果。

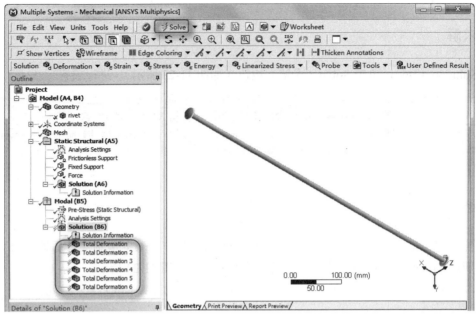

图 11-25　树形目录

（5）在树形目录中单击各个模态，查看各阶模态的云图，如图 11-26 所示。

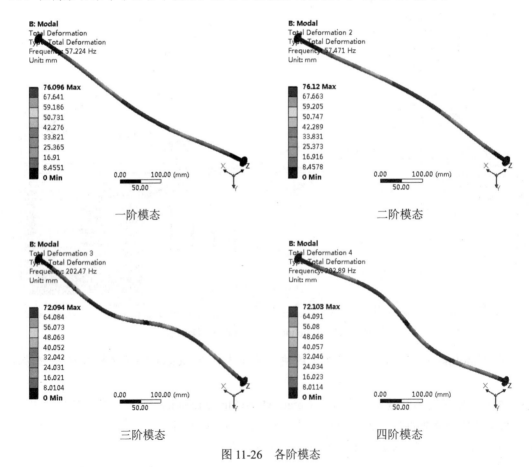

一阶模态　　　　　　　　　　　　二阶模态

三阶模态　　　　　　　　　　　　四阶模态

图 11-26　各阶模态

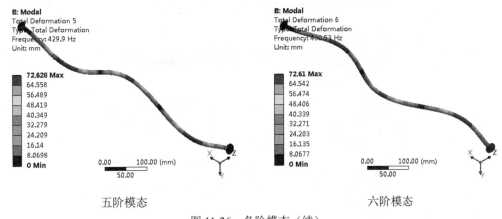

五阶模态   六阶模态

图 11-26　各阶模态（续）

11.5　模态分析实例 3——机翼

扫一扫，看视频

机翼的材料一般为钛合金，一端固定，受到空气的阻力作用。在这里进行机翼的模态分析，机翼模型如图 11-27 所示。

图 11-27　机翼模型

11.5.1　问题描述

要确定机翼在受到预应力的情况下前 5 阶模态的情况。可设机翼的一端固定，底面受到 0.1Pa 的压力。

11.5.2　项目概图

（1）打开 ANSYS Workbench 17.0 程序，展开左侧的 Analysis Systems（分析系统）工具箱，将其中的 Static Structural 选项直接拖动到项目概图中，或者直接在项目上双击载入，建立一个含有 Static Structural 的项目模块，结果如图 11-28 所示。

（2）放置 Modal 系统。把 Modal 系统拖放到 Static Structural 系统中的 Solution 模块，如图 11-29 所示。

（3）设置项目单位选择菜单栏中的 Units→Metric (kg, m, s, °C, A, N, V)，然后选择 Display Values in Project Units，如图 11-30 所示。

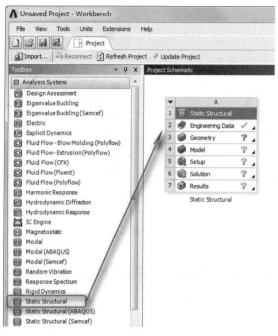

图 11-28　添加 Static Structural 选项

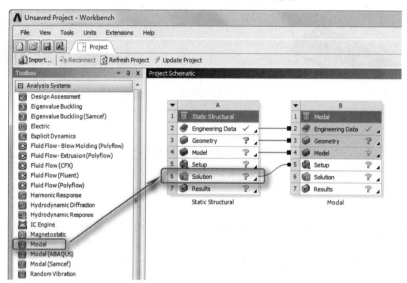

图 11-29　添加 Modal 选项

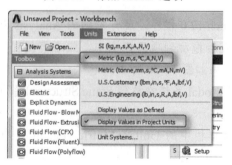

图 11-30　设置项目单位

（4）导入模型。右击 A3 栏 3 🧊 Geometry　　？，在弹出的快捷菜单中选择 Import Geometry→
Browse，然后在弹出的"打开"对话框中选择光盘源文件中的 wing.iges。

（5）双击 A4 栏 4 🧊 Model　　，启动 Mechanical 应用程序，如图 11-31 所示。

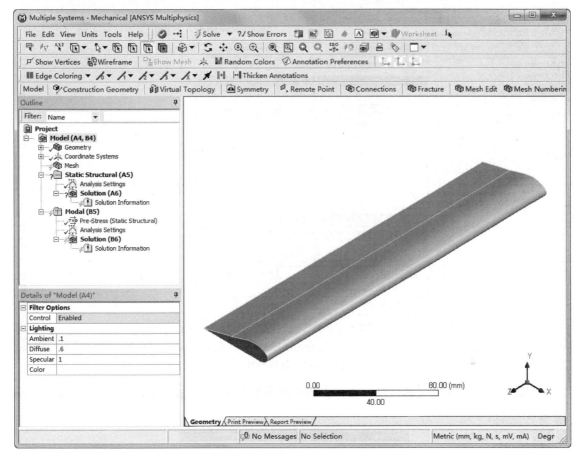

图 11-31　Mechanical 应用程序

11.5.3　前处理

（1）设置单位系统。在菜单栏中选择 Units→Metric (mm, kg, N, s, mV, mA)，设置单位为公制毫
米单位。

（2）为部件选择一种合适的材料。返回到 Project Schematic 窗口并双击 A2 栏 2 🟩 Engineering Data ✓
Engineering Data，得到它的材料特性。

（3）在打开的材料特性应用中，单击工具栏中的🔳Engineering Data Sources 按钮，如图 11-32
所示。打开左上角的 Engineering Data Sources 窗格，单击其中的 General Materials 使之点亮。

（4）在 General Materials 点亮的同时单击 Outline of General Materials 窗格中的 Titanium Alloy 旁
边的"+"，将这两种材料添加到当前项目。

（5）单击工具栏右侧的🔳Project 标签，返回到 Project（项目）中。这时 Model 模块指出需要
进行一次刷新。

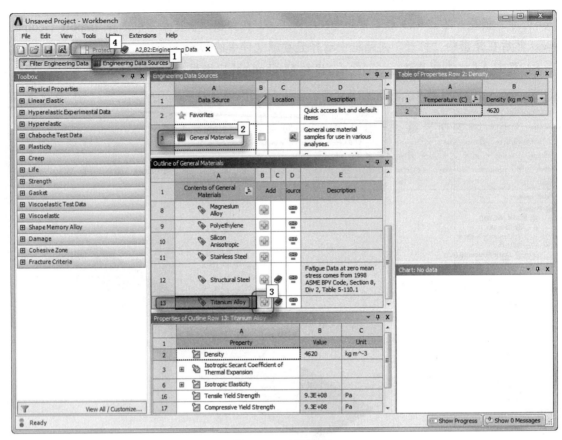

图 11-32　材料特性

（6）在 Model 栏单击鼠标右键，在弹出的快捷菜单中选择 Refresh（刷新）命令，刷新 Model 栏，如图 11-33 所示。

图 11-33　刷新 Model

（7）返回到 Mechanical 窗口，在树形目录中选择 Geometry（几何模型）下的 FACE，并选择

Material→Assignment 栏，将材料改为 Titanium Alloy（钛合金），如图 11-34 所示。

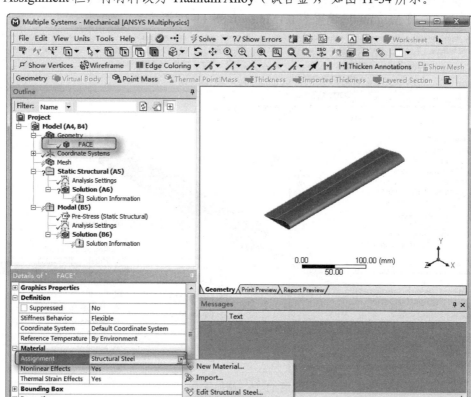

图 11-34　改变材料

（8）施加约束。在树形目录中单击 Static Structural（A5）分支，此时 Context（配置）工具条显示为 Environment（环境）工具条。单击其中的 Supports（约束）按钮，在弹出的下拉列表中选择 Fixed Support（固定约束）。单击工具栏中的"面选择"按钮，然后选择图 11-35 所示机翼的一个端面，定义固定约束。

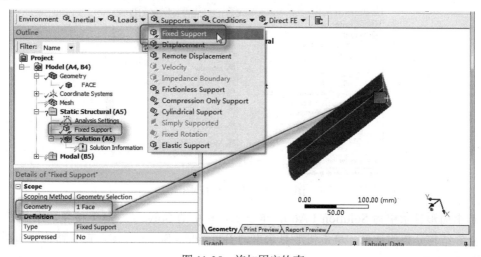

图 11-35　施加固定约束

（9）给模型施加压力。首先选择机翼模型的底面，然后单击鼠标右键，在弹出的快捷菜单中选择 Insert→Pressure，将 Magnitude 设置为 0.1Mpa，如图 11-36 所示。

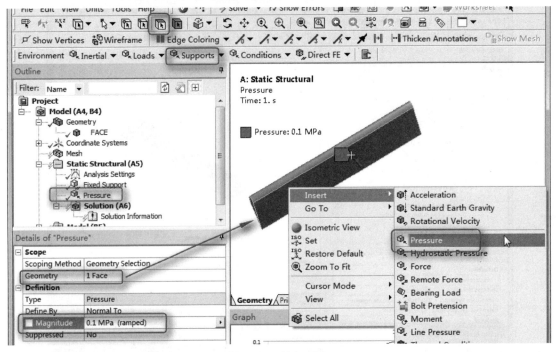

图 11-36　施加压力

11.5.4　求解

（1）设置绘图选项。单击树形目录中的 Solution（A6）分支，此时 Context（配置）工具条显示为 Environment（环境）工具条。单击其中的 Stress（压力）按钮，在弹出的下拉列表中选择 Equivalent（von-Mises），进行应力云图的设置，如图 11-37 所示。

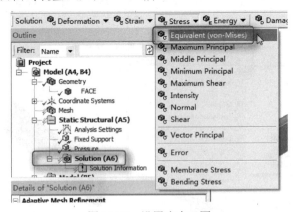

图 11-37　设置应力云图

（2）选中树形目录中的 Solution（A6），单击工具栏中的 Solve（求解）按钮，求解模型。

（3）查看结构分析的结果。单击树形目录中的 Equivalent Stress 分支，查看结构分析得到的应力云图，如图 11-38 所示。

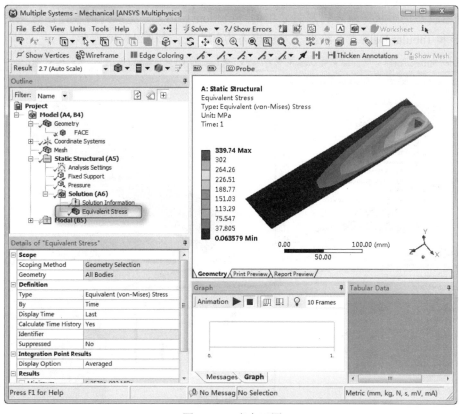

图 11-38　应力云图

11.5.5　模态分析

（1）设置模态分析参数。单击树形目录中的 Modal（B5）分支下的 Analysis Settings，此时在属性窗格中会显示 Details of "Analysis Settings"，将 Max Modes to Find 栏由默认的 6 阶改为 5 阶，将 Output Controls 栏下的 Stress 和 Strain 参数均改为 Yes，如图 11-39 所示。

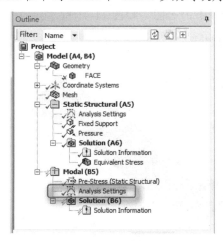
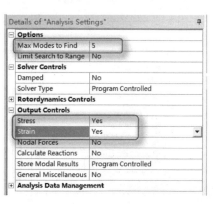

图 11-39　模态分析属性窗格

（2）选中树形目录中的 Solution（B6），单击工具栏中的 Solve（求解）按钮，进行模态求解。

（3）查看模态的形状。单击树形目录中的 Solution（B6）分支，此时在绘图区域的下方会出现 Timeline 图形和 Tabular Data 表，给出了对应模态的频率表，如图 11-40 所示。

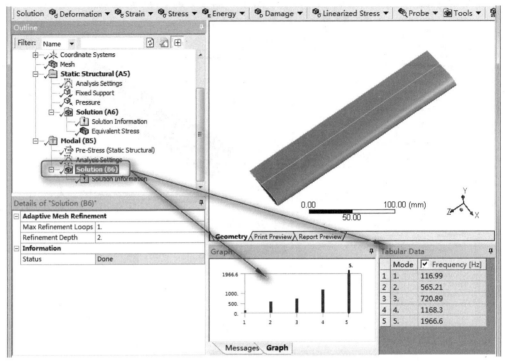

图 11-40　Timeline 图形与 Tabular Data 表

（4）在 Timeline 图形上右击，在弹出的快捷菜单中选择 Select All（选择所有），选择所有的模态。

（5）再次右击，在弹出的快捷菜单中选择 Create Mode Shape Results，此时会在树形目录中显示各模态的结果图（只是还需要再次求解才能正常显示）。

（6）单击工具栏中的 Solve（求解）按钮，查看结果。

（7）在树形目录中单击第 5 个模态，查看 5 阶模态的云图，如图 11-41 所示。

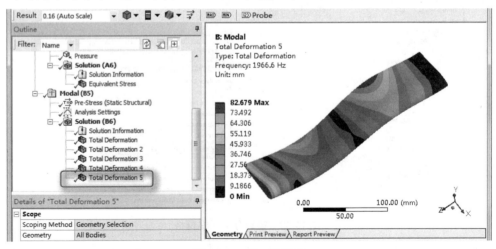

图 11-41　第 5 阶模态

（8）查看矢量图。单击工具栏中的"矢量图显示"按钮，以矢量图的形式显示第 5 阶模态。在矢量图显示工具栏中可以通过拖动滑块来调节矢量轴的显示长度，如图 11-42 所示。

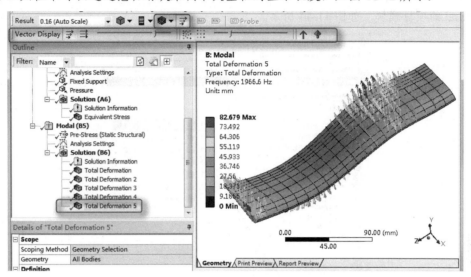

图 11-42　矢量图显示

11.6　模态分析实例4——轴装配体

扫一扫，看视频

轴装配体在工作中不可避免会产生震动，在这里进行的分析为模拟在无预应力状态下轴装配体的模态响应。轴装配体如图 11-43 所示。

图 11-43　轴装配体

11.6.1　问题描述

本实例为查看轴装配体自由状态下固有的频率。材料为默认的结构钢，自由状态下轴的一端还承受 10N 的微小力。

11.6.2　项目概图

（1）在 Windows 系统下执行"开始"→"所有程序"→ANSYS 17.0→Workbench 17.0 命令，启动 ANSYS Workbench 17.0。

（2）在 ANSYS Workbench 17.0 主界面中展开左侧的 Analysis Systems（分析系统）工具箱，将其中的 Static Structural 选项直接拖动到项目概图中，或者直接在项目上双击载入，建立一个含有 Static Structural 的项目模块，如图 11-44 所示。

图 11-44　添加 Static Structural 选项

（3）放置 Modal 系统。把 Modal 系统拖放到 Static Structural 系统中的 Solution 模块，如图 11-45 所示。

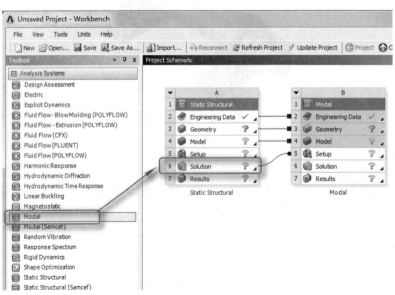

图 11-45　添加 Modal 选项

（4）设置项目单位。选择菜单栏中的 Units→Metric(kg, m, s, ℃, A, N, V)，然后选择 Display Values in Project Units，如图 11-46 所示。

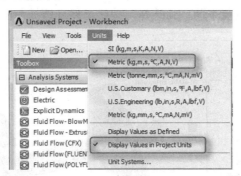

图 11-46　设置项目单位

（5）导入模型。右击 A3 栏 3 ▧ Geometry　？▲，在弹出的快捷菜单中选择 Import Geometry→Browse，然后在弹出的"打开"对话框中选择光盘源文件中的 shaft. x_t。

（6）双击 A4 栏 4 ▧ Model　▲，启动 Mechanical 应用程序，如图 11-47 所示。

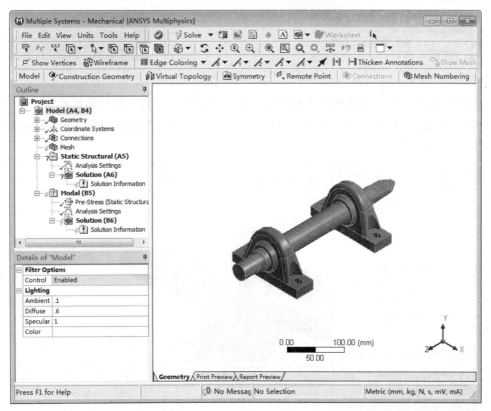

图 11-47　Mechanical 应用程序

11.6.3　前处理

（1）设置单位系统。在菜单栏中选择 Units→Metric (mm, kg, N, s, mV, mA)，设置单位为公制毫米单位。

（2）施加约束。在树形目录中单击 Static Structural（A5）分支，此时 Context（配置）工具条显示为 Environment（环境）工具条。单击其中的 Supports（约束）按钮，在弹出的下拉列表中选择 Fixed Support（固定约束）。单击工具栏中的"面选择"按钮，然后选择如图 11-48 所示的两个底面，定义固定约束。

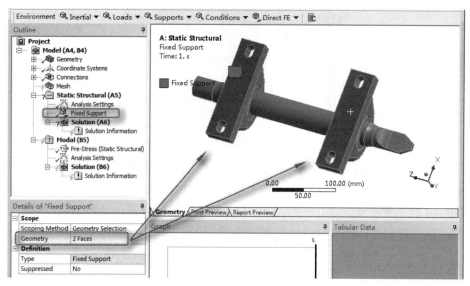

图 11-48　施加固定约束

（3）给模型施加拉力。首先选择要施加拉力的一端轴的接触面，然后单击鼠标右键，在弹出的快捷菜单中选择 Insert→Force，定义拉力；将 Define By 设置为 Components，将 Y Component 改为 -10N，如图 11-49 所示。

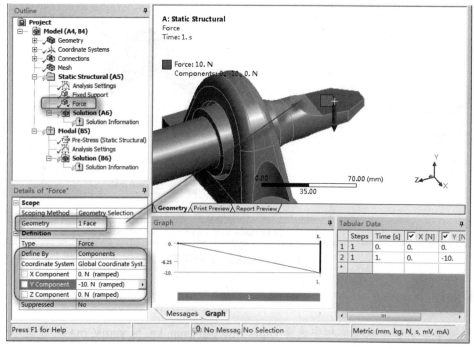

图 11-49　施加拉力

11.6.4 求解

选中 Solution（B6），单击 Solve（求解）按钮（如图 11-50 所示），进行求解。

图 11-50 求解

11.6.5 结果

（1）查看模态的形状。单击树形目录中的 Solution（B6）分支，此时在绘图区域的下方会出现 Timeline 图形和 Tabular Data 表，给出了对应模态的频率表，如图 11-51 所示。

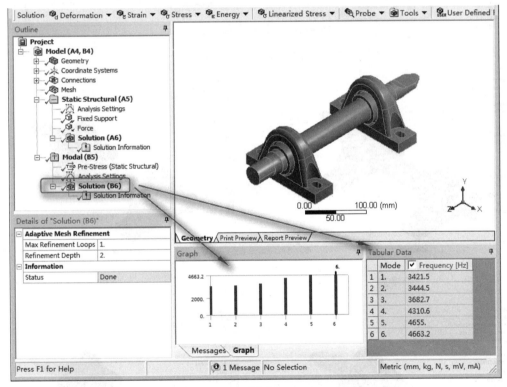

图 11-51 Timeline 图形与 Tabular Data 表

（2）在 Timeline 图形上右击，在弹出的快捷菜单中选择 Select All（选择所有），选择所有的模态。

（3）再次右击，在弹出的快捷菜单中选择 Create Mode Shape Results，此时会在树形目录中显示各模态的结果图（只是还需要再次求解才能正常显示），如图 11-52 所示。

（4）单击工具栏中的 Solve（求解）按钮，查看结果。

（5）在树形目录中单击各个模态，查看各阶模态的云图，如图 11-53 所示。

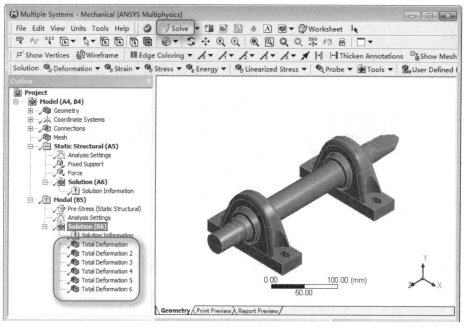

图 11-52　树形目录

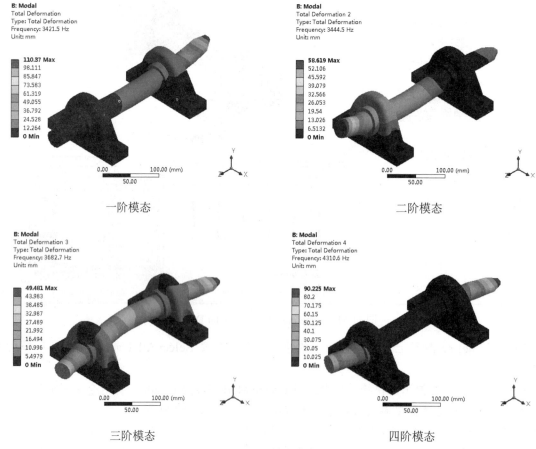

一阶模态

二阶模态

三阶模态

四阶模态

图 11-53　各阶模态

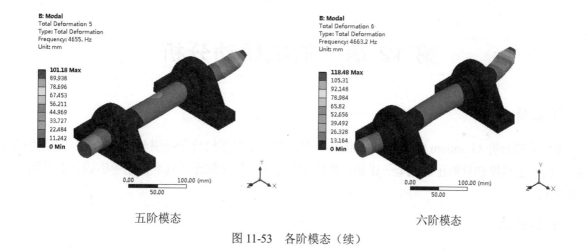

五阶模态 六阶模态

图 11-53 各阶模态（续）

第 12 章　随机振动分析

内容简介

随机振动分析（Random Vibration Analysis）是一种基于概率统计学的谱分析技术，亦即载荷时间历程。目前随机振动分析在机载电子设备、声学装载部件、抖动的光学对准设备等的设计上得到了广泛的应用。

内容要点

↘　随机振动分析简介

↘　随机振动分析实例——桥梁模型随机振动分析

案例效果

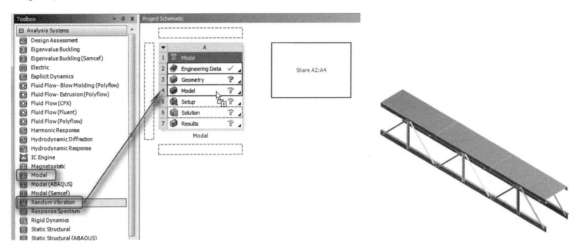

12.1　随机振动分析简介

随机振动分析（Random Vibration Analysis）是一种基于概率统计学的谱分析技术。随机振动分析中功率谱密度（Power Spectral Density，PSD）记录了激励和响应的均方根值同频率关系，因此 PSD 是一条功率谱密度值——频率值的关系曲线，亦即载荷时间历程。目前随机振动分析在机载电子设备、声学装载部件、抖动的光学对准设备等的设计上得到了广泛的应用。

在 ANSYS Workbench 17.0 中进行随机振动分析需要输入的是：

↘　从模态分析中得到的固有频率和振型。

↘　作用于节点上的单点或多点 PSD 的激励。

输出的是：作用于节点上 PSD 的响应。

12.1.1　随机振动分析过程

进行随机振动分析的步骤如下。

（1）首先进行模态分析。

（2）确定随机振动分析项。

（3）加载载荷及边界条件。

（4）计算求解。

（5）进行后处理并查看结果。

12.1.2　在 ANSYS Workbench 17.0 中进行随机振动分析

在 ANSYS Workbench 17.0 中，首先要在左边的 Toolbox（工具箱）窗格 Analysis Systems（分析系统）工具箱中选中 Modal 并用鼠标双击，先建立模态分析。接下来用鼠标选中 Analysis Systems 工具箱中的 Random Vibration，并将其直接拖至模态分析系统的 A4 栏中，即可创建随机振动分析项目，如图 12-1 所示。

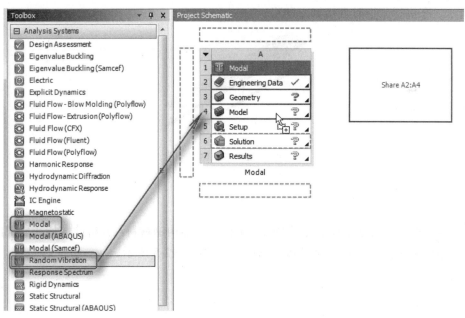

图 12-1　建立随机振动分析项目

接下来，就可以在 Random Vibration 中建立或导入几何模型、设置材料特性、划分网格等操作，但要注意在进行随机振动分析时，加载位移约束时必须为 0 值。当模态计算结束后，用户一般要查看一下前几阶固有频率值和振型后，再进行随机振动分析的设置，即载荷和边界条件的设置。在这里的载荷为 PSD，如图 12-2 所示。

随机振动计算结束后，在随机振动分析的后处理中可以得到在 PSD 激励作用下的位移、速度、加速度。应力、应变以及在 PSD 作用下的节点响应，如图 12-3 所示。

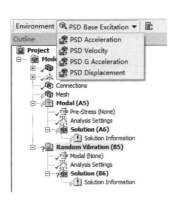

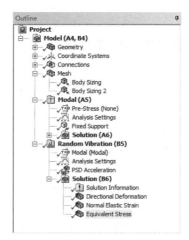

图 12-2　建立随机振动载荷　　　　　　　　　　图 12-3　随机振动的求解项

扫一扫，看视频

12.2　随机振动分析实例——桥梁模型随机振动分析

本实例将对一桥梁结构进行随机振动分析，使读者掌握随机振动分析的基本过程。本实例的模型如图 12-4 所示，在进行分析时直接导入即可。

图 12-4　桥梁模型

12.2.1　问题描述

我们的目标是调查桥梁装配体的振动特性。本桥梁为结构钢材料，分析此结构在底部约束点随机载荷作用下的结构反应。模型名称为 girder.agdb，载荷如图 12-5 所示。

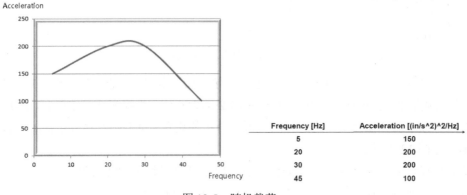

Frequency [Hz]	Acceleration [(in/s^2)^2/Hz]
5	150
20	200
30	200
45	100

图 12-5　随机载荷

12.2.2　项目概图

（1）在 Windows 系统下执行"开始"→"所有程序"→ANSYS 17.0→Workbench 17.0 命令，启动 ANSYS Workbench 17.0。

（2）在 ANSYS Workbench 17.0 主界面中选择菜单栏中的 Units→U.S. Customary（lbm, in, sk, °F, A, lbf, V）命令，设置模型的单位，如图 12-6 所示。

（3）在 ANSYS Workbench 17.0 主界面中，展开左侧的 Analysis Systems（分析系统）工具箱，将其中的 Modal 选项直接拖动到项目概图中，或者直接在项目上双击载入，建立一个含有 Modal 的项目模块（我们需要先求解查看系统的固有频率和模态），如图 12-7 所示。

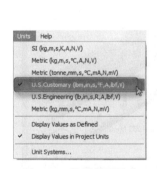

图 12-6　设置模型单位

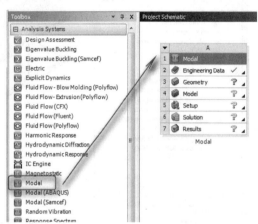

图 12-7　添加 Modal 选项

（4）放置 Random Vibration 系统。把 Random Vibration 系统拖放到 Modal 系统中的 Solution 模块，将 Random Vibration 系统中的材料属性、模型和网格划分单元与 Modal 系统中单元共享，如图 12-8 所示。

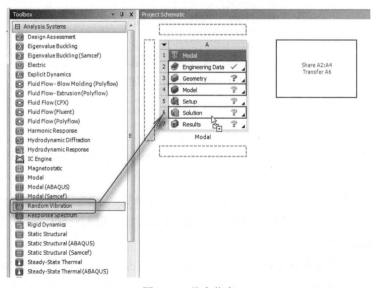

图 12-8　共享信息

（5）导入模型。右击 A3 栏 <u>3 🟦 Geometry ❓</u>，在弹出的快捷菜单中选择 Import Geometry→Browse，在弹出的"打开"对话框中选择光盘源文件中的 girder.agdb。

（6）双击 A4 栏 <u>4 🟦 Model ⚡</u>，启动 Mechanical 应用程序，如图 12-9 所示。

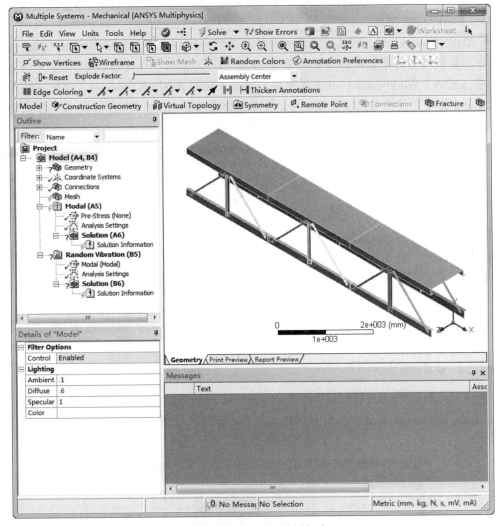

图 12-9　Mechanical 应用程序

12.2.3　前处理

（1）设置单位系统。在菜单栏中选择 Units→U.S. Customary（in, lbm, lbf, °F, s, V, A），设置单位为英制单位。

（2）输入厚度及确认材料，如图 12-10 所示。在树形目录中选择 Geometry（几何模型）下所有的 Surface Body 分支，在左下角的属性窗格的 Thickness 栏中输入 0.5in，然后查看 Assignment 栏，确定为 Structural Steel。

（3）添加尺寸控制。选中树形目录中的 Mesh 项，单击 Mesh 工具栏中的 Mesh Control 按钮，在弹出的下拉列表中选择 Sizing 命令（如图 12-11 所示），为网格划分添加尺寸控制。

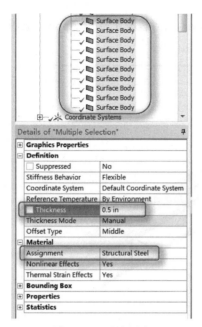

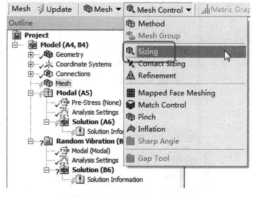

图 12-10 改变厚度　　　　　　　　　　　图 12-11 添加尺寸控制

（4）单击图形工具栏中的"选择体"按钮 ，选择如图 12-12 所示的桥梁模型的顶部体，此时体颜色显示为绿色。在属性窗格中单击 Geometry（几何模型）后的 Apply（应用）按钮，完成体的选择；并设置 Element Size 为 2 in。

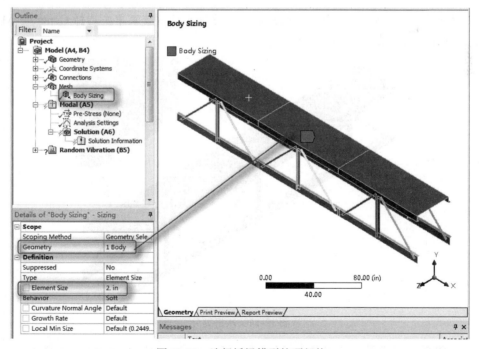

图 12-12 选择桥梁模型的顶部体

（5）定义桥梁架网格尺寸。采用同样的方式，选中树形目录中的 Mesh 项，单击 Mesh 工具栏中的 Mesh Control 按钮，在弹出的下拉列表中选择 Sizing 命令，为网格划分添加尺寸控制。然后选择除桥梁模型的顶部体外的其余体，在属性窗格中单击 Geometry（几何模型）后的 Apply（应用）按钮，完成体的选择；并设置 Element Size 为 4 in，如图 12-13 所示。

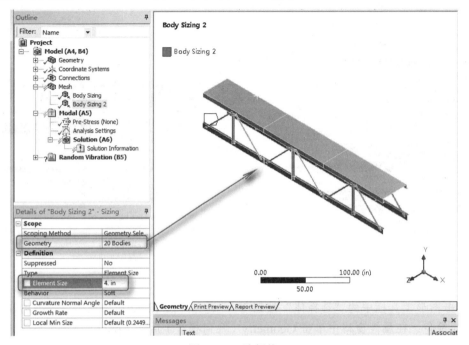

图 12-13　选择体

（6）划分网格。在树形目录中右击 Mesh 分支，在弹出的快捷菜单中选择 Generate Mesh（生成网格）命令，划分后的网格如图 12-14 所示。

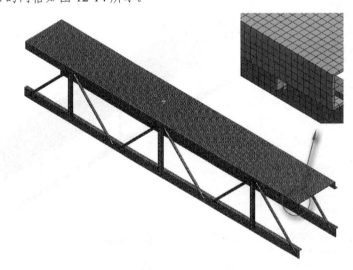

图 12-14　网格划分

（7）施加约束。在树形目录中单击 Modal（A5）分支，此时 Context（配置）工具条显示为 Environment（环境）工具条。单击其中的 Supports（约束）按钮，在弹出的下拉列表中选择 Fixed Support（固定约束）。单击工具栏中的"边选择"按钮，然后选择如图 12-15 所示的底部 10 条边，定义固定约束。

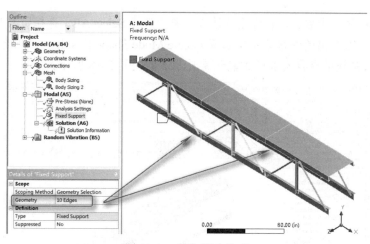

图 12-15　施加固定约束

12.2.4　模态分析求解

（1）选中 Solution（A6），单击 Solve（求解）按钮（如图 12-16 所示），进行求解。

图 12-16　求解

（2）查看模态的形状。单击树形目录中的 Solution（A6）分支，此时在绘图区域的下方会出现 Timeline 图形和 Tabular Data 表，给出了对应模态的频率表，如图 12-17 所示。

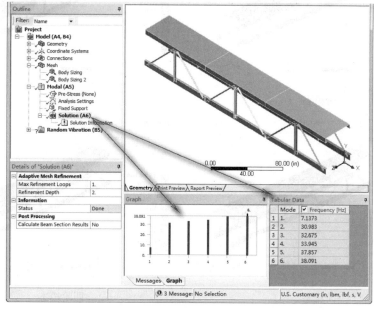

图 12-17　Timeline 图形与 Tabular Data 表

（3）在 Timeline 图形上右击，在弹出的快捷菜单中选择 Select All（选择所有），选择所有的模态。

（4）再次右击，在弹出的快捷菜单中选择 Create Mode Shape Results，此时会在树形目录中显示各模态的结果图（只是还需要再次求解才能正常显示），如图 12-18 所示。

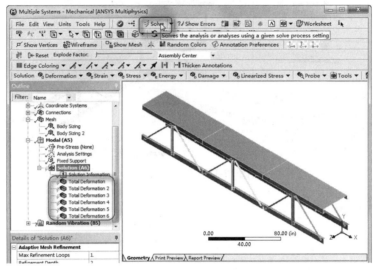

图 12-18　树形目录

（5）单击工具栏中的 Solve（求解）按钮，查看结果。

（6）在树形目录中单击各个模态，查看各阶模态的云图，如图 12-19 所示。

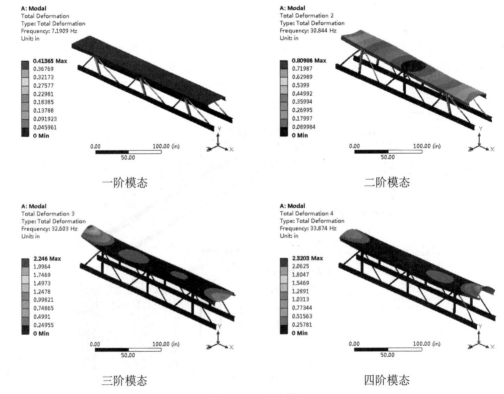

图 12-19　各阶模态

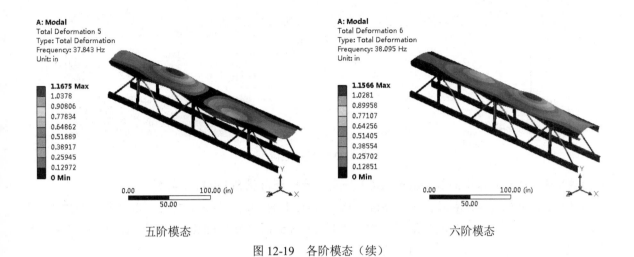

五阶模态　　　　　　　　　　　　　　　六阶模态

图 12-19　各阶模态（续）

12.2.5　随机振动分析设置并求解

（1）添加功率谱密度位移。选中树形目录中的 Random Vibration（B5）分支，单击 Environment 工具栏中的 PSD Base Excitation 按钮，在弹出的下拉列表中选择 PSD Displacement 命令，为模型添加 X 方向的功率谱密度位移，如图 12-20 所示。

（2）定义属性。在树形目录中单击新添加的 PSD Displacement 项，在属性窗格中将 Boundary Condition 栏参数设置为 Fixed Support，在 Load Data 栏中选择 Tabular Data，如图 12-21 所示；在图形窗口下方的 Tabular Data 窗格中输入如图 12-22 所示的随机载荷；返回到属性窗格中，将 Direction 栏参数设置为 X Axis。

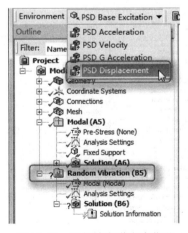

图 12-20　添加功率谱密度位移

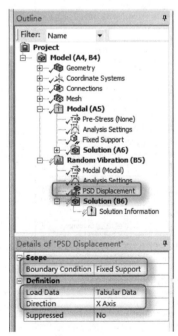

图 12-21　定义属性

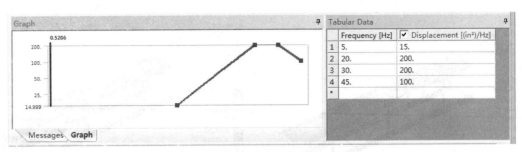

图 12-22　随机载荷

（3）选择树形目录中的 Solution（B6）分支，此时会出现 Solution 工具栏。

（4）添加方向位移求解项。单击 Solution 工具栏中的 Deformation 按钮，在弹出的下拉列表中选择 Directional 命令，此时在树形目录中会出现 Directional Deformation 选项，在属性窗格中设置 Orientation 栏为 X Axis，如图 12-23 所示。

（5）采用同样的方式，分别添加 Y 轴方向、Z 轴方向上的位移求解项。

（6）添加等效应力求解项。单击 Solution 工具栏中的 Stress 按钮，在弹出的下拉列表中选择 Equivalent（von-Mises）命令，此时在树形目录中会出现 Equivalent Stress 选项，属性窗格中的参数采用默认值，如图 12-24 所示。

（7）在树形目录中的 Solution（B6）分支上右击，在弹出的快捷菜单中选择 Solve（求解）命令。此时会弹出求解进度条，表示正在求解；当求解完毕时，进度条会自动消失。

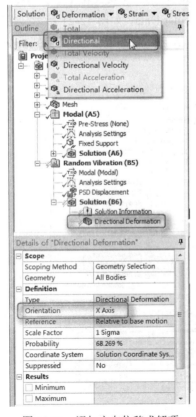

图 12-23　添加方向位移求解项

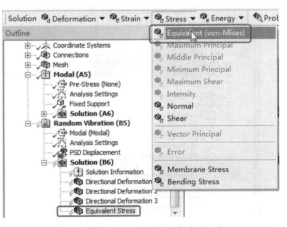

图 12-24　添加等效应力求解项

12.2.6 查看分析结果

（1）求解完成后，选择树形目录中的 Solution（B6）分支中的 Directional Deformation，可以查看 X 方向上的位移云图，如图 12-25 所示。

（2）采用同样的方式，选择 Directional Deformation 2、Directional Deformation 3 查看 Y 方向、Z 方向上的位移云图，如图 12-26 和图 12-27 所示。

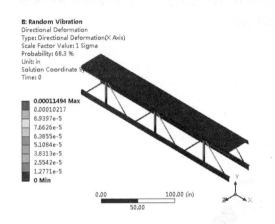

图 12-25　X 方向位移云图

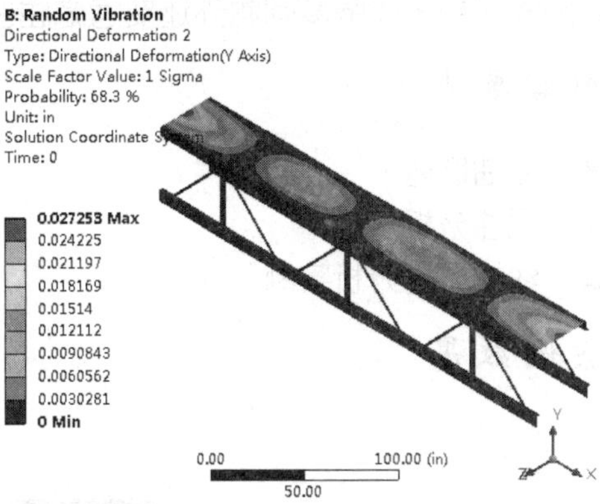

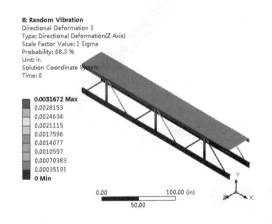

图 12-26　Y 方向位移云图

（3）选择树形目录 Solution（B6）分支中的 Equivalent Stress，可以查看等效的应力云图，如图 12-28 所示。

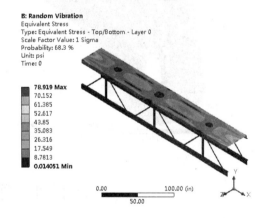

图 12-27　Z 方向位移云图

图 12-28　等效应力云图

第 13 章 屈 曲 分 析

内容简介

在一些工程中，有许多细长杆、压缩部件等，当作用载荷达到或超过一定限度时就会屈曲失稳，这类问题除了要考虑强度问题外还要考虑屈曲的稳定性问题。

内容要点

- ➴ 屈曲概述
- ➴ 屈曲分析步骤
- ➴ 线性屈曲分析实例

案例效果

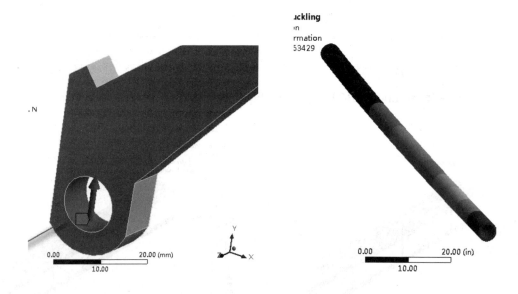

13.1 屈 曲 概 述

在线性屈曲分析中，需要评价许多结构的稳定性。在薄柱、压缩部件和真空罐的例子中，稳定性是重要的。在失稳（屈曲）的结构中，当结构所受载荷达到某一值时，若增加一微小的增量，则结构的平衡位形将发生很大的改变。失稳悬臂梁如图 13-1 所示。

特征值或线性屈曲分析预测理想线弹性结构的理论屈曲强度。此方法相当于教科书上线弹性

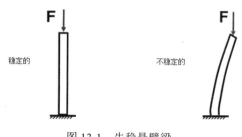

图 13-1　失稳悬臂梁

屈曲分析的方法。用欧拉行列式求解特征值屈曲会与经典的欧拉公式解相一致。

缺陷和非线性行为使现实结构无法与它们的理论弹性屈曲强度一致。线性屈曲一般会得出不保守的结果。

但线性屈曲也会得出无法解释的问题：非弹性的材料响应、非线性作用、不属于建模的结构缺陷（凹陷等）。

尽管不保守，线性屈曲仍有以下优点。

（1）它比非线性屈曲计算省时，并且可以作第一步计算来评估临界载荷（屈曲开始时的载荷）。在屈曲分析中做一些对比可以体现二者的明显不同。

（2）线性屈曲分析可以用来作为确定屈曲形状的设计工具。结构屈曲的方式可以为设计提供向导。

13.2　屈曲分析步骤

需要在屈曲分析之前（或连同）完成静态结构分析。

（1）附上几何体。

（2）指定材料属性。

（3）定义接触区域（如果合适）。

（4）定义网格控制（可选）。

（5）加入载荷与约束。

（6）求解静力结构分析。

（7）链接线性屈曲分析。

（8）设置初始条件。

（9）求解。

（10）模型求解。

（11）检查结果。

13.2.1　几何体和材料属性

与线性静力分析类似，任何软件支持的类型的几何体都可以使用，例如：

- 实体。
- 壳体（确定适当的厚度）。
- 线体（定义适当的横截面）。在分析时只有屈曲模式和位移结果可用于线体。

尽管模型中可以包含点质量，但是由于点质量只受惯性载荷的作用，因此在应用中会有一些限制。另外不管使用何种几何体和材料，在材料属性中，弹性模量和泊松比是必须要有的。

13.2.2　接触区域

屈曲分析中可以定义接触对。但是，由于这是一个纯粹的线性分析，因此接触行为不同于非线性接触类型，它们的特点如表 13-1 所示。

表 13-1 线性屈曲分析

接 触 类 型	线性屈曲分析		
	初 始 接 触	Pinball 区域内	Pinball 区域外
绑定	绑定	绑定	自由
不分离	不分离	不分离	自由
粗糙	绑定	自由	自由
无摩擦	不分离	自由	自由

13.2.3 载荷与约束

要进行屈曲分析，至少应有一个导致屈曲的结构载荷，以适用于模型。而且模型也必须至少要施加一个能够引起结构屈曲的载荷。另外所有的结构载荷都要乘上载荷系数来决定屈曲载荷，因此在进行屈曲分析的情况下是不支持不成比例或常值的载荷。

在进行屈曲分析时，不推荐只有压缩的载荷，如果在模型中没有刚体的位移，则结构可以是全约束的。

13.2.4 设置屈曲

在项目概图中屈曲分析经常与结构分析进行耦合，如图 13-2 所示。

Eigenvalue Buckling 分支下的 Pre-Stress 项包含结构分析的结果。

单击 Eigenvalue Buckling（线性屈曲）分支下的 Analysis Settings，在其属性窗格中可以修改模态数（默认情况下为 6），如图 13-3 所示。

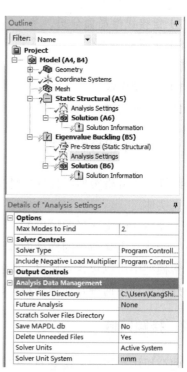

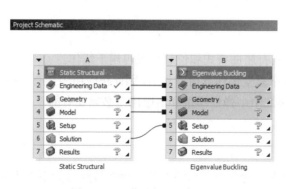

图 13-2 屈曲分析项目概图

图 13-3 属性窗格

13.2.5　求解模型

建立屈曲分析模型后可以求解除静力结构分析以外的分析。设定好模型参数后，可以单击工具栏中的 Solve 按钮，进行求解屈曲分析。相对于同一个模型，线性屈曲分析比静力分析需要更多的分析计算时间并且 CPU 占用率高许多。

树形目录中的 Solution Information 分支提供了详细的求解输出信息，如图 13-4 所示。

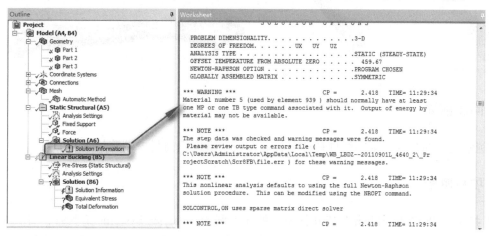

图 13-4　求解中的相关信息

13.2.6　检查结果

求解完成后，可以检查屈曲模型求解的结果，每个屈曲模态的载荷因子显示在图形和图表的详细查看中，载荷因子乘以施加的载荷值即为屈曲载荷。

下面塔模型求解了两次。第一种情况施加单位载荷，第二个施加预测的载荷。

屈曲载荷因子可以在线性屈曲分析分支下 Timeline 的结果中进行检查。

如图 13-5 所示为求解多个屈曲模态的一个例子，通过图表可以观察结构屈曲在给定的施加载荷下的多个屈曲模态。

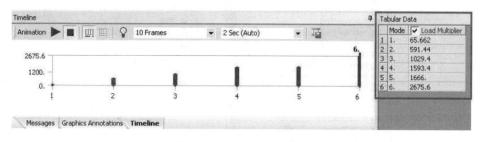

图 13-5　求解多个屈曲模态

13.3　线性屈曲分析实例 1——升降架

如图 13-6 所示升降架为某一工程机架的支撑件，在工作时受到压力的作用，现在对其进行屈曲

分析。

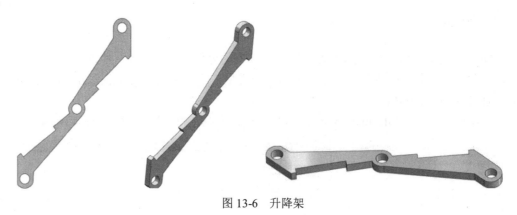

图 13-6　升降架

13.3.1　问题描述

在本例中进行的是升降架的线性屈曲分析，假设一端固定而另一端施加了一个力。

13.3.2　项目概图

（1）打开 ANSYS Workbench 17.0 程序，展开左侧的 Analysis Systems 工具箱，将其中的 Static Structural 选项直接拖动到项目概图中，或者直接在项目上双击载入，建立一个含有 Static Structural 的项目模块。结果如图 13-7 所示。

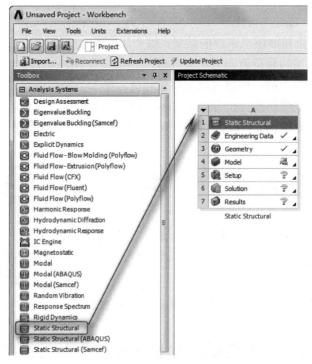

图 13-7　添加 Static Structural 选项

（2）添加 Eigenvalue Buckling 系统。在 A6 栏的 Solution 上右击，在弹出的快捷菜单中选择其中的 Transfer Data To New→Eigenvalue Buckling，如图 13-8 所示。将 Eigenvalue Buckling 模块放到 Static Structural 模块的右侧，结果如图 13-9 所示。

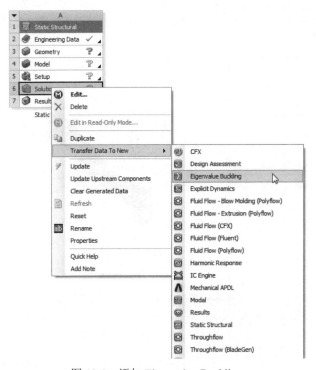

图 13-8　添加 Eigenvalue Buckling

（3）设置项目单位。选择菜单栏中的 Units→Metric (tone, mm, s, ℃, mA, N, mV)，然后选择 Display Values in Project Units，如图 13-10 所示。

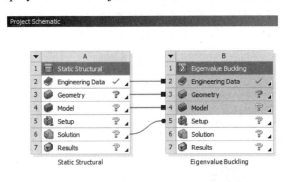

图 13-9　添加线性屈曲分析

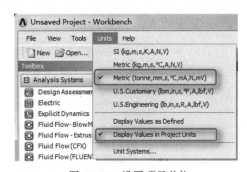

图 13-10　设置项目单位

（4）导入模型。右击 A3 栏 ![3 Geometry]，在弹出的快捷菜单中选择 Import Geometry→Browse，然后在弹出的"打开"对话框中选择光盘源文件中的 up_down.x_t。

13.3.3　Mechanical 前处理

（1）进入 Mechanical 中。在 ANSYS Workbench 17.0 界面中双击项目概图中的 A4 栏 ![4 Model]，打开 Mechanical 应用程序，如图 13-11 所示。

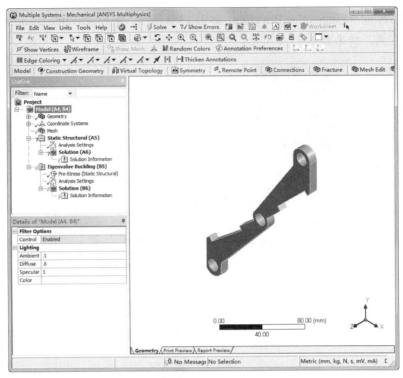

图 13-11　Mechanical 应用程序

（2）设置单位系统。在菜单栏中选择 Units→Metric（mm, kg, N, s, mV, mA），设置单位为公制毫米单位。

（3）施加固定约束。首先单击树形目录中的 Static Structural(A5)，此时 Context（配置）工具条显示为 Environment（环境）工具条。单击其中的 Supports（约束）按钮，在弹出的下拉列表中选择 Fixed Support（固定约束）。然后选择升降架一个端面的圆孔，单击属性窗格中的 Apply（应用）按钮，添加固定约束，如图 13-12 所示。

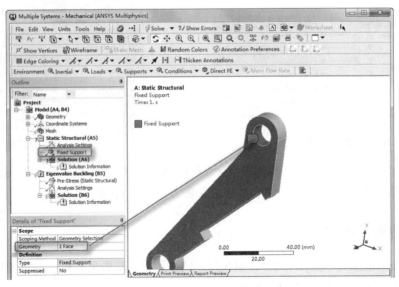

图 13-12　施加固定约束

（4）给升降架施加屈曲载荷。单击其中的 Loads（载荷）按钮，在弹出的下拉列表中选择 Force，将其施加到升降架的另一端圆孔面。在属性窗格中将 Define By 栏更改为 Components，然后将 Y Component 赋值为 100，并指向升降架的另一端，结果如图 13-13 所示。

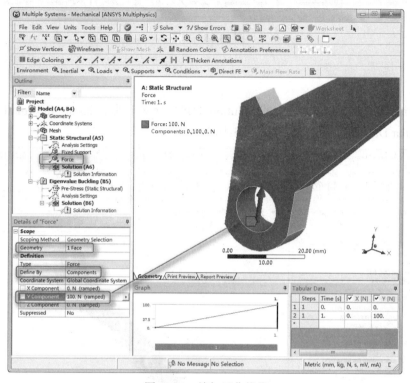

图 13-13　施加屈曲载荷

13.3.4　求解

（1）设置位移结果。右击树形目录中的 Solution（B6）分支，在弹出的右键快捷菜单中选择 Insert →Deformation→Total，添加位移结果显示，如图 13-14 所示。

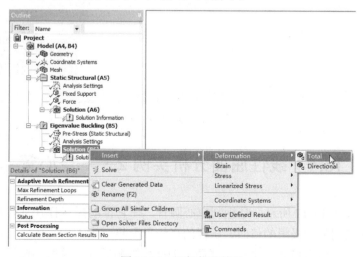

图 13-14　添加位移结果

（2）求解模型，单击工具栏中的 Solve（求解）按钮（如图 13-15 所示），进行求解。

图 13-15　求解

13.3.5　结果

查看位移的结果。单击树形目录中的 Solution（B6）分支下的 Solution Information，此时绘图区域右下角的 Tabular Data 将显示结果，如图 13-16 所示。

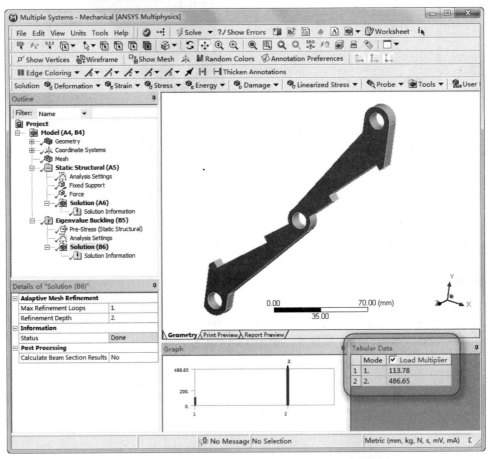

图 13-16　结果

13.4　线性屈曲分析实例 2——空心管

扫一扫，看视频

柴油机空心管（如图 13-17 所示）是钢制空心圆管，在它推动摇臂打开气阀时，它会受到压力的作用。当压力逐渐增加到某一极限的值时，压杆的直线平衡将变为不稳定的，它将转变为曲线形状的平衡。这时如再用侧向干扰力使其发生轻微弯曲，干扰力接触后，它将保持曲线形状的平衡，不能恢复原有的形状，屈曲就发生了。所以要保证空心管所受的力要小于压力的极限值，即临界力。

图 13-17 空心管

13.4.1 问题描述

在本例中进行的是空心管的线性屈曲分析，假设一端固定而另一端自由，且在自由端施加了一个纯压力。管子的尺寸和特性为：外径为 4.5in，内径为 3.5in，杆长为 120in，钢材的弹性模量 E=30e6psi。根据空心管的横截面的惯性距公式：

$$I = \frac{\pi}{64}(D^4 - d^4)$$

可以通过计算得到此空心管的惯性距：

$$I = \frac{\pi}{64}(D^4 - d^4) = \frac{\pi}{64}(4.5^4 - 3.5^4)\text{in}^4 = 12.763\text{in}^4$$

利用临界力公式：

$$F_{cr} = \frac{\pi^2 EI}{(\mu L)^2}$$

式中，对于一端固定、另一端自由的梁来说，参数 μ =2。

根据上面的公式和数据可以推导出屈曲载荷为：

$$F_{cr} = \frac{\pi^2 EI}{(\mu L)^2} = \frac{\pi^2 \cdot 30e6 \cdot 12.763}{(2 \cdot 120)^2} = 65\,607.2\text{lbf}$$

13.4.2 项目概图

（1）打开 ANSYS Workbench 17.0 程序，展开左侧的 Analysis Systems 工具箱，将其中的 Static Structural 选项直接拖动到项目概图中，或者直接在项目上双击载入，建立一个含有 Static Structural 的项目模块，如图 13-18 所示。

（2）在工具箱中选中 Eigenvalue Buckling 选项，按住鼠标不放，向项目管理器中拖动，此时项目管理器中可拖动到的位置将以绿色框显示，如图 13-19 所示。

（3）将 Eigenvalue Buckling 选项放到 Static Structural 模块的第 6 行的 Solution 中，此时两个模块分别以字母 A、B 编号显示在项目管理器中，两个模块中间出现 4 条链接，其中以方框结尾的链接为可共享链接、以圆形结尾的链接为下游到上游链接，如图 13-20 所示。

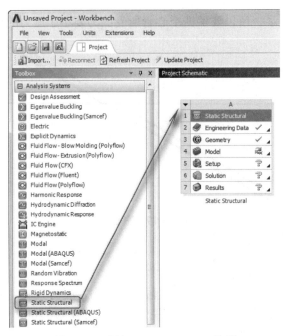

图 13-18　添加 Static Structural 选项

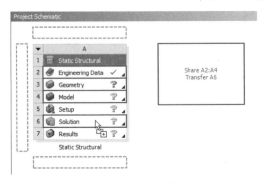

图 13-19　可添加位置

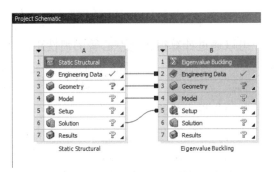

图 13-20　添加线性屈曲分析

（4）设置项目单位。选择菜单栏中的 Units→U.S.Customary (lbm, in, s, °F, A, lbf, V)，然后选择 Display Values in Project Units，如图 13-21 所示。

（5）新建模型。右击 A3 栏 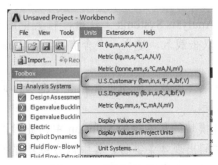，在弹出的快捷菜单中选择 New DesignModeler Geometry，打开 DesignModeler 模型。设置长度单位为 Inch，即采用英寸为单位，如图 13-22 所示。

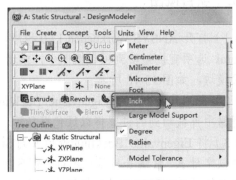

图 13-21　设置项目单位

图 13-22　设置模型单位

13.4.3 创建草图

（1）新建草图。首先单击选中树形目录中的 XY 轴平面  XYPlane 分支，然后单击工具栏中的"新建草图"按钮 ，新建一个草图。此时树形目录中 XY 轴平面分支下会多出一个名为 Sketch1 的草图。

（2）单击选中树形目录中的 Sketch1 草图，然后单击树形目录下端的 Sketching 标签，打开 Sketching Toolboxes（草图绘制工具箱）窗格，在新建的 Sketch1 草图上绘制图形。

（3）切换视图。单击工具栏中的"正视于"按钮，将视图切换为 XY 方向的视图。

（4）绘制圆环。在 Sketching Toolboxes 窗格中默认展开了 Draw（草绘）工具箱，从中选择 Circle 命令，将光标移入到右边的绘图区域。移动光标到视图中的原点附近，直到光标中出现"P"字符。单击鼠标确定圆的中心点，然后移动光标到右上角单击鼠标，绘制一个圆形。采用同样的方式再次绘制一个圆形，结果如图 13-23 所示。

图 13-23 绘制圆

（5）标注尺寸。在 Sketching Toolboxes 窗格中展开 Dimensions（标注）工具箱，从中选择直径标注 Diameter 命令，然后分别标注两个圆的直径方向的尺寸。

（6）修改尺寸。将属性窗格中 D1 的参数修改为 4.5in、D2 的参数修改为 3.5in。单击工具栏中的"缩放到合适大小"按钮 ，将视图切换为合适的大小。绘制的结果如图 13-24 所示。

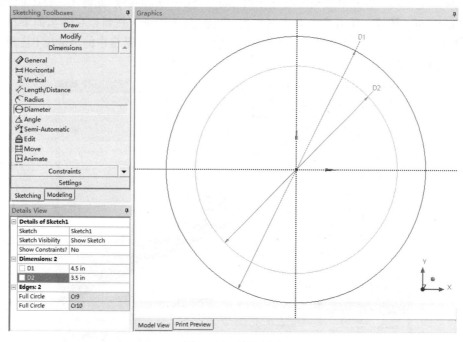

图 13-24 修改尺寸

（7）拉伸模型。单击工具栏中的 Extrude（拉伸） Extrude 按钮，此时树形目录自动切换到 Modeling 标签，并生成 Extrude1 分支。在属性窗格中，修改 Depth 栏中的拉伸长度为 120in。单击工具栏中的 Generate（生成） Generate 按钮，生成的模型如图 13-25 所示。

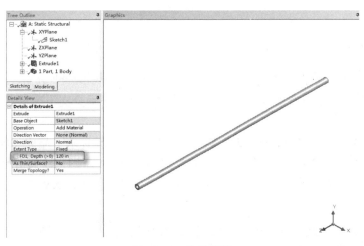

图 13-25　拉伸模型

13.4.4　Mechanical 前处理

（1）进入 Mechanical 中。在 ANSYS Workbench 17.0 界面中双击项目概图中的 A4 栏 4 Model，打开 Mechanical 应用程序。

（2）设置单位系统。在菜单栏中选择 Units→U.S.Customary(in,lbm,lbf, °F, s, V,A)，设置单位为英制单位。

（3）施加固定约束。首先单击树形目录中的 Static Structural(A5)，此时 Context（配置）工具条显示为 Environment（环境）工具条。单击其中的 Supports（约束）按钮，在弹出的下拉列表中选择 Fixed Support（固定约束）。然后选择空心管的一个端面，单击属性窗格中的 Apply（应用）按钮，添加固定约束，如图 13-26 所示。

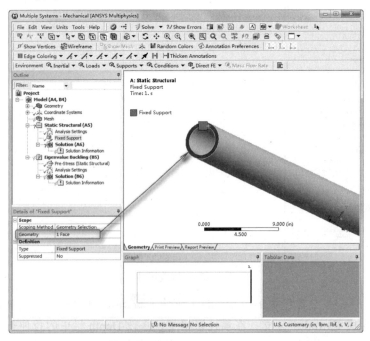

图 13-26　施加固定约束

（4）给空心管施加屈曲载荷。单击其中的 Loads 按钮，在弹出的下拉列表中选择 Force，将其施加到空心管的另一端面。在属性窗格中将 Define By 栏更改为 Components，然后将 Z Component 赋值为 1，并指向空心管的另一端，结果如图 13-27 所示。

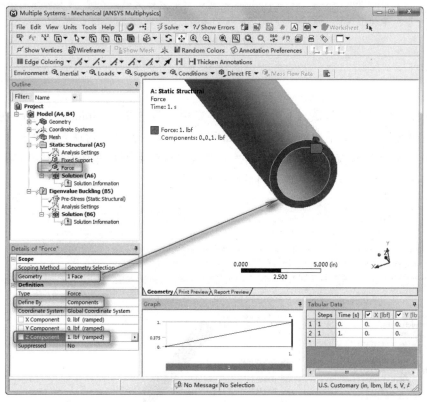

图 13-27　施加屈曲载荷

13.4.5　求解

（1）设置位移结果。单击树形目录中的 Solution（B6）分支，此时 Context（配置）工具条显示为 Solution（求解）工具条。单击其中的 Deformation（变形）按钮，在下拉列表中选中 Total（全部变形），添加位移结果显示，如图 13-28 所示。

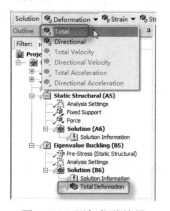

图 13-28　添加位移结果

（2）求解模型，单击工具栏中的 Solve（求解）按钮（如图 13-29 所示），进行求解。

图 13-29　求解

13.4.6　结果

（1）查看位移的结果，如图 13-30 所示。单击树形目录中的 Solution（B6）分支下的 Total Deformation，此时绘图区域右下角的 Tabular Data 将显示结果。可以看到临界压力 F_{cr}=63430lbf 左右，而通过计算得到的结果为 65607lbf，二者之间差距很大。这是由于并没有设置材料弹性模量，这样的话得到的惯性矩也不同，所以需要修改材料的弹性模量。

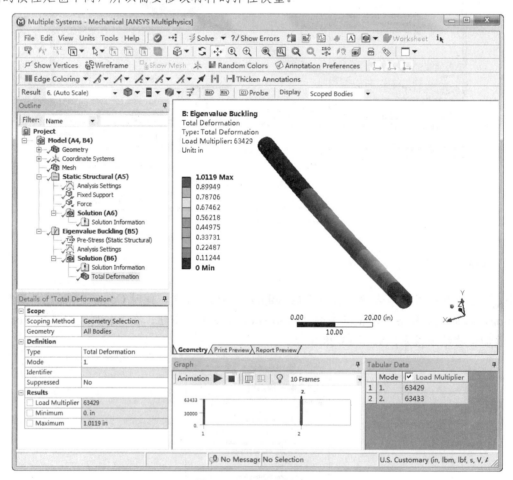

图 13-30　初步分析结果

（2）修改材料弹性模量。回到 ANSYS Workbench 17.0 界面，双击 A2 栏 2 Engineering Data ✓，这时会进入到 Engineering Data 界面。在左下角的窗格中找到第 8 行的 Young's Modulus，将其值改为 3e+07，如图 13-31 所示。单击 A2, B2:Engineering Data 标题栏右侧的关闭按钮，返回 ANSYS Workbench

17.0 界面。

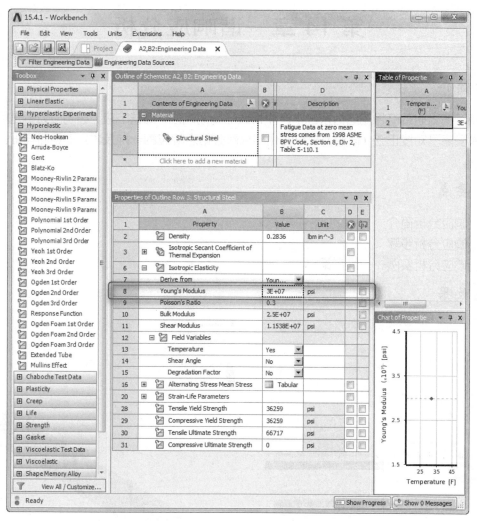

图 13-31　修改弹性模量

（3）求解。自 ANSYS Workbench 17.0 界面进入到 Mechanical 应用程序，单击工具栏中的 Solve（求解）按钮，再次进行求解。这次得到的结果与通过计算得到的值基本相符。

第 14 章 谐响应分析

任何持续的周期载荷将在结构系统中产生持续的周期响应，即谐响应。谐响应分析是用于确定线性结构在承受随已知按正弦（简谐）规律变化的载荷时稳态响应的一种技术。本章将详细介绍谐响应分析的知识。

内容要点

- ↘ 谐响应分析简介
- ↘ 谐响应分析步骤
- ↘ 谐响应分析实例——固定梁

案例效果

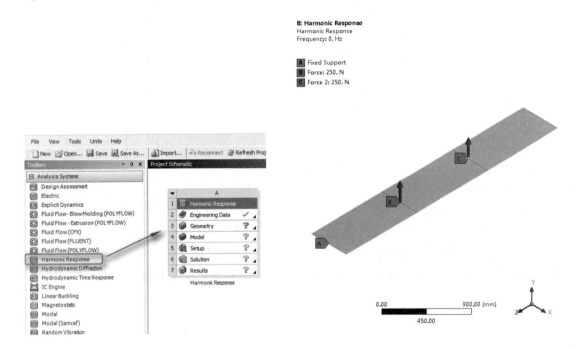

14.1 谐响应分析简介

谐响应分析（Harmonic Analysis）是用于确定线性结构在承受随已知按正弦（简谐）规律变化的载荷时稳态响应的一种技术。分析的目的是计算出结构在几种频率下的响应并得到一些响应值对频率的曲线，这样就可以预测结构的持续动力学特征，从而验证其设计能否成功地克服共振、疲劳及其他受迫振动引起的有害效果。输入载荷可以是已知幅值和频率的力、压力和位移，输出值包括节点位移也可以是导出的值，如应力、应变等。在程序内部，谐响应计算有两种方法，即完全法和模态叠加法。

谐响应分析可以进行计算结构的稳态受迫振动，其中在谐响应分析中不考虑发生在激励开始时的瞬态振动。谐响应分析属于线性分析，所有非线性的特征在计算时都将被忽略，但分析时可以有预应力的结构，如小提琴的弦（假定简谐应力比预加的拉伸应力小得多）。

14.2 谐响应分析步骤

进行谐响应分析的步骤如下。

（1）建立有限元模型，设置材料属性。

（2）定义接触的区域。

（3）定义网格控制（可选择）。

（4）施加载荷和边界条件。

（5）定义分析类型。

（6）设置求解频率选项。

（7）对问题进行求解。

（8）后处理查看结果。

14.2.1 建立谐响应分析项

在 ANSYS Workbench 17.0 中建立谐响应分析，只要在左边的 Toolbox（工具箱）窗格中选中 Harmonic Response 并用鼠标双击或直接拖动到项目概图中即可，如图 14-1 所示。

模型设置完成、自项目概图进入 Mechanical 后，只要点亮树形目录中的 Analysis Settings 就能进行 Analysis Options 设置了，如图 14-2 所示。

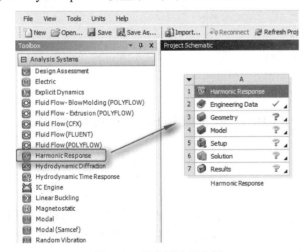

图 14-1　建立谐响应分析

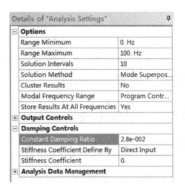

图 14-2　Analysis Options 设置

14.2.2 加载谐响应载荷

在谐响应分析中，输入载荷可以是已知幅值和频率的力、压力和位移，所有的结构载荷均有相同的激励频率。Mechanical 中支持的载荷如表 14-1 所示。

表 14-1　支持的载荷

载 荷 类 型	相 位 输 入	求 解 方 法
Acceleration Load（加速度载荷）	不支持	完全法或模态叠加法
Pressure Load（压力载荷）	支持	完全法或模态叠加法
Force Load（力载荷）	支持	完全法或模态叠加法
Bearing Load（轴承载荷）	不支持	完全法或模态叠加法
Moment Load（力矩载荷）	不支持	完全法或模态叠加法
Given Displacement Support（给定位移载荷）	支持	完全法

　　Mechanical 中不支持的载荷有：重力载荷（Standard Earth Gravity）、热载荷（Thermal）、旋转速度载荷（Rotational Velocity）和螺栓预紧力载荷（Bolt Pretension）。

　　用户在加载载荷时要确定载荷的幅值、相位移及频率。如图 14-3 所示就是加载一个力的幅值、相位角的示例。

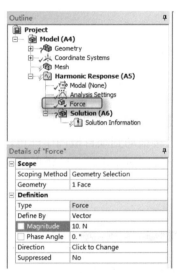

图 14-3　加载力的幅值、相位角

　　频率载荷如图 14-4 所示，代表频率范围在 0～100 Hz 之间，间隙 10 Hz，即在 0, 10, 20, 30, …, 90, 100 Hz 处计算相应的值。

14.2.3　求解方法

　　求解谐响应分析运动方程时分为完全法及模态叠加法两种。完全法是一种最简单的方法，使用完全结构矩阵，允许存在非对称矩阵（如声学）；模态叠加法是从模态分析中叠加模态振型，这是 ANSYS Workbench 17.0 默认的方法，在所有的求解方法中它的求解速度是最快的。

14.2.4　后处理中查看结果

　　在后处理中可以查看应力、应变、位移和加速度的频率图，如图 14-4 所示就是一个典型的变形

vs. 频率图。

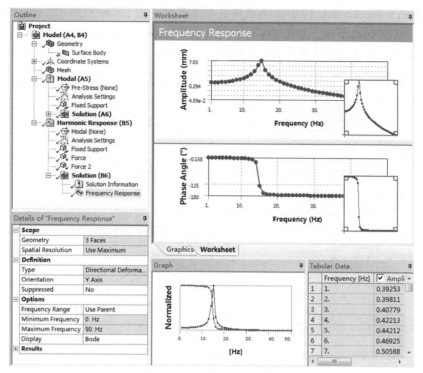

图 14-4　变形 vs.频率图

14.3　谐响应分析实例——固定梁

本实例求解在两个谐波下固定梁（如图 14-5 所示）的谐响应。

图 14-5　固定梁

14.3.1　问题描述

在本实例中，使用力来代表旋转的机器，作用点位于梁长度的三分之一处，机器旋转的速率为 300 RPM~1800 RPM。梁的材料为结构钢、尺寸为 3 m×0.5 m×25 mm。

14.3.2　项目概图

（1）在 Windows 系统下执行"开始"→"所有程序"→ANSYS 17.0→Workbench 17.0 命令，

启动 ANSYS Workbench 17.0。

（2）在 ANSYS Workbench 17.0 主界面中选择菜单栏中的 Units→Unit Systems 命令，打开 Unit Systems 对话框，如图 14-6 所示。取消 D8 栏中的对号，Metric（kg, mm, s, ℃, mA, N, mV）选项将会出现在 Units 菜单中。设置完成后单击 Close 按钮，关闭此对话框。

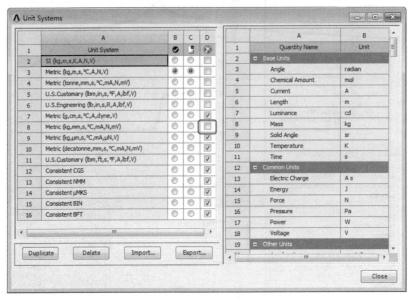

图 14-6　Unit Systems 对话框

（3）选择菜单栏中的 Units→Metric（kg, mm, s, ℃, mA, N, mV）命令，设置模型的单位，如图 14-7 所示。

（4）在 ANSYS Workbench 17.0 界面中，展开左侧的 Analysis Systems 工具箱，将其中的 Modal 选项直接拖动到项目概图中或是直接在项目上双击载入，建立一个含有 Modal 的项目模块（我们需要首先求解查看系统的固有频率和模态），结果如图 14-8 所示。

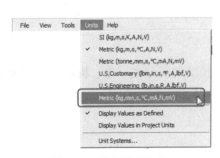

图 14-7　设置模型单位

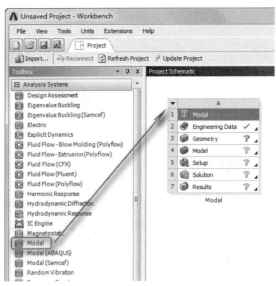

图 14-8　添加 Modal 选项

（5）放置 Harmonic Response 系统。把 Harmonic Response 系统拖放到 Modal 系统中的 Modal 模块，将 Harmonic Response 系统中的材料属性、模型和网格划分单元与 Modal 系统中单元共享，如图 14-9 所示。

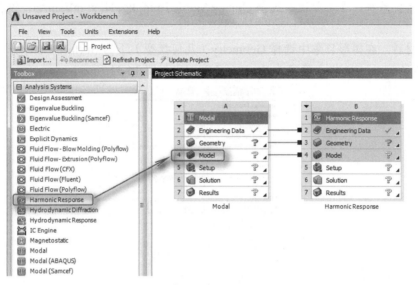

图 14-9　添加 Harmonic Response 选项

（6）双击 A4 栏 4 Model，启动 Mechanical 应用程序，如图 14-10 所示。

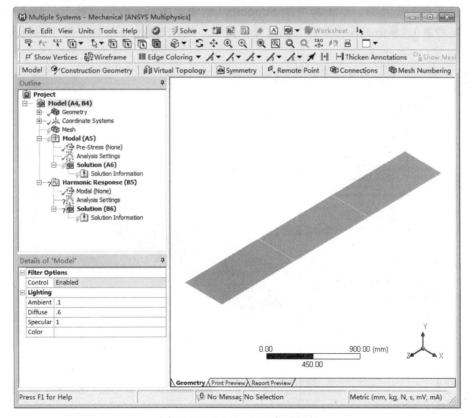

图 14-10　Mechanical 应用程序

14.3.3　前处理

（1）设置单位系统。在菜单栏中选择 Units→Metric (mm, kg, N, s, mV, mA)，设置单位为公制毫米单位。

（2）确认材料。在树形目录中选择 Geometry（几何模型）下的 Surface Body 分支，在左下角的属性窗格中查看 Assignment 栏，确定为 Structural Steel，如图 14-11 所示。

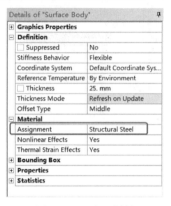

图 14-11　确认材料

（3）施加约束。在树形目录中单击 Modal（A5）分支，此时 Context（配置）工具条显示为 Environment（环境）工具条。单击其中的 Supports（约束）按钮，在弹出的下拉列表中选择 Fixed Support（固定约束）。单击工具栏中的"线选择"按钮，然后选择如图 14-12 所示的两条边线，定义固定约束。

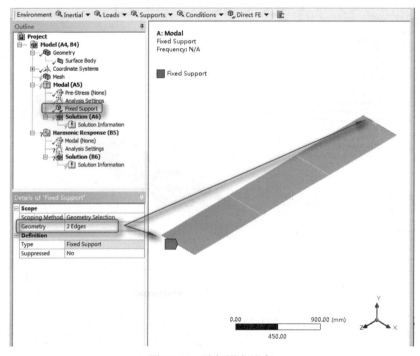

图 14-12　施加固定约束

14.3.4 模态分析求解

（1）选中 Modal（A5）分支线上的 Solution（A6），单击 Solve（求解）按钮（如图 14-13 所示），进行求解。

图 14-13 求解

（2）查看模态的形状，单击树形目录中的 Solution（A6）分支，此时在绘图区域的下方会出现 Timeline 图形和 Tabular Data 表，给出了对应模态的频率表，如图 14-14 所示。

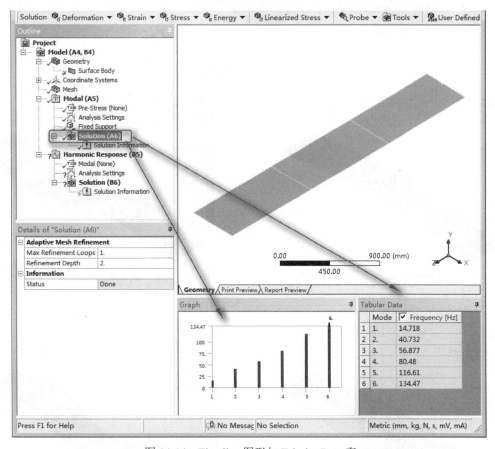

图 14-14 Timeline 图形与 Tabular Data 表

（3）在 Timeline 图形上右击，在弹出的快捷菜单中选择 Select All（选择所有），选择所有的模态。

（4）再次右击，在弹出的快捷菜单中选择 Create Mode Shape Results，此时会在树形目录中显示各模态的结果图（只是还需要再次求解才能正常显示），如图 14-15 所示。

（5）单击工具栏中的 Solve（求解）按钮，查看结果。

（6）在树形目录中单击各个模态，查看各阶模态的云图，如图 14-16 所示。

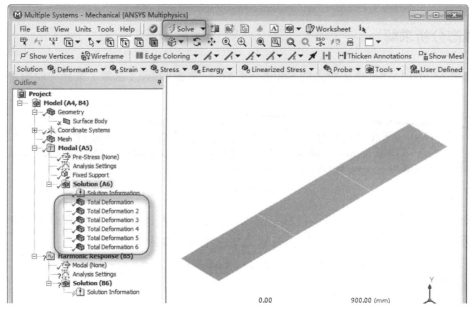

图 14-15　树形目录

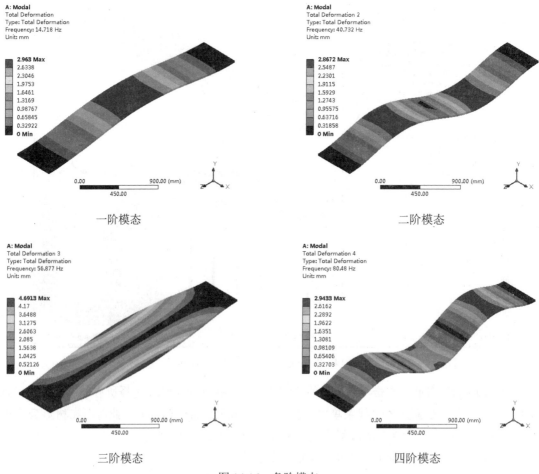

一阶模态　　　　　　　　　　　　　　　二阶模态

三阶模态　　　　　　　　　　　　　　　四阶模态

图 14-16　各阶模态

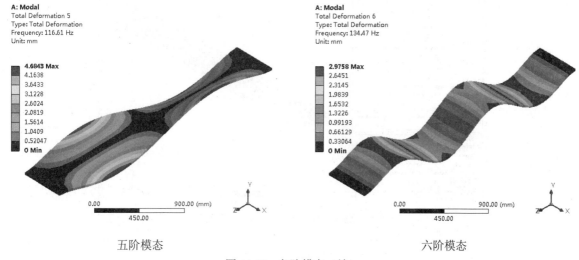

五阶模态 　　　　　　　　　　　　　　　　　　　　六阶模态

图 14-16　各阶模态（续）

14.3.5　谐响应分析预处理

（1）添加固定约束。在树形目录中选中 Modal（A5）分支下的 Fixed Support（固定约束），将其拖到 Harmonic Response（B5）分支中，如图 14-17 所示。

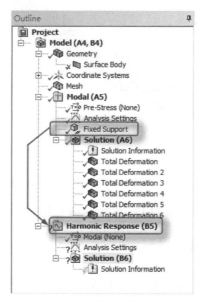

图 14-17　拖动固定约束

（2）在 Harmonic Response（B5）分支中添加力。在模型的面上已经添加了两个边印记，首先在边选择模式下选择其中的一个边印记，然后单击鼠标右键，在弹出的快捷菜单中选择 Insert→Force。

（3）调整属性窗格。在属性窗格中更改 Define By 栏为 Components，然后将 Y Component 栏设置为 250 N，如图 14-18 所示。

（4）采用同样的方式添加另一个力。谐响应预处理的最终结果如图 14-19 所示。

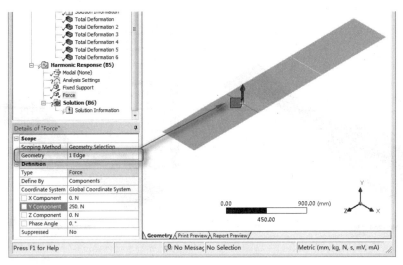

图 14-18　力属性窗格

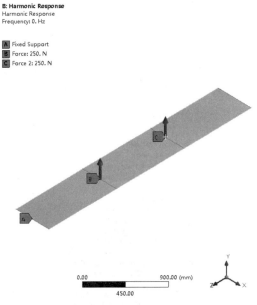

图 14-19　谐响应分析预处理

14.3.6　谐响应分析设置并求解

（1）定义谐响应分析。首先在树形目录中选择 Harmonic Response（B5）分支下的 Analysis Settings，然后在下方的属性窗格中更改 Range Maximum 栏为 50 Hz、Solution Intervals 栏为 50，然后展开 Damping Controls 栏，更改 Constant Damping Ratio 为 2e-002，如图 14-20 所示。

（2）谐响应求解。选中 Harmonic Response（B5）分支下的 Solution（B6），然后单击工具栏中的 Solve（求解）按钮，进行谐响应分析的求解。

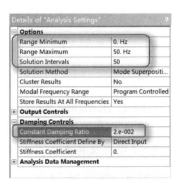

图 14-20　定义谐响应分析

14.3.7　谐响应分析后处理

（1）求解频率变形响应。在 Solution 工具栏中单击 Frequency Response（频率响应）按钮，在弹出的下拉列表中选择 Deformation 命令，如图 14-21 所示。此时在树形目录中会出现 Frequency Response 项。

图 14-21　求解频率变形响应

（2）单击图形工具栏中的"面选择"按钮 ，在图形窗口中选择所有的 3 个面，然后在属性窗格中单击 Apply（应用）按钮；更改 Spatial Resolution 栏为 Use Maximum，更改 Orientation 栏为 Y Axis，如图 14-22 所示。

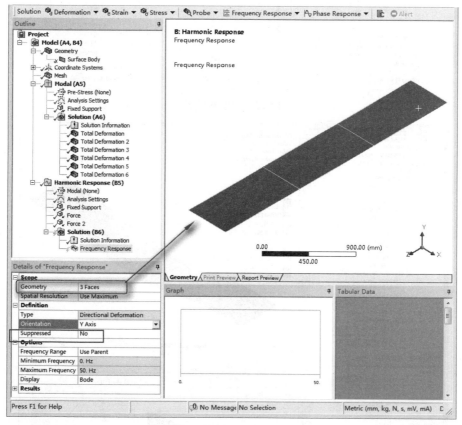

图 14-22　频率变形响应属性窗格

（3）单击 Solution 工具栏中的 Deformation（变形）按钮，在弹出的下拉列表中选择 Total（全部变形）。在树形目录中的 Solution（B6）分支下将出现一个 Total Deformation 选项。

（4）后处理求解。选中 Harmonic Response（B5）分支下的 Solution（B6），然后单击工具栏中的 Solve（求解）按钮，进行后处理求解。频率变形响应结果如图 14-23 所示，总变形结果如图 14-24 所示。

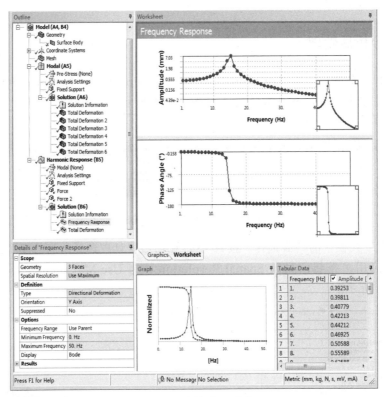

图 14-23　频率变形响应

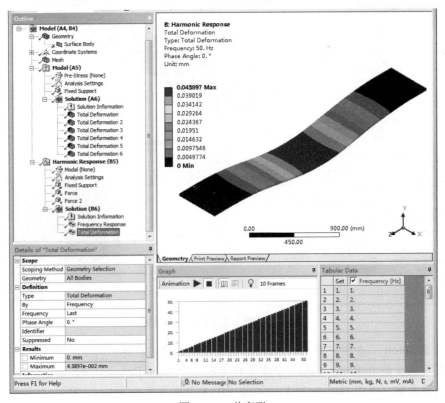

图 14-24　总变形

（5）更改相位角。在树形目录中单击 Harmonic Response（B5）分支下的 Force 2 项，更改属性窗格中的 Phase Angle 栏为 90°，如图 14-25 所示。

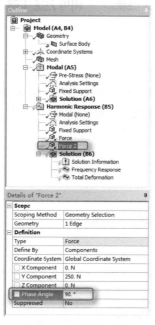

图 14-25　属性窗格

（6）查看结果。单击工具栏中的 Solve（求解）按钮，进行求解，结果如图 14-26 所示。

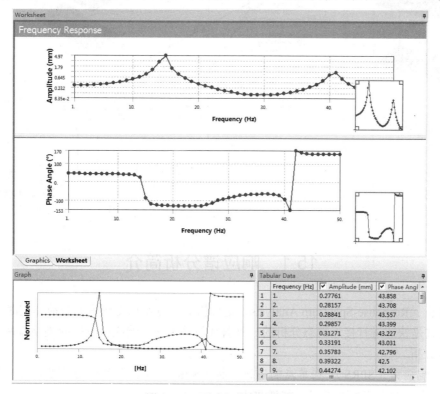

图 14-26　更改相位角后结果

第 15 章　响应谱分析

内容简介

响应谱分析（Response-Spectrum Analysis）是分析计算当结构受到瞬间载荷作用时产生的最大响应，可以认为这是快速进行接近瞬态分析的一种替代解决方案。响应谱分析的类型有两种，即单点谱分析与多点谱分析。

内容要点

❧ 响应谱分析简介
❧ 响应谱分析实例——三层框架结构地震响应分析

案例效果

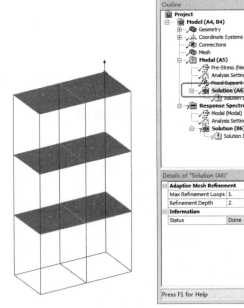
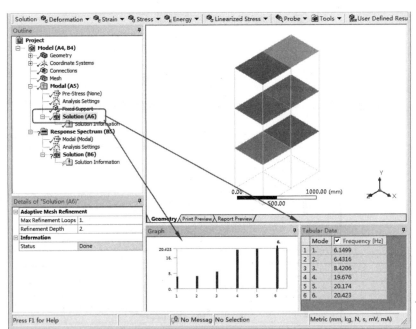

15.1　响应谱分析简介

响应谱分析（Response-Spectrum Analysis）是分析计算当结构受到瞬间载荷作用时产生的最大响应，可以认为这是快速进行接近瞬态分析的一种替代解决方案。响应谱分析的类型有两种，即单点谱分析与多点谱分析。

（1）单点响应谱（SPRS）。在单点响应谱分析（SPRS）中，只可以给节点指定一种谱曲线（或者一族谱曲线），例如在支撑处指定一种谱曲线，如图 15-1（a）所示。

（2）多点响应谱（MPRS）。在多点响应谱分析（MPRS）中，可以在不同的节点处指定不同的谱曲线，如图 15-1（b）所示。

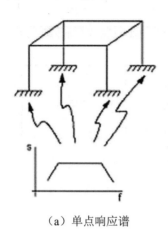

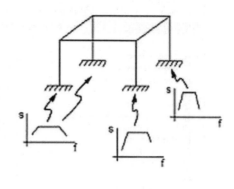

（a）单点响应谱　　　　　　　　　　　　（b）多点响应谱

s 表示谱值　　f 表示频率

图 15-1　响应谱分析示意图

谱分析是一种将模态分析的结构与一个已知的谱联系起来计算模型的位移和应力的分析技术。它主要应用于时间历程分析，以便确定结构对随机载荷或随时间变化载荷（如地震、海洋波浪、喷气发动机、火箭发动机振动等）的动力响应情况。在进行响应谱分析之前必须要知道以下事项。

- ➘ 先进行模态分析后方可进行响应谱分析。
- ➘ 结构必须是线性，具有连续刚度和质量的结构。
- ➘ 进行单点谱分析时，结构受一个已知方向和频率的频谱所激励。
- ➘ 进行多点谱分析时结构可以被多个（最多 20 个）不同位置的频谱所激励。

15.1.1　响应谱分析过程

进行响应谱分析的步骤如下。

（1）首先进行模态分析。

（2）确定响应谱分析项。

（3）加载载荷及边界条件。

（4）计算求解。

（5）进行后处理查看结果。

15.1.2　在 ANSYS Workbench 17.0 中进行响应谱分析

在 ANSYS Workbench 17.0 中，首先要在左侧的 Analysis Systems 工具箱中选中 Modal 并用鼠标双击，先建立模态分析。接着用鼠标选中工具箱中的 Response Spectrum，并将其直接拖动至模态分析系统的 A4 栏中，创建响应谱分析项目，如图 15-2 所示。

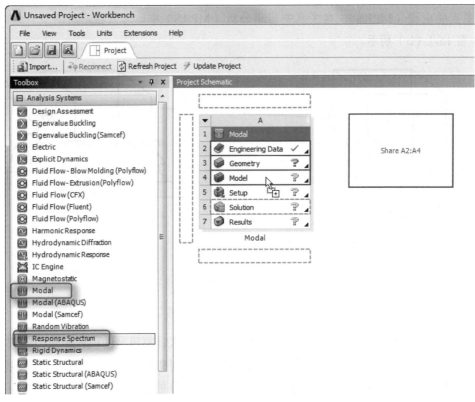

图 15-2　建立响应谱分析项

接下来，就可以在 Response Spectrum 中建立或导入几何模型、设置材料特性、划分网格等，但要注意在进行响应谱分析时，加载位移约束时必须为 0 值。当模态计算结束后，用户一般要查看一下前几阶固有频率值和振型后，再进行响应谱分析的设置，即载荷和边界条件的设置。载荷可以是加速度、速度和方向激励谱，如图 15-3 所示。

计算结束后，在响应谱分析的后处理中可以得到方向位移、速度、加速度、应力（正应力）、剪应力、等效应力和应变（正应变、剪应变）的数值，如图 15-4 所示。

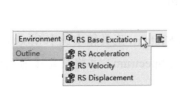

图 15-3　建立激励载荷

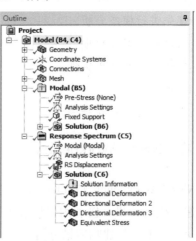

图 15-4　响应谱的求解项

15.2 响应谱分析实例——三层框架结构地震响应分析

本实例对一简单的两跨三层框架结构进行地震响应分析，模型如图 15-5 所示。

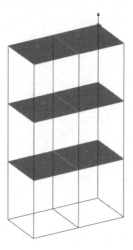

图 15-5 三层框架结构

15.2.1 问题描述

某两跨三层框架结构，计算在 X、Y、Z 方向的地震位移响应谱作用下整个结构的响应情况。两跨三层框架结构立面图和侧面图的基本尺寸如图 15-6 所示。

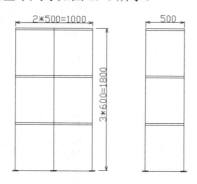

图 15-6 两跨三层框架结构简图

15.2.2 项目概图

（1）在 Windows 系统下执行"开始"→"所有程序"→ANSYS 17.0→Workbench 17.0 命令，启动 ANSYS Workbench 17.0。

（2）在 ANSYS Workbench 17.0 主界面中选择菜单栏中的 Units→Unit Systems 命令，打开 Unit Systems（单位系统）对话框，如图 15-7 所示。取消 D8 栏中的对号，Metric（kg, mm, s, ℃, mA, N, mV）选项将会出现在 Units（单位）菜单中。设置完成后单击 Close（关闭）按钮，关闭此对话框。

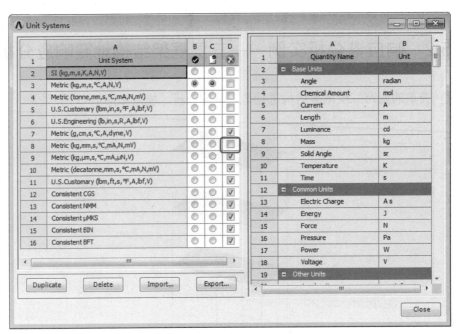

图 15-7　Unit Systems 对话框

（3）选择菜单栏中的 Units→Metric（kg, mm, s, ℃, mA, N, mV）命令，设置模型的单位，如图 15-8 所示。

（4）展开左侧的 Analysis Systems 工具箱，将其中的 Modal 选项直接拖动到项目概图中，或者直接在项目上双击载入，建立一个含有 Modal 的项目模块（我们需要首先求解查看系统的固有频率和模态），如图 15-9 所示。

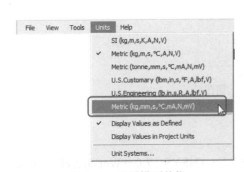

图 15-8　设置模型单位

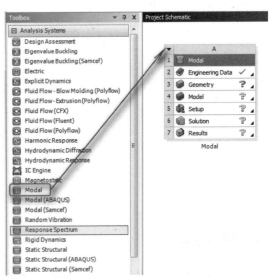

图 15-9　添加 Modal 选项

（5）放置 Response Spectrum 系统。把 Response Spectrum 系统拖放到 Modal 系统中的 Solution 模块，将 Response Spectrum 系统中的材料属性、模型和网格划分单元与 Modal 系统中单元共享，如图 15-10 所示。

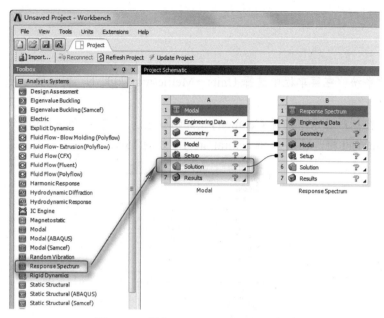

图 15-10　添加 Response Spectrum 选项

（6）导入模型。右击 A3 栏 <u>3 <i class="icon"></i> Geometry　　　？ ◢</u>，在弹出的快捷菜单中选择 Import Geometry→Browse，在弹出的"打开"对话框中选择光盘源文件中的 Frame.agdb。

（7）双击 A4 栏 <u>4 <i class="icon"></i> Model　　　◢ ◢</u>，启动 Mechanical 应用程序，如图 15-11 所示。

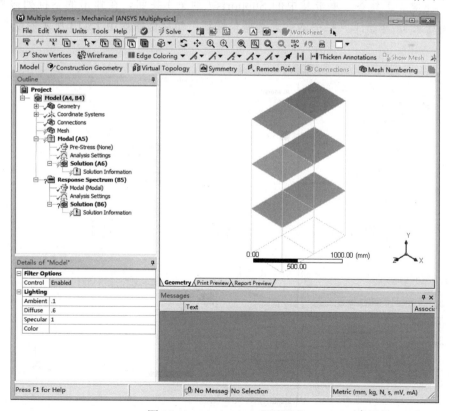

图 15-11　Mechanical 应用程序

15.2.3 前处理

（1）设置单位系统。在菜单栏中选择 Units→Metric(mm, kgk, N, sk, mV, mA)，设置单位为公制毫米单位。

（2）确认材料在树形目录中选择 Geometry（几何模型）下的 Surface Body 分支，在左下角的属性窗格中查看 Assignment 栏，确定为 Structural Steel，如图 15-12 所示。

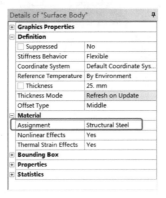

图 15-12　确认材料

（3）施加约束。在树形目录中单击 Modal（A5）分支，此时 Context（配置）工具条显示为 Environment（环境）工具条。单击其中的 Supports（约束）按钮，在弹出的下拉列表中选择 Fixed Support（固定约束）。单击工具栏中的"点选择"按钮，然后选择如图 15-13 所示的底部 6 个点，定义固定约束。

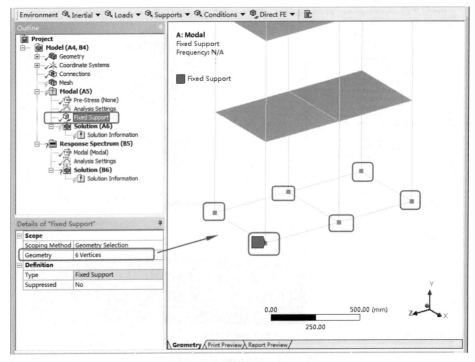

图 15-13　施加固定约束

15.2.4 模态分析求解

（1）选中 Modal（A5）分支下的 Solution（A6），单击 Solve（求解）按钮（如图 15-14 所示），进行求解。

图 15-14　求解

（2）查看模态的形状。单击树形目录中的 Solution（A6）分支，此时在绘图区域的下方会出现 Timeline 图形和 Tabular Data 表，给出了对应模态的频率表，如图 15-15 所示。

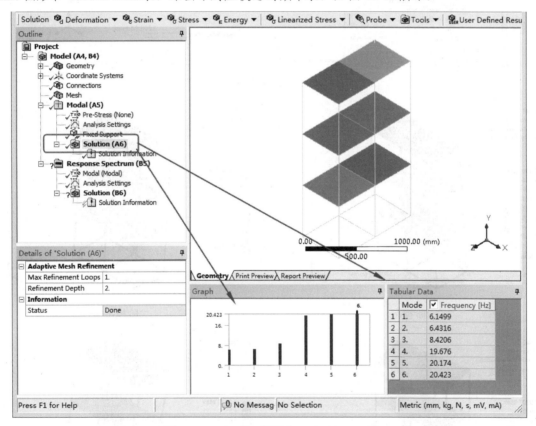

图 15-15　Timeline 图形与 Tabular Data 表

（3）在 Timeline 图形上右击，在弹出的快捷菜单中选择 Select All（选择所有），选择所有的模态。

（4）再次右击，在弹出的快捷菜单中选择 Create Mode Shape Results，此时会在树形目录中显示各模态的结果图（只是还需要再次求解才能正常显示），如图 15-16 所示。

（5）单击工具栏中的 Solve（求解）按钮，查看结果。

（6）在树形目录中单击各个模态，查看各阶模态的云图，如图 15-17 所示。

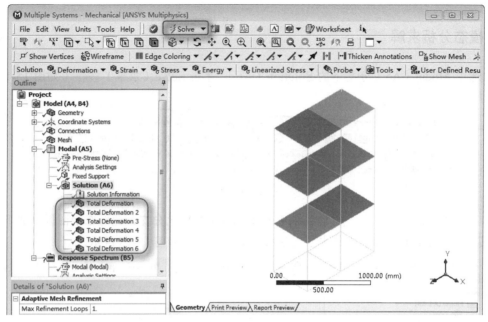

图 15-16　树形目录

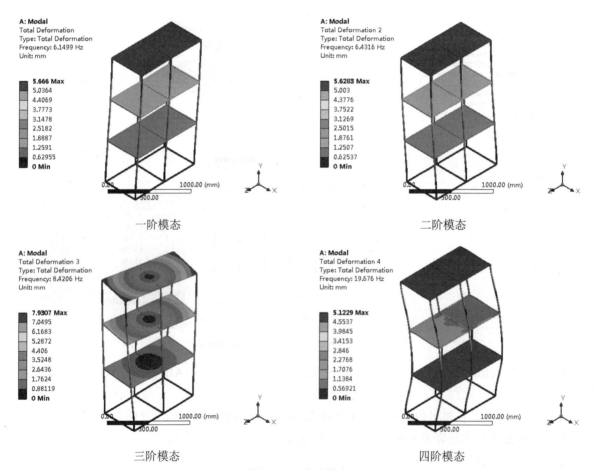

一阶模态

二阶模态

三阶模态

四阶模态

图 15-17　各阶模态

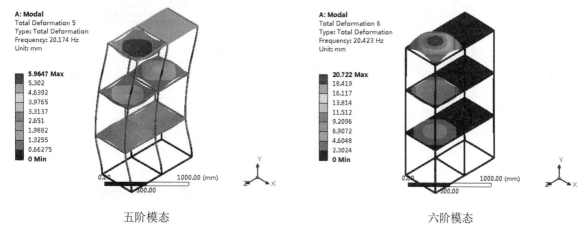

五阶模态   六阶模态

图 15-17 各阶模态（续）

15.2.5 响应谱分析设置并求解

（1）添加 Z 方向的功率谱位移。选择树形目录中的 Response Spectrum（B5）分支，然后单击 Environment 工具栏中 RS Base Excitation 按钮，在弹出的下拉列表中选择 RS Displacement 命令，为模型添加 Z 方向的功率谱位移，如图 15-18 所示。

（2）定义属性。在树形目录中单击新添加的 RS Displacement 项，在属性窗格中将 Boundary Condition 栏参数设置为 All BC Supports，在 Load Data 栏中选择 Tabular Data，如图 15-19 所示；在绘图区域下方的 Tabular Data 窗格中输入如图 15-20 所示的随机载荷；返回到属性管理器中，将 Direction 栏参数设置为 Z Axis。

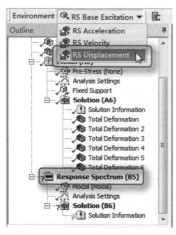

图 15-18 添加 Z 方向功率谱位移

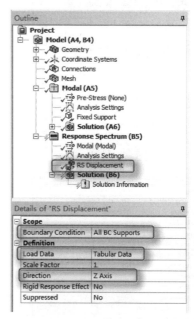

图 15-19 定义属性

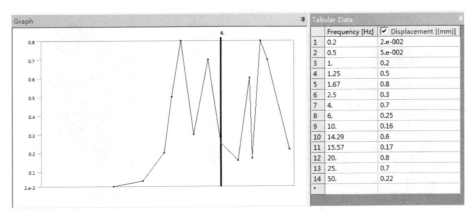

图 15-20 随机载荷

（3）在树形目录中选择 Solution（B6）分支，此时会出现 Solution 工具栏。

（4）添加方向位移求解项。单击 Solution 工具栏中的 Deformation 按钮，在弹出的下拉列表中选择 Directional 命令，此时在树形目录中会出现 Directional Deformation（变形方向）选项，在属性窗格中设置 Orientation 栏为 X Axis，如图 15-21 所示。

（5）采用同样的方式，分别添加 Y 轴方向、Z 轴方向上的位移求解项。

（6）添加等效应力求解项。单击 Solution 工具栏中的 Stress 按钮，在弹出的下拉列表中选择 Equivalent (von- Mises) 命令，此时在树形目录中会出现 Equivalent Stress 选项，属性窗格中的参数采用默认值，如图 15-22 所示。

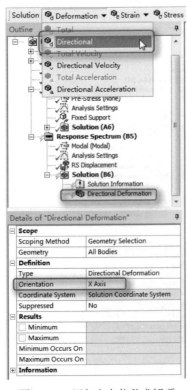

图 15-21 添加方向位移求解项

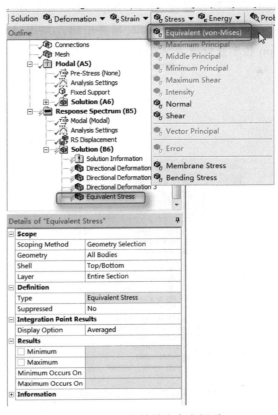

图 15-22 添加等效应力求解项

（7）在树形目录中的 Solution（B6）分支上右击，在弹出的右键快捷菜单中选择 Solve（求解）命令 。此时会弹出求解进度条，表示正在求解；当求解完毕时，进度条会自动消失。

15.2.6　查看分析结果

（1）求解完成后，选择树形目录中的 Solution（B6）分支中的 Directional Deformation，可以查看 X 方向上的位移云图，如图 15-23 所示。

（2）采用同样的方式，选择 Directional Deformation 2、Directional Deformation 3 查看 Y 方向、Z 方向上的位移云图，如图 15-24 和图 15-25 所示。

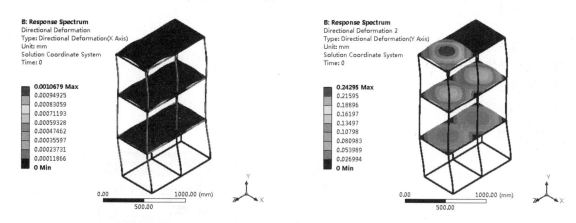

图 15-23　X 方向位移云图　　　　　　　　图 15-24　Y 方向位移云图

（3）选择树形目录 Solution（B6）分支中的 Equivalent Stress，可以查看等效的应力云图，如图 15-26 所示。

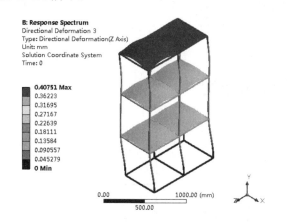
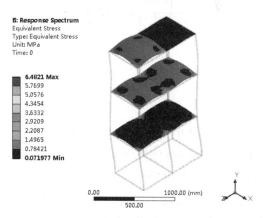

图 15-25　Z 方向位移云图　　　　　　　　图 15-26　等效应力云图

第 16 章　结构非线性分析

内容简介

前面介绍的许多内容都属于线性问题。然而在实际生活中许多结构的力和位移并不是线性关系，这样的结构为非线性问题。其力与位移关系就是本章要讨论的结构非线性的问题。

内容要点

➥ 非线性分析概论
➥ 结构非线性一般过程
➥ 接触非线性结构
➥ 结构非线性实例

案例效果

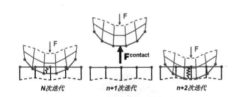

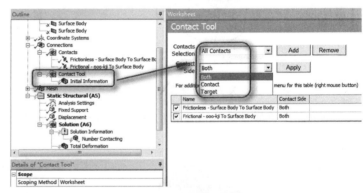

16.1　非线性分析概论

在日常生活中，会经常遇到结构非线性。例如，无论何时用钉书针钉书，金属钉书钉将永久地弯曲成一个不同的形状，如图 16-1（a）所示；如果在一个木架上放置重物，随着时间的推移它将越来越下垂，如图 16-1（b）所示；在卡车上装货时，其轮胎和下面路面间接触将随货物重量而变化，如图 16-1（c）所示。如果将上面例子的载荷-变形曲线画出来，将会发现它们都显示了非线性结构的基本特征——变化的结构刚性。

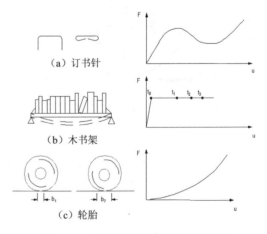

图 16-1　非线性结构行为的普通例子

16.1.1 非线性行为的原因

引起结构非线性的原因很多，它可以被分成 3 种主要类型。

（1）状态变化（包括接触）。许多普通结构表现出一种与状态相关的非线性行为：例如，一根只能拉伸的电缆可能是松散的，也可能是绷紧的，轴承套可能是接触的，也可能是不接触的；冻土可能是冻结的，也可能是融化的。这些系统的刚度由于系统状态的改变在不同的值之间突然变化。状态改变也许和载荷直接有关（如在电缆情况中），也可能由某种外部原因引起（如在冻土中的紊乱热力学条件）。ANSYS 程序中单元的激活与杀死选项用来给这种状态的变化建模。

接触是一种很普遍的非线性行为，接触是状态变化非线性类型中一个特殊而重要的子集。

（2）几何非线性。如果结构经受大变形，它变化的几何形状可能会引起结构的非线性响应。例如，随着垂向载荷的增加，杆不断弯曲以至于动力臂明显减少，导致杆端显示出在较高载荷下不断增长的刚性，如图 16-2 所示。

（3）材料非线性。非线性的应力-应变关系是造成结构非线性的常见原因。许多因素可以影响材料的应力-应变性质，包括加载历史（如在弹-塑性响应状况下）、环境状况（如温度）、加载的时间总量（如在蠕变响应状况下）。

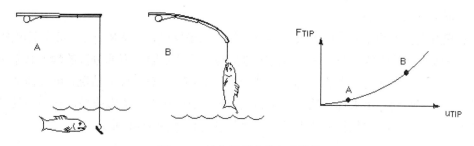

图 16-2　钓鱼杆示范几何非线性

16.1.2 非线性分析的基本信息

ANSYS 程序的方程求解器计算一系列的联立线性方程来预测工程系统的响应。然而，非线性结构的行为不能直接用这样一系列的线性方程表示。需要一系列的带校正的线性近似来求解非线性问题。

1. 非线性求解方法

一种近似的非线性求解是将载荷分成一系列的载荷增量。可以在几个载荷步内或者在一个载荷步的几个子步内施加载荷增量。在每一个增量的求解完成后，继续进行下一个载荷增量之前程序调整刚度矩阵以反映结构刚度的非线性变化。遗憾的是，纯粹的增量近似不可避免地随着每一个载荷增量积累误差，导致结果最终失去平衡，如图 16-3（a）所示。

ANSYS 程序通过使用牛顿-拉普森平衡迭代克服了这种困难，它迫使在每一个载荷增量的末端解达到平衡收敛（在某个容限范围内）。图 16-3（b）描述了在单自由度非线性分析中牛顿-拉普森平衡迭代的使用。在每次求解前，NR 方法估算出残差矢量，这个矢量是回复力（对应于单元应力的载荷）

和所加载荷的差值。程序然后使用非平衡载荷进行线性求解，且核查收敛性。如果不满足收敛准则，重新估算非平衡载荷，修改刚度矩阵，获得新解。持续这种迭代过程直到问题收敛。

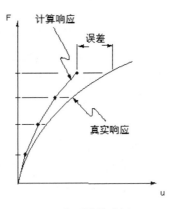 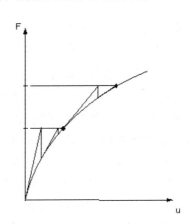

（a）普通增量式解 　　　　　　（b）牛顿-拉普森迭代求解（两个载荷增量）

图 16-3　纯粹增量近似与牛顿-拉普森近似的关系

ANSYS 程序提供了一系列命令来增强问题的收敛性，如自适应下降、线性搜索、自动载荷步及二分法等，可被激活来加强问题的收敛性；如果不能得到收敛，那么程序要么继续计算下一个载荷步；要么终止（依据用户的指示而定）。

对某些物理意义上不稳定系统的非线性静态分析，如果仅仅使用 NR 方法，正切刚度矩阵可能变为降秩矩阵，导致严重的收敛问题。这样的情况包括独立实体从固定表面分离的静态接触分析，结构或者完全崩溃或者突然变成另一个稳定形状的非线性弯曲问题。对这样的情况，可以激活另外一种迭代——弧长方法，来帮助稳定求解。弧长方法导致 NR 平衡迭代沿一段弧收敛，从而即使当正切刚度矩阵的倾斜为零或负值时，也往往阻止发散。这种迭代方法如图 16-4 所示。

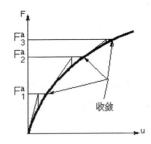 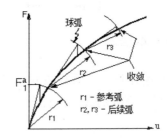

图 16-4　传统的 NR 方法与弧长方法的比较

2．非线性求解级别

非线性求解被分成 3 个操作级别。

（1）"顶层"级别由在一定"时间"范围内明确定义的载荷步组成。假定载荷在载荷步内是线性地变化的。

（2）在每一个载荷子步内，为了逐步加载可以控制程序来执行多次求解（子步或时间步）。

（3）在每一个子步内，程序将进行一系列的平衡迭代以获得收敛的解。

图 16-5 说明了一段用于非线性分析的典型的载荷历史。

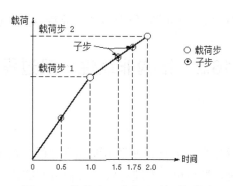

图 16-5　载荷步、子步及时间关系图

3．载荷和位移的方向改变

当结构经历大变形时应该考虑到载荷发生了什么变化。在许多情况中，无论结构如何变形，施加在系统中的载荷都将保持恒定的方向；而在另一些情况中，力将改变方向，随着单元方向的改变而变化。

◀)) 注意：

在大变形分析中不修正节点坐标系方向，因此计算出的位移在最初的方向上输出。

ANSYS 程序对这两种情况都可以建模，依赖于所施加的载荷类型。加速度和集中力将不管单元方向的改变而保持它们最初的方向，表面载荷作用在变形单元表面的法向，且可被用来模拟"跟随"力。图 16-6 说明了恒力和跟随力。

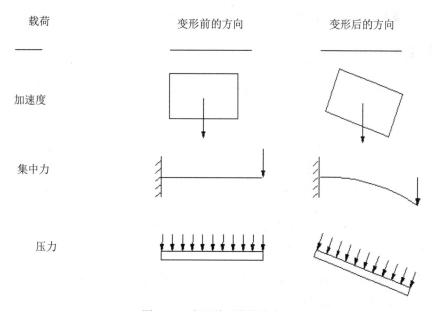

图 16-6　变形前后载荷方向

4．非线性瞬态过程分析

非线性瞬态过程的分析与线性静态或准静态分析类似：以步进增量加载，程序在每一步中进行平衡迭代。静态和瞬态处理的主要不同是在瞬态过程分析中要激活时间积分效应。因此，在瞬态过程分析中"时间"总是表示实际的时序。自动时间分步和二等分特点同样也适用于瞬态过程分析。

16.2 结构非线性一般过程

16.2.1 建立模型

前面的章节已经介绍了线性模型的创建，这里需要建立非线性模型。其实建立非线性模型与线性模型的差别不是很大，只是承受大变形和应力硬化效应的轻微非线性行为可能不需要对几何和网格进行修正。

另外需要注意：

- 进行网格划分时需考虑大变形的情况。
- 非线性材料大变形的单元技术选项。
- 大变形下的加载和边界条件的限制。

对于要进行网格划分，如果预期有大的应变，需要将形状检查选项改为 Aggressive；对大变形的分析，如果单元形状发生改变，会减小求解的精度。

（1）在使用 Aggressive 选项时，在 ANSYS Workbench 17.0 的 Mechanical 应用程序中要保证求解之前网格的质量更好，以预见在大应变分析过程中单元的扭曲。

（2）而使用 Standard 选项时，形状检查的质量对线性分析很合适，因此在线性分析中不需要改变它。

（3）当设置成 Aggressive 选项时，很可能会出现网格失效。

16.2.2 分析设置

非线性分析的求解与线性分析不同。对于线性静力问题，矩阵方程求解器只需要一次求解；而非线性的每次迭代需要新的求解，如图 16-7 所示。

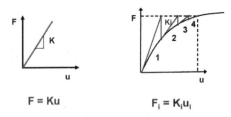

图 16-7 分析求解

非线性分析中求解前的设置同样是在属性窗格中进行的，如图 16-8 所示。设置前，要先单击 Mechanical 中的 Analysis Settings 分支。

在这里需要考虑的选项设置如下。

- Step Controls（载荷步控制）：载荷步和子步。
- Solver Controls（求解器控制）：求解器类型。
- Nonlinear Controls（非线性控制）：N-R 收敛准则。

⬊ Output Controls（输出控制）：控制载荷历史中保存的数据。

图 16-8 属性窗格

1. 载荷步控制

在属性窗格中，载荷步控制下的 Auto Time Stepping（自动时间步），使用户可定义每个加载步的 Initial Substeps（初始子步）、Minimum Substeps（最小子步数）和 Maximum Substeps（最大子步数），如图 16-9 所示。

如果在使用 ANSYS Workbench 17.0 进行分析时有收敛问题，则将使用自动时间步对求解进行二分。二分会以更小的增量施加载荷（在指定范围内使用更多的子步），从最后成功收敛的子步重新开始。

如果在属性窗格中没有定义（Auto Time Stepping = Program Controlled），则系统将根据模型的非线性特性自动设定。如果使用默认的自动时间步设置，用户应通过在运行开始查看求解信息和二分来校核这些设置。

2. 求解器控制

在属性窗格中可以看到，求解器类型有 Direct 和 Iterative 两种，如图 16-10 所示。

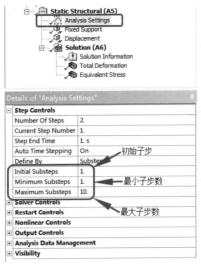

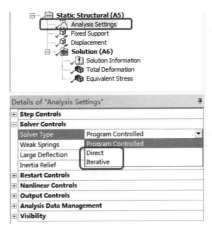

图 16-9　载荷步控制　　　　　　　　图 16-10　求解器控制

对求解器类型进行设置后，涉及到程序代码对每次牛顿-拉普森平衡迭代建立刚度矩阵的方式。

➥　Direct（直接）（稀疏）求解器适用于非线性模型和非连续单元（壳和梁）。

➥　Iterative（迭代）（PCG）求解器更有效（运行时间更短），适用于线弹性行为的大模型。

➥　默认的 Program Controlled（程序控制）将基于当前问题自动选择求解器。

如果在属性窗格的 Solver Control 栏中，设置 Large Deflection 为 ON，则系统将多次迭代后调整刚度矩阵以考虑分析过程中几何的变化。

3．非线性控制

非线性控制用来自动计算收敛容差。在牛顿-拉普森迭代过程中用来确定模型何时收敛或"平衡"。默认的收敛准则适用于大多数工程应用。对特殊的情形，可以不考虑默认值而收紧或放松收敛容差。加紧的收敛容差给出更高精确度，但可能使收敛更加困难。

4．输出控制

大多数时候可很好应用默认的输出控制，很少需要改变准则。为收紧或放松准则，可以不改变默认参考值，但是改变容差因子一到两个量级。

不采用"放松"准则来消除收敛困难。查看求解中的 MINREF 警告消息，确保使用的最小参考值对求解的问题来说是有意义的。

16.2.3　查看结果

求解结束后可以查看结果。

（1）对大变形问题，通常应从 Result（结果）工具栏按实际比例缩放来查看变形，任何结构结果都可以被查询到。

（2）如果定义了接触，接触工具可用来对接触相关结果进行后处理（压力、渗透、摩擦应力、状态等）。

（3）如果定义了非线性材料，需要得到各种应力和应变分量。

16.3　接触非线性结构

接触非线性问题需要的计算时间将大大增加，所以学习有效的接触参数设置、理解接触问题的特征和建立合理的模型都可以达到缩短分析计算时间的目的。

16.3.1　接触基本概念

两个独立的表面相互接触并且相切，称之为接触。一般物理意义上，接触的表面包含如下特性。

- ↘ 不同物体的表面不会渗透。
- ↘ 可传递法向压缩力和切向摩擦力。
- ↘ 通常不传递法向拉伸力，可自由分离和互相移动。

接触是由于状态发生改变的非线性，系统的刚度取决于接触状态，即取决于实体之间是接触还是分离。

在实际中，接触体间不相互渗透。因此，程序必须建立两表面间的相互关系以阻止分析中的相互穿透。在程序中阻止渗透，称为强制接触协调性。ANSYS Workbench 17.0 中的 Mechanical 中提供了几种不同接触公式在接触界面强制协调性，如图 16-11 所示。

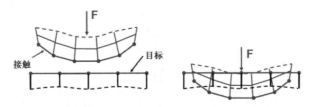

图 16-11　接触协调性不被强制时发生渗透

16.3.2　接触类型

ANSYS Workbench 17.0 的 Mechanical 中有 5 种不同的接触类型，分别为 Bonded（绑定）、No Separation（不分离）、Frictionless（光滑无摩擦）、Rough（粗糙）和 Frictional（摩擦），如图 16-12 所示。

16.3.3　刚度及渗透

在 Workbench 中接触所用的公式默认为 Pure Penalty，如图 16-13 所示。但在大变形问题的无摩擦或摩擦接触中建议使用 Augmented Lagrange。增强拉格朗日公式增加了额外的控制自动减少渗透。

"法向刚度"是接触罚刚度 Knormal，只用于 Pure Penalty 公式或 Augmented Lagrange 公式中。

接触刚度在求解中可自动调整。如果收敛困难，刚度自动减小。法向接触刚度 Knormal 是影响精度和收敛行为最重要的参数，如图 16-14 所示。

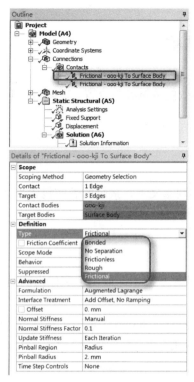

图 16-12　接触类型

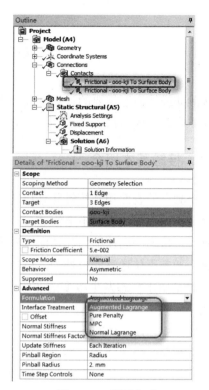

图 16-13　所用公式

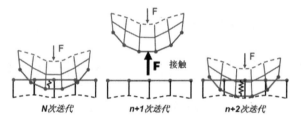

图 16-14　接触刚度自动调整

↘ 刚度越大，结果越精确，收敛变得越困难。

↘ 如果接触刚度太大，模型会振动，接触面会相互弹开。

16.3.4　Pinball 区域

在属性窗格中还需要进行 Pinball 区域的设置，它是一个接触单元参数，用于区分远场开放和近场开放状态。可以认为是包围每个接触探测点周围的球形边界。

如果一个在目标面上的节点处于这个球体内，ANSYS Workbench 17.0 中的 Mechanical 应用程序就会认为它"接近"接触，而且会更加密切地监测它与接触探测点的关系（也就是说什么时候及是否接触已经建立）。在球体以外的目标面上的节点相对于特定的接触探测点不会受到密切监测，如图 16-15 所示。

如果绑定接触的缝隙小于 Pinball 半径，ANSYS Workbench 17.0 中的 Mechanical 应用程序仍将会按绑定来处理那个区域。

每个接触探测点有 3 个选项来控制 Pinball 区域的大小，如图 16-16 所示。

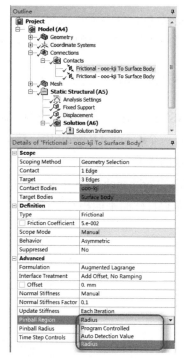

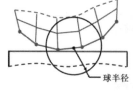

图 16-15　Pinball 区域

图 16-16　控制 Pinball

- ❯ Program Controlled（程序控制）：此选项为默认，Pinball 区域通过其下的单元类型和单元大小由程序计算给出。
- ❯ Auto Detection Value（自动探测数值）：Pinball 区域等于全局接触设置的容差值。
- ❯ Radius（半径）：用户手动为 Pinball 区域设置数值。

为便于确认，Auto Detection Value（自动探测值）或者用户定义的 Pinball"半径"在接触区域以一个球的形式出现，如图 16-17 所示。

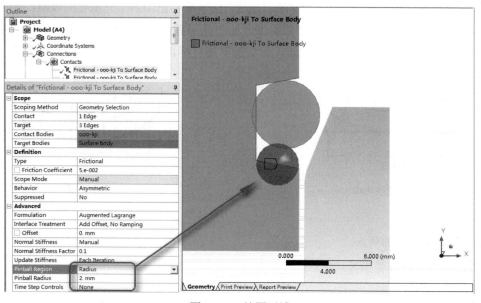

图 16-17　绘图区域

通过定义 Pinball 半径，就可以直接确定一个缝隙的接触行为是被计算还是被忽略，Pinball 区域对于大变形问题和初始穿透问题同样非常重要。

16.3.5 对称/非对称行为

在 ANSYS Workbench 17.0 程序内部，指定接触面和目标面是非常重要的。接触面和目标表面都会显示在每一个 Contact Region 中。接触面以红色表示而目标面以蓝色表示，接触和目标面指定了两对相互接触的表面。

ANSYS Workbench 17.0 中的 Mechanical 应用程序默认采用非对称接触行为（见图 16-18），这意味着接触面和目标面不能相互穿透。

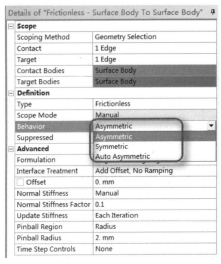

图 16-18　对称/非对称

对于非对称行为，接触面的节点不能穿透目标面，这是需要记住的十分重要的规则。如图 16-19（a）所示，顶部网格是接触面，节点不能穿透目标面，所以接触建立正确；而在图 16-19（b）中，底部网格是接触面而顶部是目标面，因为接触面节点不能穿透目标面，发生了太多的实际渗透。

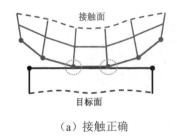

（a）接触正确　　　　　　　　　　　　　（b）渗透

图 16-19　非对称接触

（1）使用对称行为的优点。
- ↘ 对称行为比较容易建立。
- ↘ 更大计算代价。
- ↘ 解释实际接触压力这类数据将更加困难，需要报告两对面上的结果。

（2）使用非对称行为的优点。

- 用户手动指定合适的接触和目标面，但选择不正确的接触面和目标面会影响结果。
- 观察结果容易且直观，所有数据都在接触面上。

16.3.6 接触结果

在 ANSYS Workbench 17.0 中，对于对称行为，接触面和目标面上的结果都是可以显示的；对于非对称行为，只能显示接触面上的结果。当检查 Contact Tool 工作表时，可以选择接触或目标面来观察结果，如图 16-20 所示。

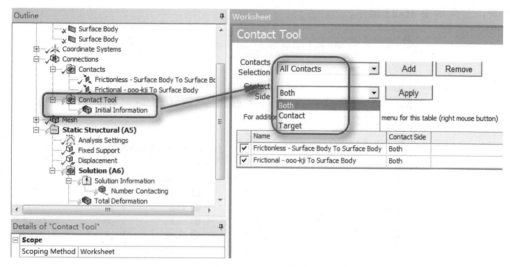

图 16-20 接触结果

16.4 结构非线性分析实例 1——刚性接触

扫一扫，看视频

本实例针对刚性接触的两物体（如图 16-21 所示），研究它们之间的接触刚度。

图 16-21 刚度接触

16.4.1　问题描述

在本实例中建立的模型为二维模型。在分析时将下面的模型固定，力加载于上面模型的顶部。

16.4.2　项目概图

（1）打开 ANSYS Workbench 17.0 程序，展开左侧的 Analysis Systems 工具箱，将其中的 Static Structural 选项直接拖动到项目概图中，或者直接在项目上双击载入，建立一个含有 Static Structural 的项目模块，结果如图 16-22 所示。

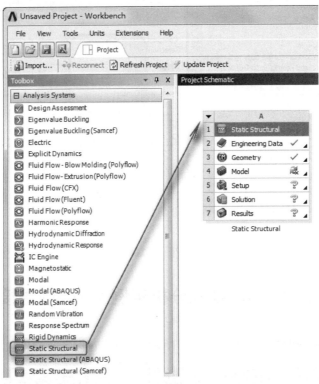

图 16-22　添加 Static Structural 选项

（2）双击 Static Structural 模块中的 A3 栏，系统弹出长度单位对话框，选中 Millimeter（毫米）单选按钮，采用毫米单位。单击 OK 按钮，打开 DesignModeler 应用程序。此时左端的树形目录默认为建模状态下的树形目录。

16.4.3　绘制草图

（1）新建草图。首先单击选中树形目录中的 XY 轴平面 XYPlane 分支，然后单击工具栏中的"新建草图"按钮，新建一个草图。此时树形目录中 XY 轴平面分支下会多出一个名为 Sketch1 的草图。

（2）单击选中树形目录中的 Sketch1 草图，然后单击树形目录下端的 Sketching 标签，打开

Sketching Toolboxes（草图绘制工具箱）窗格，在新建的 Sketch1 草图上绘制图形。单击工具栏中的"正视于"按钮，将视图切换为 XY 方向的视图。

（3）绘制下端板草图。利用工具箱中的矩形命令绘制下端板草图（注意绘制时要保证下端板的左下角与坐标的原点相重合），标注并修改尺寸，如图 16-23 所示。

（4）绘制上端圆弧板草图。单击 Modeling 标签，返回到树形目录中，单击选中 XYPlane ✔ ✖ XYPlane 分支，然后再次单击工具栏中的"新建草图"按钮 ⬚ ，新建一个草图。此时树形目录中 XY 轴平面分支下，会多出一个名为 Sketch2 的草图。利用工具箱中的绘图命令绘制上端圆弧板草图，然后添加圆弧与线相切的几何关系，标注并修改尺寸，如图 16-24 所示。

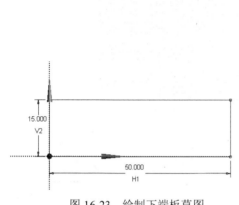

图 16-23 绘制下端板草图

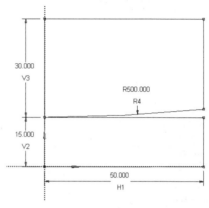

图 16-24 上端圆弧板草图

16.4.4 创建面体

（1）创建下端板。选择菜单栏中的 Concept→Surfaces From Sketch，执行从草图创建面命令。单击选中树形目录中的 Sketch1 分支，然后返回到属性窗格中，单击 Apply（应用）按钮，完成面体的创建。

（2）生成模型。单击工具栏中的 Generate（生成） ⚡Generate 按钮来重新生成模型，结果如图 16-25 所示。

图 16-25 生成下端板模型

（3）创建上端圆弧板模型。再次选择菜单栏中的 Concept→Surfaces From Sketch，执行从草图创建面命令。单击选中树形目录中的 Sketch2 分支，然后返回到属性窗格中，单击 Apply（应用）按钮，完成面体的创建。单击工具栏中的 ⚡Generate 按钮来重新生成模型，最终的结果和树形目录如图 16-26 所示。

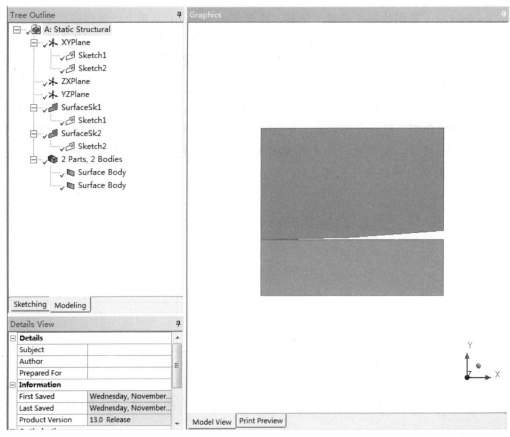

图 16-26 上端圆弧板模型

16.4.5 更改模型类型

（1）设置项目单位。选择菜单栏中的 Units→Metric (tone, mm, s, ℃, mA, N, mV)，然后选择 Display Values in Project Units，如图 16-27 所示。

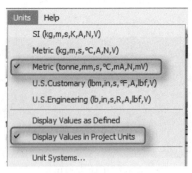

图 16-27 设置项目单位

（2）更改模型分析类型。在 ANSYS Workbench 17.0 界面中，右击项目概图中的 A3 栏，在弹出的快捷菜单中选择 Properties 命令，此时在右侧将弹出 Properties of Schematic A3: Geometry 属性窗格，更改其中第 15 行中的 Analysis Type 为 2D，如图 16-28 所示。

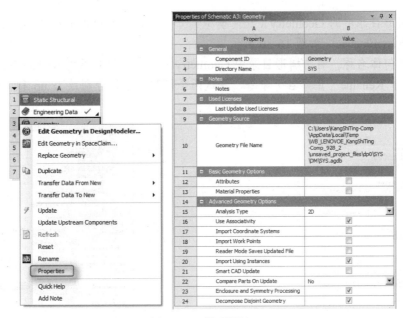

图 16-28 模型属性

16.4.6 修改几何体属性

（1）双击 Static Structural 模块中的 A4 栏 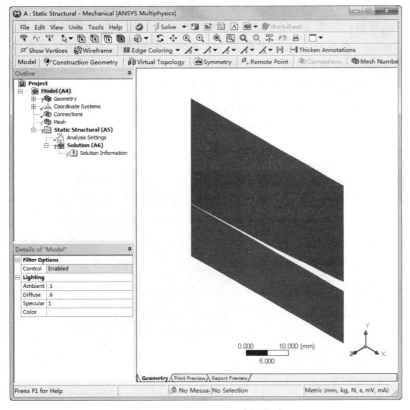，打开 Mechanical 应用程序，如图 16-29 所示。

图 16-29 Mechanical 应用程序

（2）单击树形目录中的 Geometry（几何模型）分支，在属性窗格中找到 2D Behavior 栏，将此栏属性更改为 Axisymmetric，如图 16-30 所示。

（3）更改几何体名称。右击树形目录中 Geometry（几何模型）下的 Surface Body 分支，在弹出的快捷菜单中选择 Rename（重命名）命令，将这两个模型的名称分别改为 up 和 down，如图 16-31所示。

图 16-30　更改对称属性

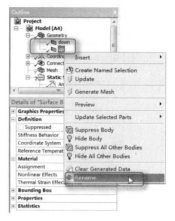

图 16-31　更改名称

16.4.7　添加接触

（1）设定下端板与上端圆弧板接触，类型为无摩擦。展开树形目录中的 Connections 分支，可以看到系统会默认加上接触，如图 16-32 所示。需要重新定义下端面和上端面圆弧之间的接触。首先选择属性窗格中的 Contact，然后在工具栏中单击"线选择"按钮 ，在绘图区域选择上端面的圆弧边，单击属性窗格中的 Apply（应用）按钮。选择属性窗格中的 Target，在绘图区域选择下端面的上边（如图 16-33 所示），然后单击属性窗格中的 Apply（应用）按钮。

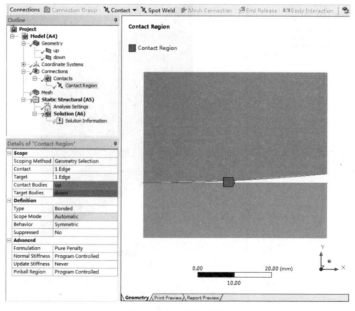

图 16-32　默认接触

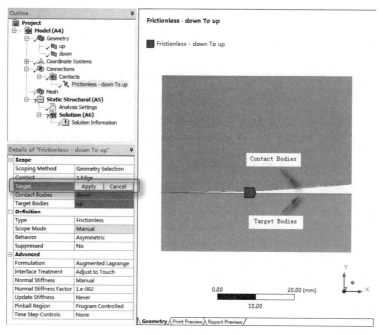

图16-33 选择线

（2）更改接触类型。在属性窗格中单击 Type 栏，更改接触类型为 Frictionless，更改 Behavior 为 Asymmetric。

（3）更改高级选项。首先设置求解公式，单击 Formulation 栏，将其更改为 Augmented Lagrange；单击 Interface Treatment 栏，将其更改为 Adjust to Touch；单击 Normal Stiffness 栏，将其更改为 Manual；单击 Normal Stiffness Factor 栏，将其更改为 1e-002，如图 16-34 所示。

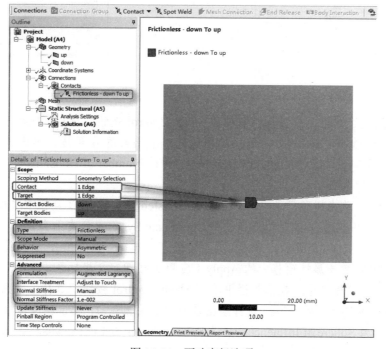

图16-34 更改高级选项

16.4.8　划分网格

（1）设置网格划分。单击树形目录中的 Mesh 分支，单击属性窗格中的 Use Advanced Size Function 栏，将其更改为 Off；单击 Element Size 栏，将其更改为 1.0mm，如图 16-35 所示。

（2）设置下端板网格。单击树形目录中的 Mesh 分支，在工具栏中单击 Mesh Control 按钮，选择下拉列表中的 Sizing；然后单击工具栏中的"面选择"按钮 ，选择绘图区域中的下端面，单击属性窗格中的 Apply（应用）按钮；更改 Element Size 为 100mm，如图 16-36 所示。

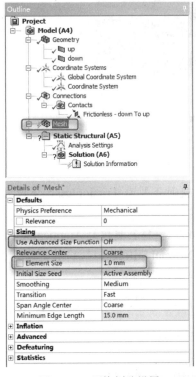

图 16-35　网格划分设置

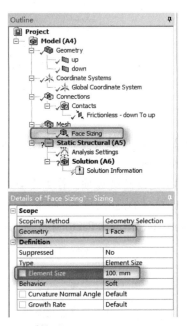

图 16-36　设置下端板网格

（3）设置下端板边网格。在工具栏中单击 Mesh Control 按钮，选择下拉列表中的 Sizing；然后单击工具栏中的"线选择"按钮 ，选择绘图区域中下端面的 4 条边，单击属性窗格中的 Apply（应用）按钮；更改 Type 栏为 Number of Divisions，更改 Number of Divisions 栏为 1，更改 Behavior 栏为 Hard，如图 16-37 所示。

（4）设置坐标系。单击树形目录中的 Coordinate Systems 分支，在工具栏中单击 Create Coordinate Systems 按钮，创建一个坐标系。此时树形目录中 Coordinate Systems 分支下会多出一个名为 Coordinate System 的坐标系，如图 16-38 所示。单击工具栏中的"点选择"按钮 ，选择绘图区域中下端板与上端圆弧板重合的点，单击属性窗格中的 Apply（应用）按钮定义坐标系。

（5）设置上端圆弧板网格。在工具栏中单击 Mesh Control 按钮，选择下拉列表中的 Sizing；然后单击工具栏中的"面选择"按钮 ，选择绘图区域中上端圆弧面，单击属性窗格中的 Apply（应用）按钮；更改 Type 栏为 Sphere of Influence，更改 Sphere Center 为 Coordinate System，Sphere Radius 更改为 10mm，Element Size 更改为 0.5mm。

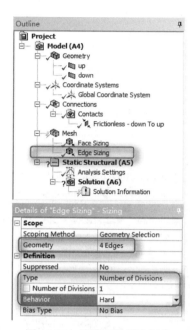

图 16-37　设置下端板边网格

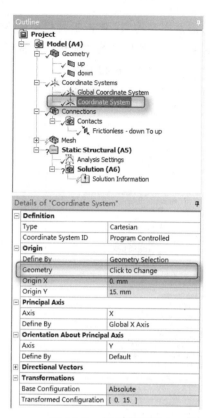

图 16-38　设置坐标系

（6）网格划分。右击树形目录中的 Mesh 分支，在弹出的快捷菜单中选择 Generate Mesh，对设置的网格进行划分。划分后的图形如图 16-39 所示。

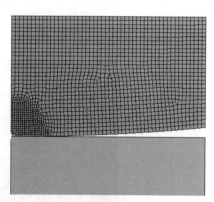

图 16-39　网格划分

16.4.9　分析设置

（1）载荷步控制与求解器控制。单击树形目录中的 Analysis Settings，将属性窗格中的 Auto Time Stepping 设置为 On，将 Initial Substeps 设置为 10，将 Minimum Substeps 设置为 5，将 Maximum Substeps 设置为 100；在属性窗格的 Solver Controls 栏中，将 Weak Springs 设置为 Off，将 Large Deflection 设置为 On，如图 16-40 所示。

（2）添加固定约束。单击工具栏中的 Supports 按钮，选择下拉列表中的 Fixed Support，如图 16-41 所示。然后单击工具栏中的"面选择"按钮 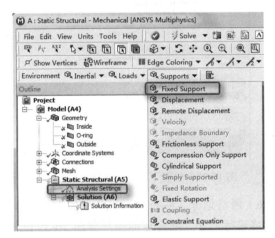，选择绘图区域中的下端板，单击属性窗格中的 Apply（应用）按钮，如图 16-42 所示。

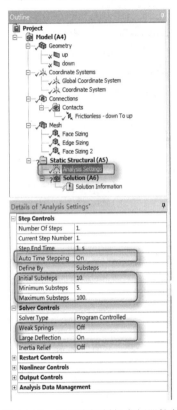

图 16-40　载荷步控制与求解器控制

图 16-41　在 Supports 下拉列表中选择 Fixed Support

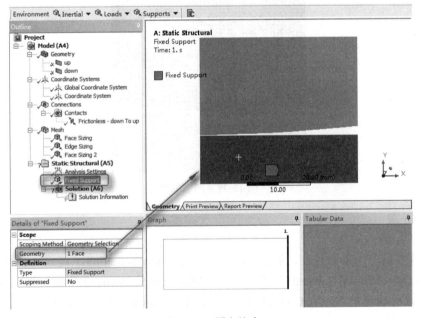

图 16-42　固定约束

（3）添加压力约束。单击工具栏中的 Loads 按钮，选择下拉列表中的 Pressure。然后单击工具栏中的"线选择"按钮，选择绘图区域中上端圆弧板的最顶端，单击属性窗格中的 Apply（应用）按钮；更改 Magnitude 为 5MPa，如图 16-43 所示。

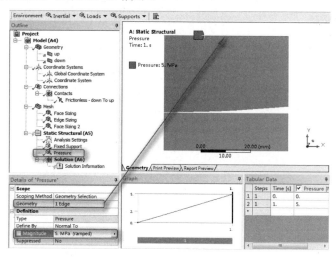

图 16-43　添加压力约束

16.4.10　求解

（1）设置总位移求解。单击树形目录中的 Solution（A6），在工具栏中单击 Deformation 按钮，选择下拉列表中的 Total（如图 16-44 所示），添加总位移求解。

（2）设置 Mises 应力求解。在工具栏中单击 Stress（压力）按钮，选择下拉列表中的 Equivalent（von-Mises）（如图 16-45 所示），添加 Mises 应力求解。

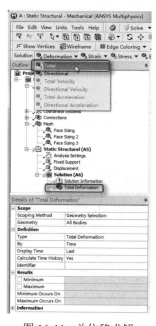

图 16-44　总位移求解

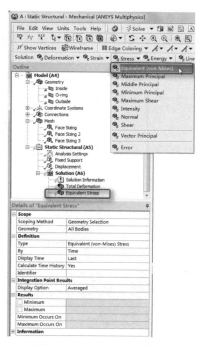

图 16-45　Mises 应力求解

（3）设置定向变形求解。在工具栏中单击 Deformation 按钮，选择下拉列表中的 Directional（向）（如图 16-46 所示），添加定向变形求解。

（4）求解模型。单击工具栏中的 Solve（求解）按钮，进行求解，如图 16-47 所示。

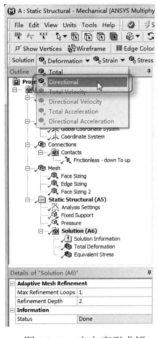

图 16-46　定向变形求解

图 16-47　求解

16.4.11　查看求解结果

（1）查看收敛力。单击树形目录中的 Solution（A6），然后将属性窗格中的 Solution Output 更改为 Force Convergence，可以在绘图区域看到求解的收敛力，如图 16-48 所示。

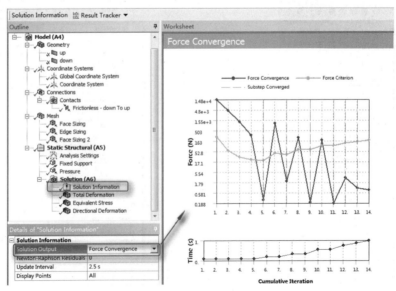

图 16-48　收敛力

（2）查看总变形云图。单击树形目录中的 Total Deformation，可以在绘图区域查看总变形图，如图 16-49 所示。可以看到最大和最小的位移；单击绘图区域中的"播放"按钮，还可以查看动态显示的位移变形情况。

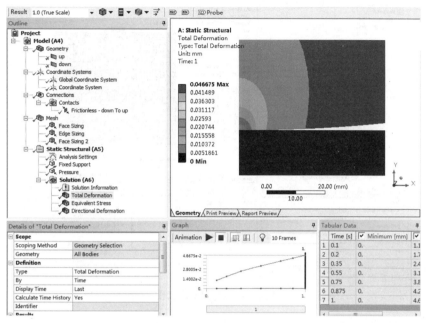

图 16-49　总变形结果

（3）查看 Mises 应力云图。单击树形目录中的 Equivalent Stress，可以在绘图区域查看应力图。也可以通过工具栏中的工具按钮进行图形的设置，例如单击"显示网格单元"按钮 Show Elements，将显示最大、最小值标记，如图 16-50 所示。

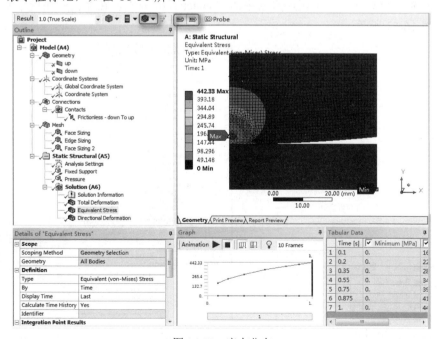

图 16-50　应力分布

（4）查看定向变形图。单击树形目录中的 Directional Deformation，可以在绘图区域查看定向变形云图（也可以通过工具栏中的工具按钮进行图形的设置），如图 16-51 所示。

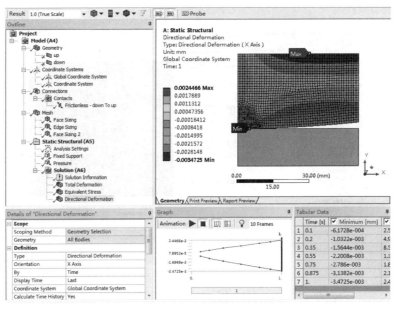

图 16-51　定向变形云图

16.4.12　接触结果后处理

（1）进行接触压力求解。单击树形目录中的 Solution Information，然后单击求解工具栏中的 Tools 按钮，选择下拉列表中的 Contact Tool（如图 16-52 所示），然后进行求解。

（2）插入接触压力选项。右击树形目录中的 Contact Tool 分支，在弹出的快捷菜单中选择 Insert →Pressure，如图 16-53 所示。

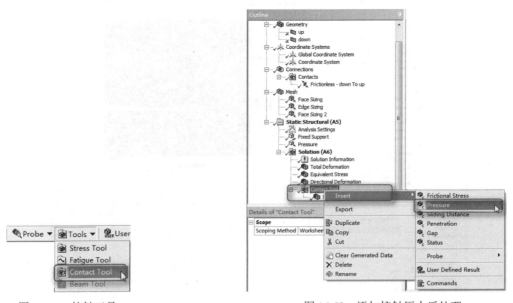

图 16-52　接触工具　　　　　　　　　　　图 16-53　添加接触压力后处理

（3）查看接触压力。单击树形目录中 Contact Tool 分支下的 Pressure，查看接触压力，如图 16-54 所示。

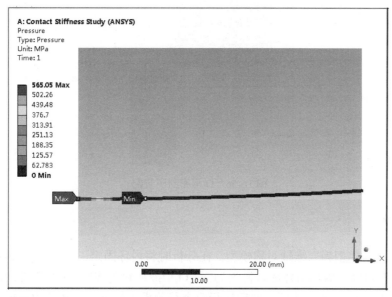

图 16-54 接触压力

（4）查看其他接触选项。采用同样的方式查看接触渗透，如图 16-55 所示。

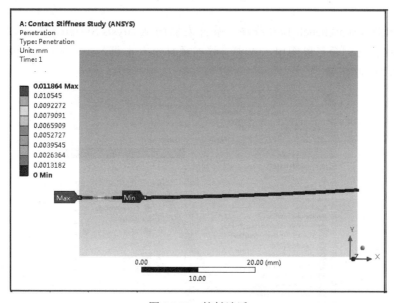

图 16-55 接触渗透

16.5 结构非线性分析实例2——O 形圈

扫一扫，看视频

O 形橡胶密封圈在工程中使用频繁，其主要作用为密封。本实例模拟内环、外环装配过程，进行校核装配过程中密封圈的受力和变形情况，以及变形后是否能达到密封的效果。整个装配体的模型如图 16-56 所示。

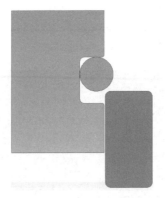

图 16-56　O 形密封圈装配

16.5.1　问题描述

在本实例中建立的模型为二维轴对称模型。在分析时将内环固定，力加载于外环。O 形圈在模拟装配中可以移动。在本例中内环和外环材料为为钢，O 形圈材料为橡胶。3 个部件间创建两个接触对，分别为内环与 O 形圈、O 形圈与外环。然后运行两个载荷步来分析 3 个部件的装配过程。

16.5.2　项目概图

（1）打开 ANSYS Workbench 17.0 程序，展开左侧的 Analysis Systems 工具箱，将其中的 Static Structural 选项直接拖动到项目概图中，或者直接在项目上双击载入，建立一个含有 Static Structural 的项目模块，如图 16-57 所示。

图 16-57　添加 Static Structural 选项

（2）双击 Static Structural 模块中的 A3 栏，在弹出的长度单位对话框中选中 Millimeter 单选按钮，采用毫米单位。单击 OK 按钮，打开 DesignModeler 应用程序。此时左侧的树形目录默认为建模状态下的树形目录。

16.5.3　绘制草图

（1）新建草图。首先单击选中树形目录中的 XY 轴平面 ✈ XYPlane 分支，然后单击工具栏中的"新建草图"按钮 🗃，新建一个草图。此时树形目录中 XY 轴平面分支下会多出一个名为 Sketch1 的草图。

（2）单击选中树形目录中的 Sketch1 草图，然后单击树形目录下端的 Sketching 标签，打开 Sketching Toolboxes（草图绘制工具箱）窗格，在新建的 Sketch1 草图上绘制图形。单击工具栏中的"正视于"按钮，将视图切换为 XY 方向的视图。

（3）绘制内环草图。利用工具箱中的绘图命令绘制内环草图（注意，绘制时要保证内环的左端线中点与坐标的原点相重合），标注并修改尺寸，如图 16-58 所示。

（4）绘制 O 形圈。单击 Modeling 标签，返回到树形目录中，单击选中 XYPlane ✈ XYPlane 分支，然后再次单击工具栏中的"新建草图"按钮 🗃，创建一个草图。此时树形目录中 XY 轴平面分支下，会多出一个名为 Sketch2 的草图。利用工具箱中的绘图命令绘制 O 形圈草图，然后添加圆与线相切的几何关系，标注并修改尺寸，如图 16-59 所示。

（5）绘制外环草图。单击 Modeling 标签，返回到树形目录中，单击选中 XYPlane ✈ XYPlane 分支，再次单击工具栏中的"新建草图"按钮 🗃，创建一个草图。此时树形目录中 XY 轴平面分支下，会多出一个名为 Sketch3 的草图。利用工具箱中的绘图命令绘制外环草图，标注并修改尺寸，如图 16-60 所示。

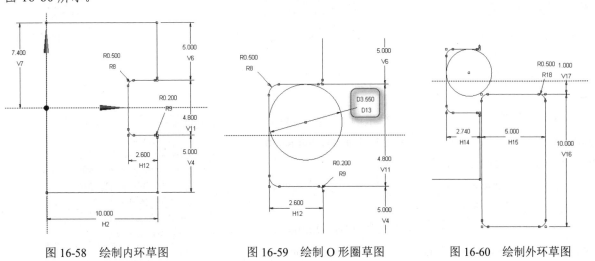

图 16-58　绘制内环草图　　　　图 16-59　绘制 O 形圈草图　　　　图 16-60　绘制外环草图

16.5.4　创建面体

（1）创建内环面体。选择菜单栏中的 Concept→Surfaces From Sketch，执行从草图创建面命令。

单击选中树形目录中的 Sketch1 分支，然后返回到属性窗格中，单击 Apply（应用）按钮，完成面体的创建。

（2）生成模型。单击工具栏中的 Generate（生成）Generate 按钮来重新生成模型，结果如图 16-61 所示。

（3）冻结实体。完成面体模型的创建后，选择菜单栏中的 Tools→Freeze 命令，对所创建的模型进行冻结操作。

（4）创建 O 形圈面体。选择菜单栏中的 Concept→Surfaces From Sketch，执行从草图创建面命令。单击选中树形目录中的 Sketch2 分支，然后返回到属性窗格中单击 Apply（应用）按钮，完成面体的创建。单击工具栏中的 Generate（生成）Generate 按钮来重新生成模型，结果如图 16-62 所示。

（5）冻结实体。完成面体模型的创建后，选择菜单栏中的 Tools→Freeze 命令，对所创建的模型进行冻结操作。

（6）创建外环面体。再次选择菜单栏中的 Concept→Surfaces From Sketch，执行从草图创建面命令。单击选中树形目录中的 Sketch3 分支，然后返回到属性窗格中单击 Apply（应用）按钮，完成外环面体的创建。单击工具栏中的 Generate（生成）Generate 按钮来重新生成模型，结果如图 16-63 所示。至此模型创建完成，将 DesignModeler 应用程序关闭，返回到 ANSYS Workbench 17.0 界面。

图 16-61　生成内环面体模型

图 16-62　生成 O 形圈面体模型

图 16-63　生成外环面体模型

16.5.5　添加材料

（1）设置项目单位。选择菜单栏中的 Units→Metric (tone, mm, s, ℃, mA, N, mV)，然后选择 Display Values in Project Units，如图 16-64 所示。

（2）双击 Static Structural 模块中的 A2 栏，进入到材料模块，如图 16-65 所示。

（3）添加材料。单击工作区左上角的 Outline of Schematic A2: Engineering Data 窗格最下边的 Click here to add a new material 栏，输入新材料名称 rubber；然后展开左侧的 Hyperelastic 工具箱，双击其中的第一项

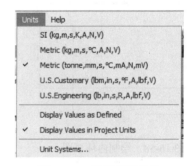
图 16-64　设置项目单位

Neo-Hookean。此时工作区左下角将出现 Neo-Hookean 目录，在这里设置 Initial Shear Modulus Mu 的值为 1，Incompressibility Parameter D1 的值为 1.5，如图 16-66 所示。

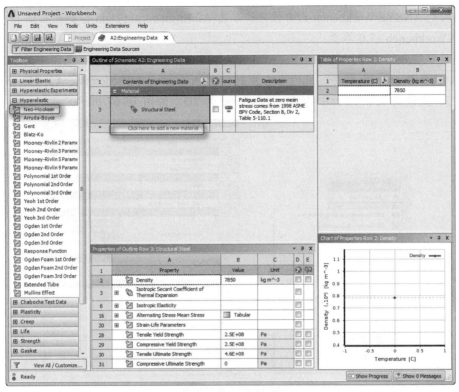

图 16-65　材料模块

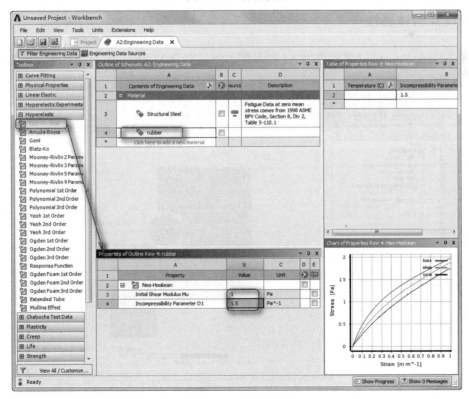

图 16-66　橡胶材料

（4）返回到 ANSYS Workbench 17.0 程序。单击 A2:Engineering Data 标题栏右侧的关闭按钮，返回到 ANSYS Workbench 17.0 界面。

（5）更改模型分析类型。在 ANSYS Workbench 17.0 界面中，右击项目概图中的 A3 栏，在弹出的快捷菜单中选择 Properties 命令。此时在右侧将弹出 Properties of Schematic A3: Geometry（几何模型）属性窗格，更改其中第 12 行中的 Analysis Type 为 2D，如图 16-67 所示。

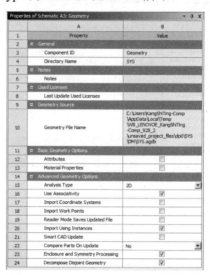

图 16-67　模型属性

16.5.6　修改几何体属性

（1）双击 Static Structural 模块中的 A4 栏 4 ⬚ Model，打开 Mechanical 应用程序，如图 16-68 所示。

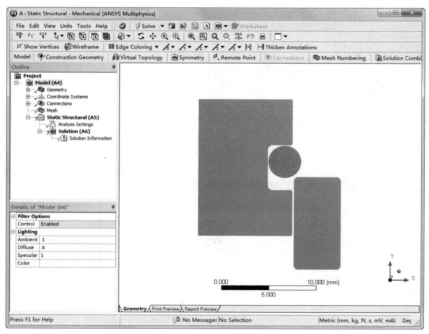

图 16-68　Mechanical 应用程序

（2）首先单击树形目录中的 Geometry（几何模型）分支，在属性窗格中找到 2D Behavior 栏，将此栏属性更改为 Axisymmetric，如图 16-69 所示。

（3）更改几何体名称。右击树形目录中 Geometry（几何模型）下的 Surface Body 分支，在弹出的快捷菜单中选择 Rename（重命名）命令，将 3 个模型的名称分别改为 Inside、O-ring 和 Outside，如图 16-70 所示。

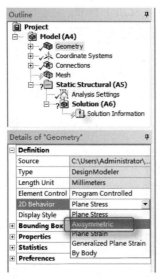

图 16-69　更改对称属性

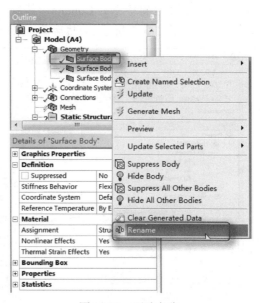

图 16-70　更改名称

（4）更改 O 形圈材料。在本例中内环和外环采用系统默认的结构钢，而 O 形圈材料采用橡胶。选中 O 形圈，在属性窗格中将 Assignment 更改为 rubber，如图 16-71 所示。

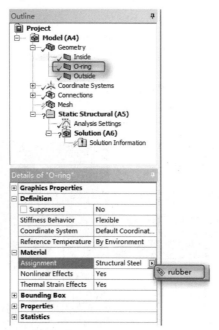

图 16-71　更改几何体材料

16.5.7　添加接触

（1）设定内环和 O 形圈之间的接触，类型为摩擦接触，摩擦因数为 0.05。展开树形目录中的 Connections 分支，可以看到系统会默认加上接触，如图 16-72 所示。需要重新定义内环和 O 形圈之间的接触，首先选择属性窗格中的 Contact，然后在工具栏中单击"线选择"按钮 ，在绘图区域选择内环的 7 条边（如图 16-73 所示），然后单击属性窗格中的 Apply（应用）按钮。

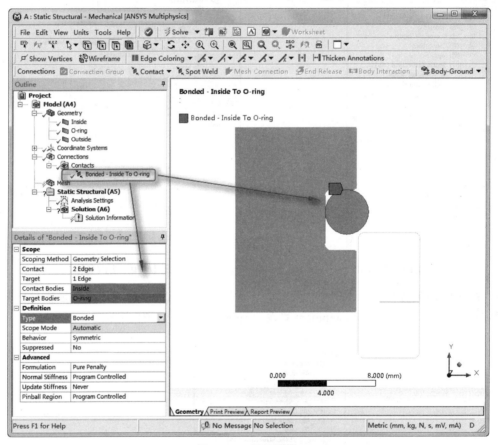

图 16-72　默认接触

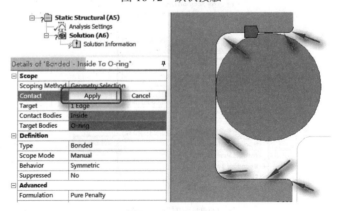

图 16-73　选择线

（2）更改接触类型。在属性窗格中单击 Type 栏，更改接触类型为 Frictional，并将 Friction Coefficient 设置为 5e-002。更改 Behavior 为 Asymmetric。

（3）更改高级选项。首先设置求解公式。单击 Formulation 栏，将其更改为 Augmented Lagrange；更改 Normal Stiffness 为 Manual、Normal Stiffness Factor 为 0.1，将 Update Stiffness 设置为 Each Iteration；Pinball Region 设置为 Radius Pinball Radius 设置为 1.5，如图 16-74 所示。

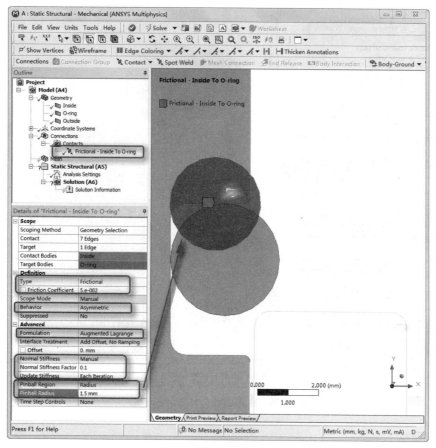

图 16-74　内环和 O 形圈之间的接触

（4）设定 O 形圈和外环之间的接触。单击工具栏中的 Contact 按钮，选择下拉列表中的 Frictional，如图 16-75 所示。采用与上几步同样的方式来定义 O 形圈和外环之间的接触。Contact 选择 O 形圈的外环线，Target 选择外环的 3 条边线，属性窗格设置如图 16-76 所示。

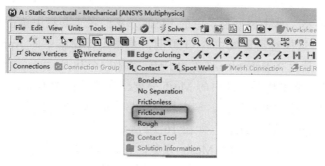

图 16-75　选择 Frictional

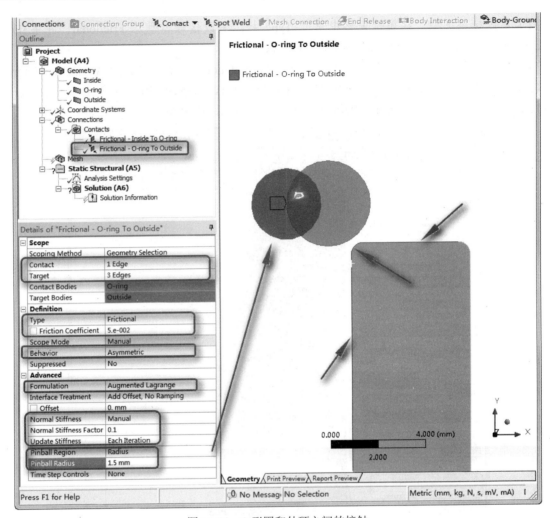

图 16-76　O 形圈和外环之间的接触

16.5.8　划分网格

（1）设置内环网格。单击树形目录中的 Mesh 分支；在工具栏中单击 Mesh Control 按钮，选择下拉列表中的 Sizing，然后单击工具栏中的"面选择"按钮 🔳，选择绘图区域中的内环面，单击属性窗格中的 Apply（应用）按钮；更改 Element Size 为 50mm，最后将 Behavior 设置为 Hard，如图 16-77 所示。

（2）设置 O 形圈网格。单击树形目录中的 Mesh 分支；在工具栏中单击 Mesh Control 按钮，选择下拉列表中的 Sizing，选择绘图区域中的 O 形圈，单击属性窗格中的 Apply（应用）按钮；更改 Element Size 为 0.2mm，最后将 Behavior 设置为 Soft，如图 16-78 所示。

（3）设置外环网格。单击树形目录中的 Mesh 分支；在工具栏中单击 Mesh Control，选择下拉列表中的 Sizing，选择绘图区域中的外环面，单击属性窗格中的 Apply（应用）按钮；更改 Element Size 为 0.5mm，最后将 Behavior 设置为 Hard，如图 16-79 所示。

（4）网格划分。右击树形目录中的 Mesh 分支，在弹出的快捷菜单中选择 Generate Mesh（如图 16-80 所示），对设置的网格进行划分。划分后的图形如图 16-81 所示。

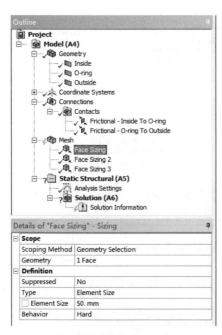

图 16-77 设置内环网格

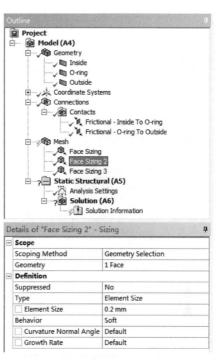

图 16-78 设置 O 形圈网格

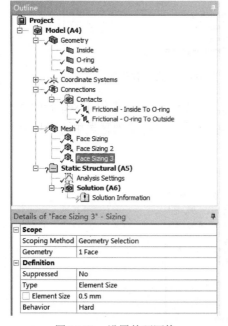

图 16-79 设置外环网格

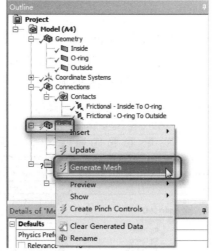

图 16-80 网格划分

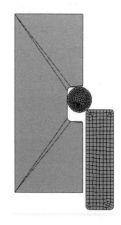

图 16-81 划分网格后的图形

16.5.9 分析设置

（1）设置载荷步。单击树形目录中的 Analysis Settings，将属性窗格中的 Number Of Steps 设置为 2，然后按图 16-82 所示进行设置；更改 Current Step Number 为 2，对第 2 个载荷步按图 16-83 所示进行设置。

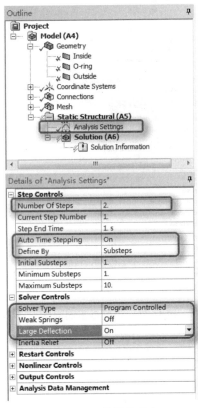

图 16-82　设置载荷步

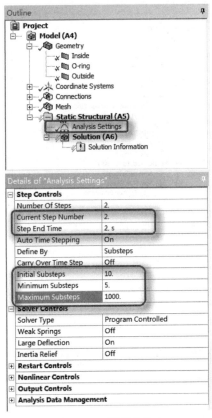

图 16-83　设置载荷步

（2）添加固定约束。单击工具栏中的 Supports（约束）按钮，选择下拉列表中的 Fixed Support（固定约束），如图 16-84 所示。然后单击工具栏中的"面选择"按钮 ，选择绘图区域中的内环面，单击属性窗格中的 Apply（应用）按钮，如图 16-85 所示。

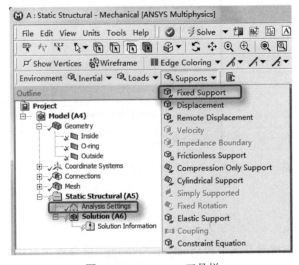

图 16-84　Supports 工具栏

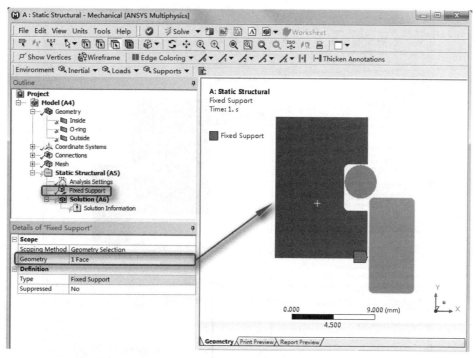

图 16-85　固定约束

（3）添加位移约束。单击工具栏中的 Supports（约束）按钮，选择下拉列表中的 Displacement。然后单击工具栏中的"线选择"按钮 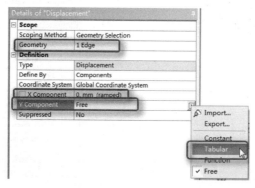，选择绘图区域中外环面的最底端，单击属性窗格中的 Apply（应用）按钮。更改 X 轴向位移约束为 0，Y 轴向位移约束为 Tabular，如图 16-86 所示。在绘图区域的右下方更改 Tabular Data，在这里将第 3 行 Y 向更改为 5。这时 Graph 窗格中将显示位移的矢量图，如图 16-87 所示。

图 16-86　位移约束

16.5.10　求解

（1）设置总位移求解。单击树形目录中的 Solution（A6），在工具栏中单击 Deformation 按钮，选择下列表中的 Total，添加总体位移求解，如图 16-88 所示。

（2）设置 Mises 应力求解。在工具栏中单击 Stress 按钮，选择下拉列表中的 Equivalent（von-Mises），添加 Mises 应力求解，如图 16-89 所示。

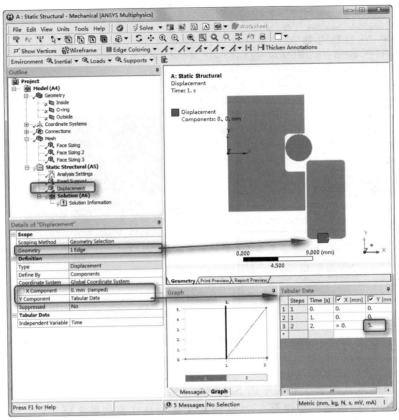

图 16-87　更改 Tabular Data 后显示位移矢量图

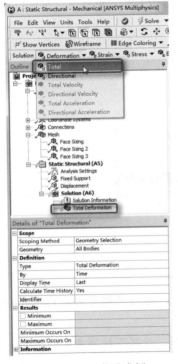

图 16-88　总位移求解

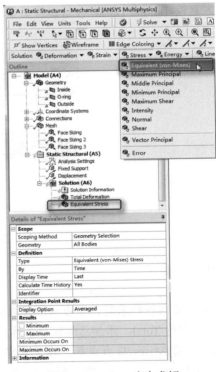

图 16-89　Mises 应力求解

（3）求解模型。单击工具栏中的 Solve（求解）按钮，进行求解，如图 16-90 所示。

图 16-90　求解

16.5.11　查看求解结果

（1）查看收敛力。单击树形目录中的 Solution Information，然后将属性窗格中的 Solution Output 更改为 Force Convergence。这时可以在绘图区域看到求解的收敛力，如图 16-91 所示。

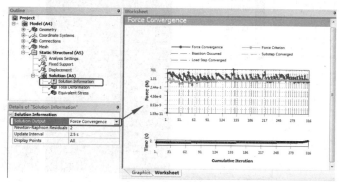

图 16-91　收敛力

（2）查看总变形云图。单击树形目录中的 Total Deformation，可以在绘图区域查看总变形图，如图 16-92 所示。可以看到最大和最小的位移；单击绘图区域中的"播放"按钮，还可以查看动态显示的位移变形情况。

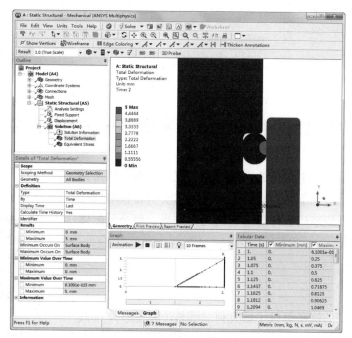

图 16-92　变形结果

（3）查看 Mises 应力云图。单击树形目录中的 Equivalent Stress，可以在绘图区域查看应力图，如图 16-93 所示。

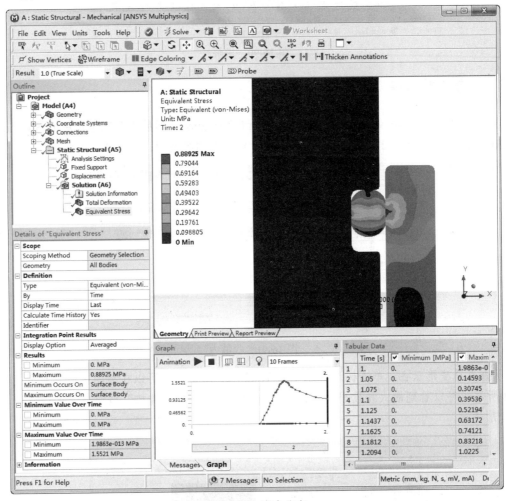

图 16-93　应力分布

扫一扫，看视频

16.6　结构非线性分析实例3——档杆防尘套

档杆防尘套结构是日常中常见的密封结构，在此实例中的密封机构要求在杆可以摆动情况下得到密封的效果。本实例将核对档杆防尘套的位移情况，及变形后档杆防尘套的压力结果。整个装配体的模型如图 16-94 所示。

16.6.1　问题描述

通过本档杆防尘套的例子可以了解几何非线性（大变形）、非线性材料行为（橡胶）和改变状态非线性（接触）的相关知识的应用。

图 16-94　档杆防尘套装配

在分析时我们采用半对称形式。需要定义 3 个接触，一个是档杆防尘套与圆柱轴的接触，另外两个是档杆防尘套内外表面接触。

16.6.2　项目概图

（1）在 Windows 系统下执行"开始"→"所有程序"→ANSYS 17.0→Workbench 17.0 命令，启动 ANSYS Workbench 17.0。

（2）在 ANSYS Workbench 17.0 主界面中展开左侧的 Analysis Systems 工具箱，将其中的 Static Structural 选项直接拖动到项目概图中，或者直接在项目上双击载入，建立一个含有 Static Structural 的项目模块，如图 16-95 所示。

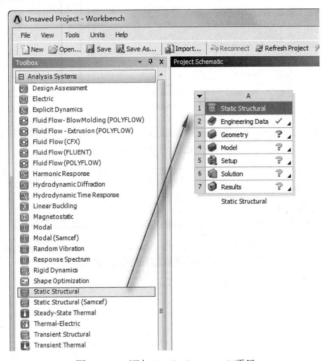

图 16-95　添加 Static Structural 项目

（3）双击 Static Structural 模块中的 A3 栏，在弹出的长度单位对话框中选中 Millimeter 单选按钮，采用毫米单位。单击 OK 按钮，打开 DesignModeler 应用程序。此时左侧的树形目录默认为建模状态下的树形目录。

16.6.3　添加材料

（1）双击 Static Structural 模块中的 A2 栏，进入到材料模块，如图 16-96 所示。

（2）添加材料。单击工作区左上角的 Outline of Schematic A2: Engineering Data 窗格最下边的 Click here to add a new material 栏，输入新材料名称 Rubber Material；然后展开左侧的 Hyperelastic 工具箱，双击其中的第一项 Neo-Hookean；此时工作区左下角将出现 Neo-Hookean 目录，在这里设置 Initial Shear Modulus Mu 的值为 1.5E+06，单位为 Pa，Incompressibility Parameter D1 的值为 2.6E-08，单位为 "Pa^{-1}"，如图 16-97 所示。

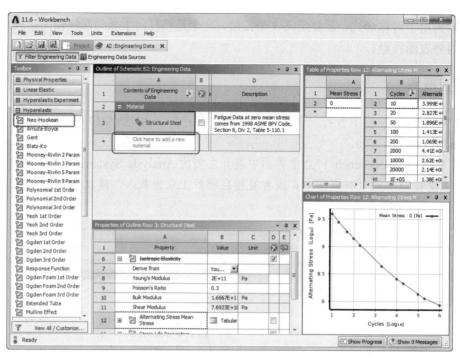

图 16-96　材料模块

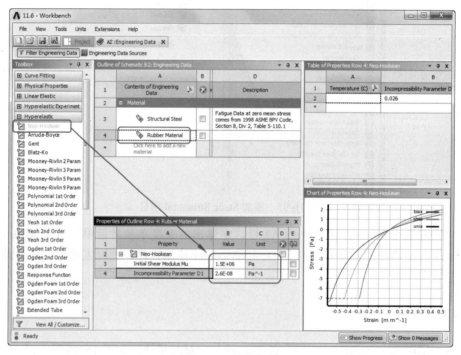

图 16-97　橡胶材料

（3）返回到 ANSYS Workbench 17.0。关闭 A2: Engineering Data 标题栏右侧的标签，返回到 ANSYS Workbench 17.0 界面。

（4）导入模型。右击 A3 栏 3 ⬦ Geometry　？⬦，在弹出的快捷菜单中选择 Import Geometry→Browse，然后在弹出的"打开"对话框中选择光盘源文件中的 Rubber.agdb。

16.6.4 定义模型

（1）双击 Static Structural 模块中的 A4 栏 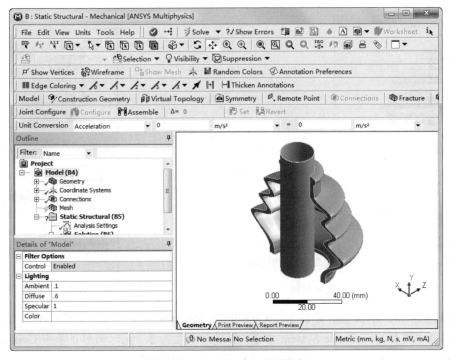，打开 Mechanical 应用程序，如图 16-98 所示。

图 16-98 Mechanical 应用程序

（2）定义单位系统。在菜单栏中选择 Units→Metric (mm, kg, N, s, mV, mA)，设置单位为公制毫米单位；然后选择 Units→Radians，设置弧度，如图 16-99 所示。

（3）更改几何体名称。右击树形目录中 Geometry（几何模型）下的 Surface Body 分支，在弹出的快捷菜单中选择 Rename（重命名）命令，对两个模型的名称分别改为 rod 和 rubber，如图 16-100 所示。

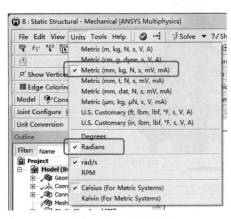

图 16-99 更改单位

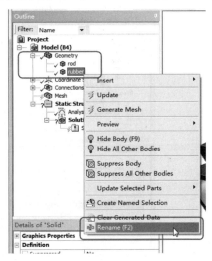

图 16-100 更改名称

（4）更改档杆防尘套材料。在本例中操作杆采用系统默认的结构钢，而档杆防尘套材料采用橡胶。选中档杆防尘套，在属性窗格中将 Assignment 更改为 Rubber Material，如图 16-101 所示。

（5）更改操作杆物理属性。选中操作杆，在属性窗格中将 Stiffness Behavior 更改为 Rigid，如图 16-102 所示。

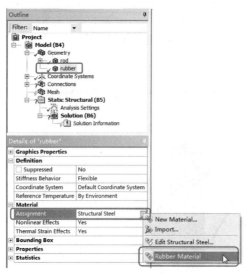

图 16-101　更改几何体材料

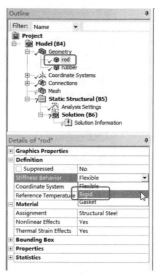

图 16-102　更改几何体材料

（6）设置坐标系。单击树形目录中的 Coordinate Systems 分支，在工具栏中单击 Insert 按钮，在弹出的下拉列表中选择 Coordinate System 命令，创建一个坐标系。此时树形目录中 Coordinate Systems 分支下会多出一个名为 Coordinate System 的坐标系，如图 16-103 所示。

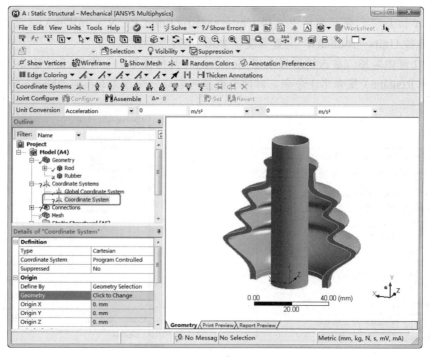

图 16-103　设置坐标系

（7）更改高级选项。选中此坐标系，在属性窗格中单击 Type 栏，将其更改为 Cylindrical；单击 Coordinate System 栏，将其更改为 Manual；展开 Origin 栏，单击 Define By 栏，将其改为 Global Coordinates；展开 Principal Axis 栏，单击 Axis 栏，将其更改为 Z；单击 Define By 栏，将其改为 Global Y Axis；展开 Orientation About Principal Axis 栏，单击 Axis 栏，将其更改为 X；单击 Define By 栏，将其改为 Global Z Axis，如图 16-104 所示。

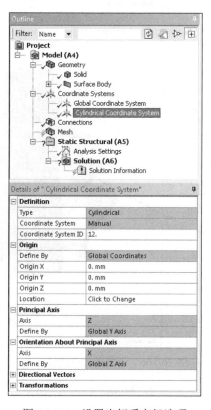

图 16-104　设置坐标系高级选项

（8）插入远程点。在树形目录中右击 Model（A4），在弹出的快捷菜单中选择 Insert→Remote Point 命令，插入远程点，如图 16-105 所示。

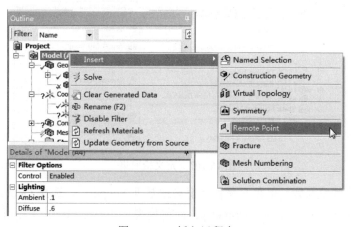

图 16-105　插入远程点

（9）更改远程点高级选项。选中刚创建的远程点，在右下角属性窗格中展开 Scope 栏，选择 Geometry（几何模型）栏，在绘图区域中选择操作杆的表面，在 Geometry（几何模型）栏单击 Apply（应用）按钮，将其更改为 1 Face；将 X Coordinate、Y Coordinate、Z Coordinate 值分别更改为 0mm；展开 Definition 栏，单击 Behavior 栏，将其改为 Rigid，如图 16-106 所示。

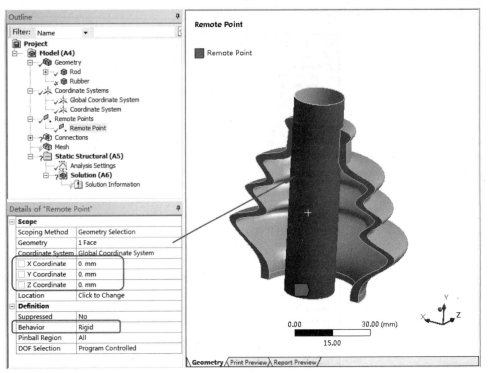

图 16-106　设置远程点高级选项

（10）定义拾取集。在树形目录中右击 Model（A4），在弹出的快捷菜单中选择 Insert→Named Selection 命令，定义拾取集，如图 16-107 所示。

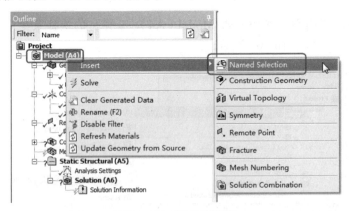

图 16-107　定义拾取集

（11）选中刚创建的拾取集，在右下角属性窗格中展开 Scope 栏，选择 Geometry（几何模型）栏，在绘图区域中选择操作杆的表面，在 Geometry（几何模型）栏单击 Apply（应用）按钮，将其更改为 1 Face；选择拾取集，右击，将它重命名为 Rod_Outer_Surface，如图 16-108 所示。

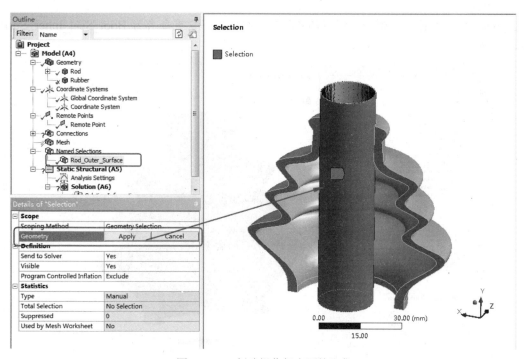

图 16-108　创建操作杆表面拾取集

（12）在树形目录中右击 Rod 模型，在弹出的快捷菜单中选择 Hide Body（F9）命令（如图 16-109
所示），将操作杆隐藏起来，这样后续选择档杆防尘套时操作更方便。

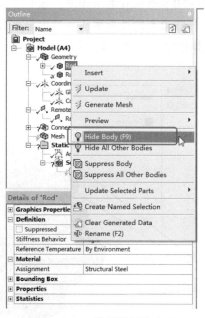

图 16-109　隐藏档杆防尘套

（13）定义档杆防尘套内表面拾取集。在树形目录中右击 Model（4），在弹出的快捷菜单中选择 Insert
→Named Selection 命令，定义拾取集。然后在右下角窗格中展开 Scope 栏，选择 Geometry（几何模
型）栏，在绘图区域中选择档杆防尘套的内表面（多选时需按住 Ctrl 键），在 Geometry（几何模型）

栏单击 Apply（应用）按钮；选择刚创建的拾取集，右击，将它重命名为 Boot_Seal_Inner_Surfaces，
如图 16-110 所示。

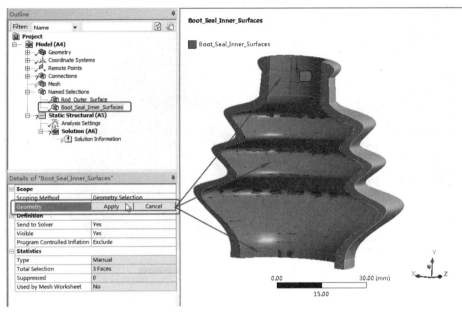

图 16-110　创建档杆防尘套内表面拾取集

（14）定义档杆防尘套外表面拾取集。在树形目录中右击 Model（A4），在弹出的快捷菜单中选择
Insert→Named Selection 命令，定义拾取集；然后在右下角属性窗格中展开 Scope 栏，选择 Geometry（几
何模型）栏，在绘图区域中选择档杆防尘套的外表面（多选时需按住 Ctrl 键），在 Geometry（几何模
型）栏单击 Apply（应用）按钮；选择刚创建的拾取集，右击，将它重命名为 Boot_Seal_Outer_Surfaces，
结果如图 16-111 所示。

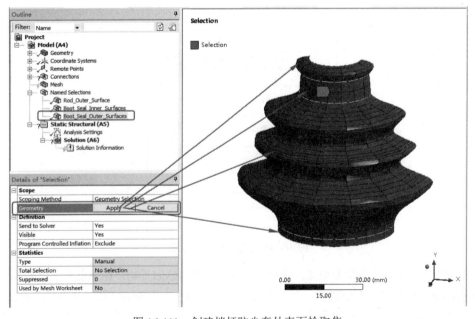

图 16-111　创建档杆防尘套外表面拾取集

16.6.5　添加接触

（1）在树形目录中右击 Rod 模型，在弹出的快捷菜单中选择 Show Body 命令，显示操作杆，如图 16-112 所示。

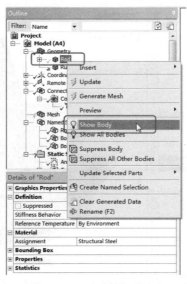

图 16-112　显示档杆防尘套

（2）设定操作杆和档杆防尘套内表面之间的接触，类型为摩擦接触，摩擦系数为 0.2。展开树形目录中的 Connections 分支，可以看到系统会默认加上接触，如图 16-113 所示。需要重新定义操作杆和档杆防尘套内表面之间的接触。首先在属性窗格中打开 Scoping Method 下拉列表，选择 Named Selection；然后单击并更改 Contact 栏为 Boot_Seal_Inner_Surfaces；单击并更改 Target 栏为 Rod_Outer_Surface；展开 Definition 栏，单击 Type 栏，将其更改为 Frictional；单击 Friction Coefficient 栏，将其更改为 0.2；单击 Behavior 栏，将其更改为 Asymmetric；展开 Advanced 栏，单击 Detection Method 栏，将其更改为 On Gauss Point；展开 Geometric Modification 栏，单击 Interface Treatment 栏，将其更改为 Add Offset, Ramped Effects，结果如图 16-114 所示。

（3）设定档杆防尘套内表面本身的接触，类型为摩擦接触，摩擦系数为 0.2。展开树形目录中的 Connections 分支，右击，在弹出的快捷菜单中选择 Insert→Manual Contact Region 命令，定义档杆防尘套内表面本身的接触。首先在属性窗格中打开 Scoping Method 下拉列表，选择 Named Selection；然后单击并更改 Contact 栏和 Target 栏为 Boot_Seal_Inner_Surfaces；展开 Definition 栏，单击 Type 栏，将其更改为 Frictional；单击 Friction Coefficient 栏，将其更改为 0.2；展开 Advanced 栏，单击 Detection Method 栏，将其更改为 Nodal-Projected Normal From Contact，如图 16-115 所示。

（4）设定档杆防尘套外表面本身的接触，类型为摩擦接触，摩擦系数为 0.2。展开树形目录中的 Connections 分支，右击，在弹出的快捷菜单中选择 Insert → Manual Contact Region 命令，定义档杆防尘套外表面本身的接触。首先在属性窗格中打开 Scoping Method 下拉列表，选择 Named Selection；然后单击并更改 Contact 栏和 Target 栏为 Boot_Seal_Outer_Surfaces；展开 Definition 栏，单击 Type 栏，将其更改为 Frictional；单击 Friction Coefficient 栏，将其更改为 0.2；展开 Advanced 栏，单击 Detection Method 栏，将其更改为 Nodal-Projected Normal From Contact，如图 16-116 所示。

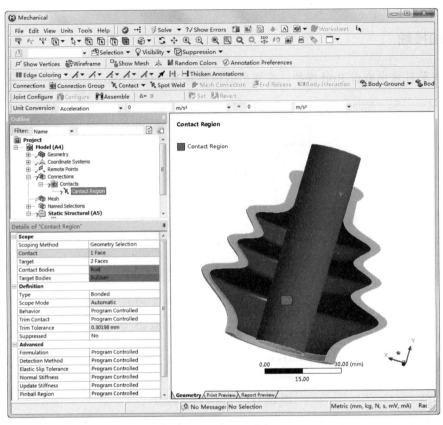

图 16-113　默认接触

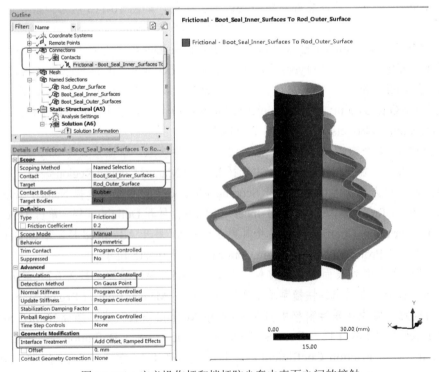

图 16-114　定义操作杆和档杆防尘套内表面之间的接触

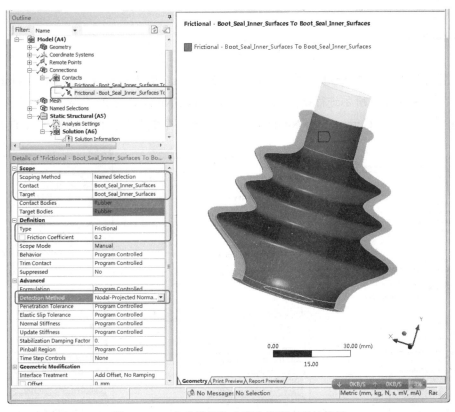

图 16-115 定义档杆防尘套内表面本身的接触

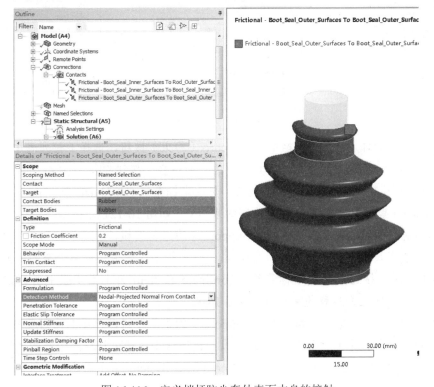

图 16-116 定义档杆防尘套外表面本身的接触

16.6.6　分析设置

（1）设置载荷步。单击树形目录中的 Analysis Settings，首先将属性窗格中的 Number Of Steps 设置为 3，然后按图 16-117 所示进行设置；更改 Current Step Number 为 2，对第 2 个载荷步按图 16-118 所示进行设置；然后更改 Current Step Number 为 3，对第 3 个载荷步按图 16-119 所示进行设置。

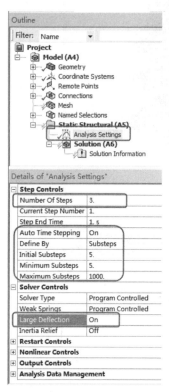

图 16-117　设置载荷步

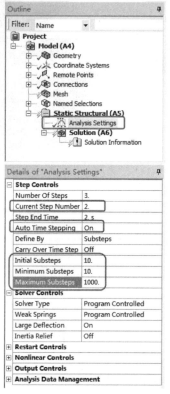

图 16-118　设置载荷步

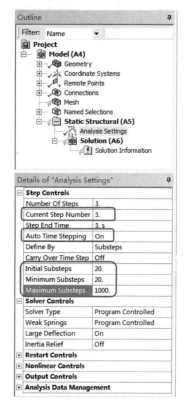

图 16-119　设置载荷步

（2）添加位移约束 1。单击工具栏中的 Supports（约束）按钮，选择下拉列表中的 Displacement（变形），如图 16-120 所示。然后单击工具栏中的"面选择"按钮 🔘，选择绘图区域中档杆防尘套的侧面，单击属性窗格中的 Apply（应用）按钮。更改坐标系 Coordinate System 为上面步骤中创建的 Coordinate System 坐标系，更改 Y 轴向位移约束为 0，如图 16-121 所示。

（3）添加位移约束 2。单击工具栏中的 Supports（约束）按钮，选择下拉列表中的 Displacement（变形）。然后单击工具栏中的"面选择"按钮 🔘，选择绘图区域中档杆防尘套的底面，单击属性窗格中的 Apply（应用）按钮。更改坐标系 Coordinate System 为上面步骤中所创建的 Coordinate System 坐标系，更改 Y 轴向位移约束为 0，如图 16-122 所示。

（4）添加位移约束 3。单击工具栏中的 Supports（约束）按钮，选择下拉列表中的 Displacement（变形）。然后单击工具栏中的"面选择"按钮 🔘，选择绘图区域中档杆防尘套的底侧面，单击属性窗格中的 Apply（应用）按钮。更改坐标系 Coordinate System 为上面步骤中所创建的 Coordinate System 坐标系，更改 X 轴向位移约束为 0，如图 16-123 所示。

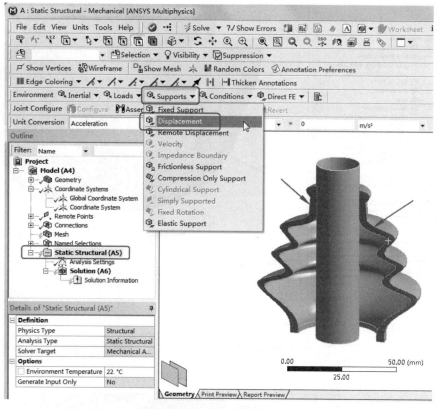

图 16-120 添加位移约束 1

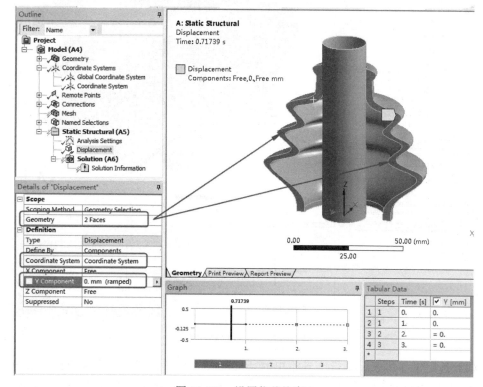

图 16-121 设置位移约束 1

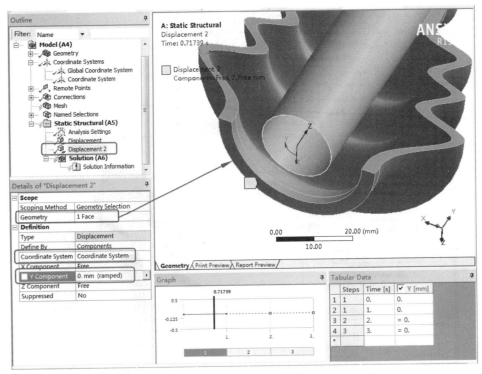

图 16-122　设置位移约束 2

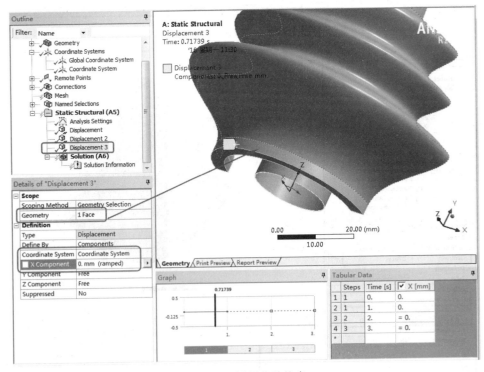

图 16-123　设置位移约束 3

（5）添加远距位移约束。单击工具栏中的 Supports（约束）按钮，选择下拉列表中的 Remote Displacement，如图 16-124 所示。更改 Scoping Method 为 Remote Point，更改 Remote Point（远距离点）

为上面步骤中创建的 Remote Point，更改 X Component、Y Component、Z Component、Rotation X、Rotation Y 和 Rotation Z 的属性为 Tabular Data，如图 16-125 所示。

图 16-124 添加远距离位移约束

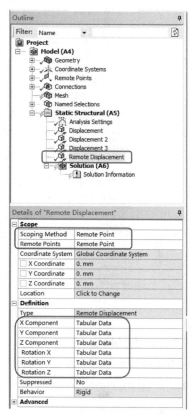

图 16-125 设置远距离位移约束

（6）在绘图区域的右下方更改 Tabular Data，在这里将第 3 行 Y 向更改为-10mm，将第 4 行 Y 向更改为-10mm，将第 3 行 RZ 向更改为 0.55rad。这时在 Graph 窗格中将显示位移的矢量图，如图 16-126 所示。

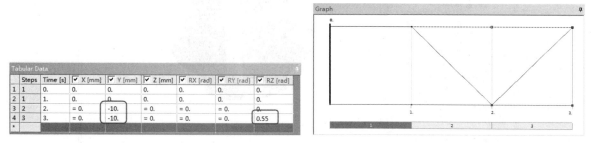

图 16-126 更改 Tabular Data 后显示的位移矢量图

16.6.7 求解

（1）设置总位移求解。单击树形目录中的 Solution（A6），在工具栏中单击 Deformation 按钮，选择下拉列表中的 Total，添加总位移求解。指定 Geometry（几何模型）为档杆防尘套，保持 Definition 栏中的 By 属性为 Time，Display Time 为 Last，如图 16-127 所示。

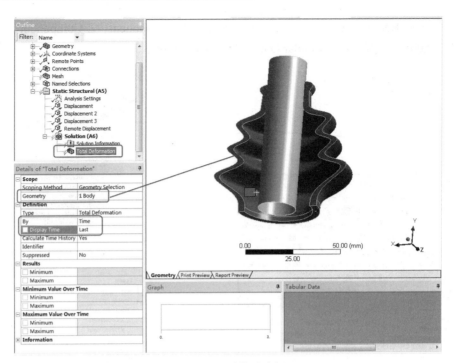

图 16-127　总位移求解

（2）设置 Mises 应力求解。在工具栏中单击 Stress 按钮，选择下拉列表中的 Equivalent（von-Mises），添加 Mises 应力求解。指定 Geometry 为档杆防尘套，保持 Definition 栏中的 By 属性为 Time，Display Time 为 Last，如图 16-128 所示。

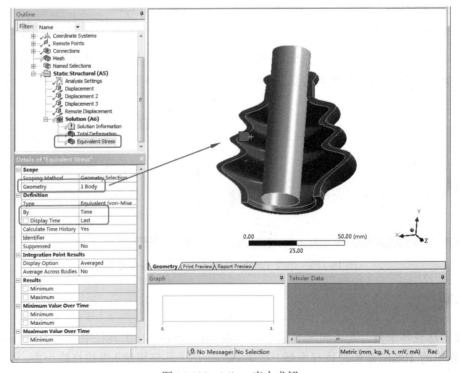

图 16-128　Mises 应力求解

（3）求解模型。单击工具栏中 Solve（求解）按钮，进行求解，如图 16-129 所示。

图 16-129 求解

16.6.8 查看求解结果

（1）查看总变形云图。单击树形目录中的 Total Deformation，可以在绘图区域查看总变形图，如图 16-130 所示。

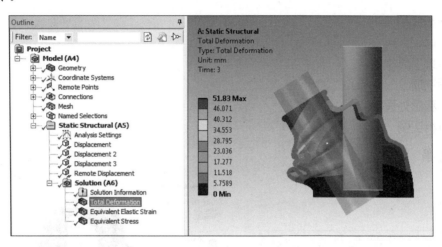

图 16-130 变形结果

（2）查看 Mises 应力云图。单击树形目录中的 Equivalent Stress，可以在绘图区域查看应力图，如图 16-131 所示。

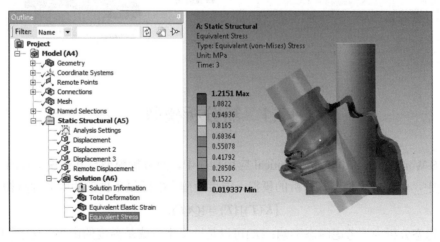

图 16-131 应力分布

第 17 章 热 分 析

内容简介

本章介绍热分析。热分析用于计算一个系统或部件的温度分布及其他热物理参数。热分析在许多工程应用中扮演重要角色，如内燃机、涡轮机、换热器、管路系统、电子元件等。

内容要点

- ➘ 热分析模型
- ➘ 装配体
- ➘ 热环境工具栏
- ➘ 求解选项
- ➘ 结果和后处理
- ➘ 热分析实例

案例效果

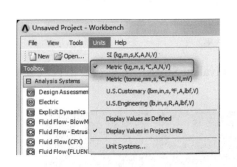

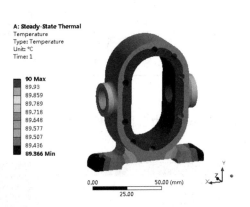

17.1 热分析模型

在 ANSYS Workbench 17.0 的 Mechanical 应用程序中，热分析模型与其他模型有所不同。

在热分析中，对于一个稳态热分析的模拟，温度矩阵 $\{T\}$ 通过下面的矩阵方程解得：

$$[K(T)]\{T\} = \{Q(T)\}$$

式中，假设在稳态分析中不考虑瞬态影响；$[K]$ 可以是一个常量或是温度的函数；$\{Q\}$ 可以是一个常量或是温度的函数。

上述方程基于傅里叶定律：Fourier's Law（固体内部的热流）是 $[K]$ 的基础；热通量、热流率以及对流在 $\{Q\}$ 为边界条件；对流被处理成边界条件，虽然对流换热系数可能与温度相关。

17.1.1 几何模型

在热分析中所有的实体类都被约束，包括体、面、线。对于线实体的截面和轴向在 DesignModeler 中定义，热分析中不可以使用点质量（Point Mass）的特性。

关于壳体和线体的假设如下。

↘ 壳体：没有厚度方向上的温度梯度。

↘ 线体：没有厚度变化，假设在截面上是一个常温，但在线实体的轴向仍有温度变化。

17.1.2 材料属性

在稳态热分析中唯一需要的材料属性是导热性（Isotropic Thermal Conductivity），即需定义导热系数，如图 17-1 所示。另外还需注意以下两点。

↘ 导热性是在 Engineering Data 中输入的。

↘ 温度相关的导热性以表格形式输入。

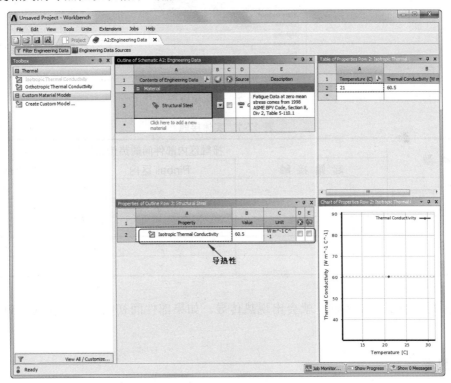

图 17-1　材料属性

若存在任何温度相关的材料属性，就将导致非线性求解。

17.2　装　配　体

热分析的装配体要考虑组件间的热传导、导热率和接触的方式等。

17.2.1　实体接触

在装配体中需要实体接触，此时为确保部件间的热传递，实体间的接触区将被自动创建，如图 17-2 所示。当然，不同的接触类型将会决定热量是否会在接触面和目标面间传递，总结见表 17-1。

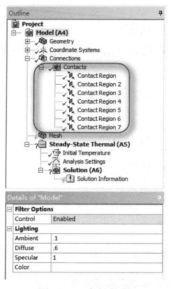

图 17-2　实体接触

表 17-1　实体接触

接 触 类 型	接触区内部件间的热传递		
	起 始 接 触	Pinball 区内	Pinball 区外
绑定	√	√	×
不分离	√	√	×
粗糙	√	×	×
无摩擦	√	×	×
有摩擦	√	×	×

如果部件间初始就已经接触，就会出现热传导。如果部件间初始就没有接触，就不会发生热传导。

17.2.2　导热率

默认情况下，假设部件间是完美的热接触传导，意味着界面上不会发生温度降低。实际情况下，有些条件削弱了完美的热接触传导，这些条件包括：表面光滑度、表面粗糙度、氧化物、包埋液、接触压力、表面温度及使用导电脂等。

实际上，穿过接触界面的热流速由接触热通量 q 决定：

$$q = TCC \cdot (T_{\text{target}} - T_{\text{contact}})$$

式中，T_{contact} 是一个接触节点上的温度，T_{target} 是对应目标节点上的温度。

默认情况下，基于模型中定义的最大材料导热性 *KXX* 和整个几何边界框的对角线 *ASMDIAG*，*TCC* 被赋以一个相对较大的值。

$$TCC = KXX.10,000 / ASMDIAG$$

这实质上为部件间提供了一个完美接触传导。

在 ANSYS Professional 或更高版本，用户可以为纯罚函数和增广拉格朗日方程定义一个有限热接触传导（*TCC*）。在细节窗口，为每个接触域指定 *TCC* 输入值，如果已知接触热阻，那么它的相反数除以接触面积就可得到 *TCC* 值。

17.2.3 点焊

Spotweld（点焊）提供了离散的热传导点。Spotweld 在 CAD 软件中进行定义（目前只有 DesignModeler 和 Unigraphics 可用）。

17.3 热环境工具栏

在 ANSYS Workbench 17.0 中添加热载荷可通过工具栏中的按钮来进行。热环境工具栏如图 17-3 所示。

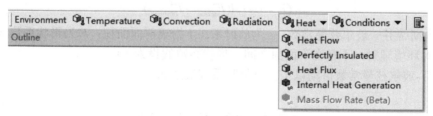

图 17-3 热环境工具栏

17.3.1 热载荷

热载荷包括热流量、热通量及热生成等。

（1）Heat Flow（热流量）： Heat Flow

↘ 热流速可以施加在点、边或面上，分布在多个选择域上。

↘ 它的单位是能量比上时间（energy/time）。

（2）Perfectly Insulated（完全绝热）（热流量为 0）： Perfectly Insulated

↘ 可以删除原来面上施加的边界条件。

（3）Heat Flux（热通量）： Heat Flux

↘ 热通量只能施加在面上（二维情况时只能施加在边上）。

↘ 它的单位是能量比上时间在除以面积（energy/time/area）。

（4）Internal Heat Generation（热生成）： Internal Heat Generation

↘ 内部热生成只能施加在实体上。

↘ 它的单位是能量比上时间再除以体积（energy/time/volume）。

正的热载荷会增加系统的能量。

17.3.2　热边界条件

在 Mechanical 中有 3 种形式的热边界条件，包括温度、对流、辐射。在分析时至少应存在一种类型的热边界条件；否则，如果热量源源不断地输入到系统中，稳态时的温度将会达到无穷大。

另外，分析时给定的温度或对流载荷不能施加到已施加了某种热载荷或热边界条件的表面上。

（1）Temperature（给定温度）：⬛ Temperature

➥　给点、边、面或体上指定一个温度。

➥　温度是需要求解的自由度。

（2）Convection（对流）：⬛ Convection

➥　只能施加在面上（二维分析时只能施加在边上）。

➥　对流 q 由导热膜系数 h，面积 A，以及表面温度 $T_{surface}$ 与环境温度 $T_{ambient}$ 的差值来定义。

$$q = hA(T_{surface} - T_{ambient})$$

式中，h 和 $T_{ambient}$ 是用户指定的值。

➥　导热膜系数 h 可以是常量或是温度的函数。

（3）Radiation（辐射）：⬛ Radiation

➥　施加在面上（二维分析施加在边上）。

$$Q_R = \sigma \varepsilon FA(T_{suface}^4 - T_{ambient}^4)$$

式中，σ 为斯蒂芬—玻尔兹曼常数；ε 为放射率；A 为辐射面面积；F 为形状系数（默认是 1）。

➥　只针对环境辐射，不存在于面面之间（形状系数假设为 1）。

➥　斯蒂芬-玻尔兹曼常数自动以工作单位制系统确定 Z。

17.4　求　解　选　项

从 ANSYS Workbench 17.0 工具箱插入 Steady-State Thermal 工具，将在项目概图中建立一个 Steady-State Thermal 结构（Steady-State 热分析），如图 17-4 所示。

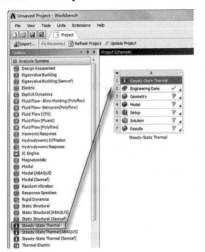

图 17-4　添加 Steady-State Thermal

在 Mechanical 里，可以使用 Analysis Settings 为热分析设置求解选项。

为了实现热应力求解，需要在求解时把结构分析关联到热模型上。在 Static Structural 中插入一个 Imported Load 分支，并同时导入施加的结构载荷和约束，如图17-5所示。

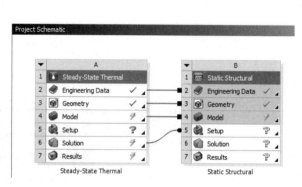 

图17-5 热应力求解

17.5 结果和后处理

后处理可以处理各种结果，包括温度、热通量、反作用的热流速和用户自定义结果，如图17-6所示。

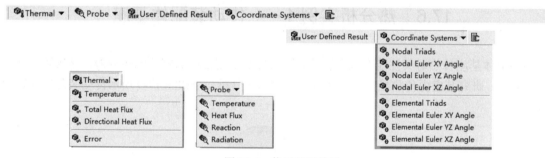

图17-6 热后处理结果

模拟时，结果通常是在求解前指定，但也可以在求解结束后指定。搜索模型求解结果不需要再进行一次模型的求解。

17.5.1 温度

在热分析中，温度是求解的自由度，标量，虽没有方向，但可以显示温度场的云图，如图17-7所示。

17.5.2 热通量

可以得到热通量的等高线或矢量图，热通量 q 定义为：

$$q = -KXX.\nabla T$$

可以指定 Total Heat Flux（整体热通量）和 Directional Heat Flux（方向热通量），激活矢量显示模式显示热通量的大小和方向，如图 17-8 所示。

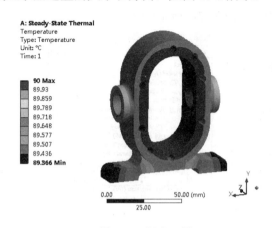

图 17-7　温度云图

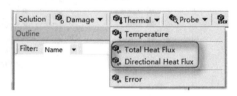

图 17-8　热通量

17.5.3　响应热流速

对给定的温度、对流或辐射边界条件，可以得到响应的热流量，通过插入 probe 指定响应热流量，或用户可以交替把一个边界条件拖放到 Solution（求解）上后搜索响应。

扫一扫，看视频

17.6　热分析实例 1——传动装配体基座

传动装配体基座传热对其性能有重要影响。降低传热量则会增加零件的热应力，导致润滑油性能的恶化。因此，研究基座内传热显得非常重要。本实例将分析一个如图 17-9 所示传动装配体基座的热传导特性。

图 17-9　传动装配体基座

17.6.1　问题描述

本实例中，假设环境温度为 22℃，传动装配体内部温度为 90℃，传动装配体基座外表面的传热方式为静态空气对流换热。

17.6.2 项目概图

（1）在 Windows 系统下执行"开始"→"所有程序"→ANSYS 17.0→Workbench 17.0 命令，启动 ANSYS Workbench 17.0。

（2）在 ANSYS Workbench 17.0 主界面中，展开左侧的 Analysis Systems 工具箱，将其中的 Steady-State Thermal 选项直接拖动到项目概图中，或者直接在项目上双击载入，建立一个含有 Steady-State Thermal 的项目模块，结果如图 17-10 所示。

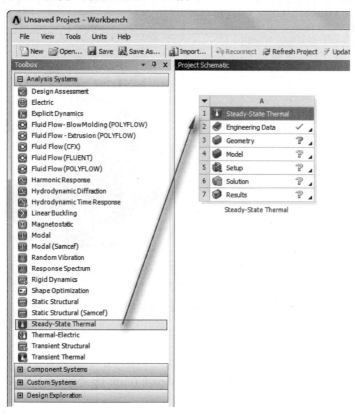

图 17-10　添加 Steady-State Thermal 选项

（3）设置项目单位。选择菜单栏中的 Units→Metric (kg, m, s, ℃, A, N, V)，然后选择 Display Values in Project Units，如图 17-11 所示。

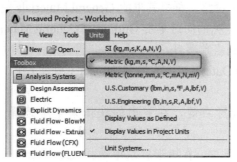

图 17-11　设置项目单位

（4）导入模型。右击 A3 栏 3 🔲 Geometry 　 ？ ，在弹出的快捷菜单中选择 Import Geometry→Browse，然后在弹出的"打开"对话框中选择光盘源文件中的 transmission.igs。

（5）双击 A4 栏 4 🔲 Model 　 ⚡ ，启动 Mechanical 应用程序，如图 17-12 所示。

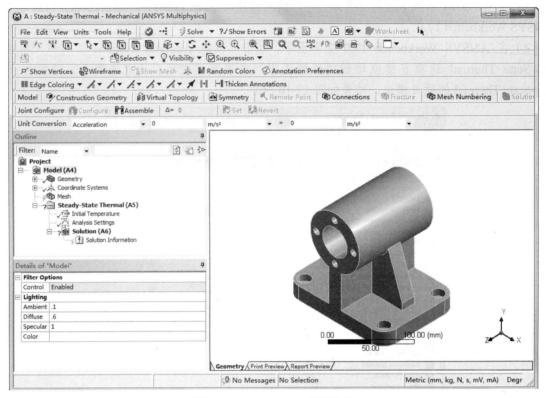

图 17-12　Mechanical 应用程序

17.6.3　前处理

（1）设置单位系统。在菜单栏中选择 Units→Metric (mm, kg, N, s, mV, mA)，设置单位为公制毫米单位。

（2）为部件选择一种合适的材料。返回到 Project Schematic 窗口并双击 A2 栏 2 🟢 Engineering Data ✓ ，Engineering Data，得到它的材料特性。

（3）在打开的材料特性应用中，单击▥Engineering Data Sources 按钮，如图 17-13 所示。打开左上角的 Engineering Data Sources 窗格，单击其中的 General Materials 使之点亮。

（4）在 General Materials 点亮的同时单击 Outline of General Materials 窗格中的 Gray Cast Iron 旁边的"+"，将这两种材料添加到当前项目。

（5）关闭 A2: Engineering Data 窗口，返回到 Project（项目）中。这时 Model 模块指出需要进行一次刷新。

（6）在 Model 栏单击鼠标右键，在弹出的快捷菜单中选择 Refresh（刷新）命令，刷新 Model 栏。

（7）返回到 Mechanical 窗口，在树形目录中选择 Geometry 下的 Part 1，并选择 Material→Assignment 栏，将材料改为灰铸铁，如图 17-14 所示。

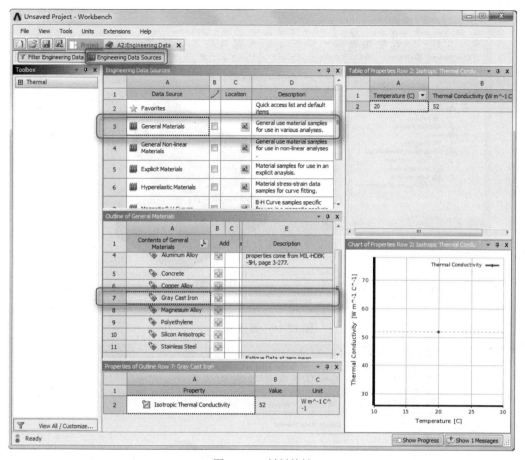

图 17-13　材料特性

（8）网格划分。在树形目录中右击 Mesh 分支，在弹出的快捷菜单中选择 Insert→Sizing，如图 17-15 所示。在属性窗格中单击 Geometry（几何模型），在绘图区域中选择整个基体，然后在属性窗格中设置 Element Size 为 5mm，如图 17-16 所示。

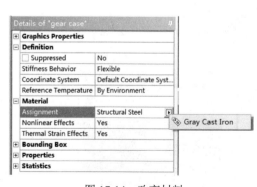

图 17-14　改变材料

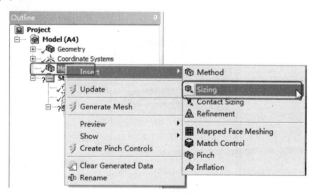

图 17-15　网格划分

（9）施加温度载荷。在树形目录中单击 Steady-State Thermal（A5）分支，此时 Context（配置）工具条显示为 Environment（环境）工具条，单击其中的 Temperature（温度）按钮。

（10）选择面。单击工具栏中的"面选择"按钮，然后选择如图 17-17 所示的基座内表面。

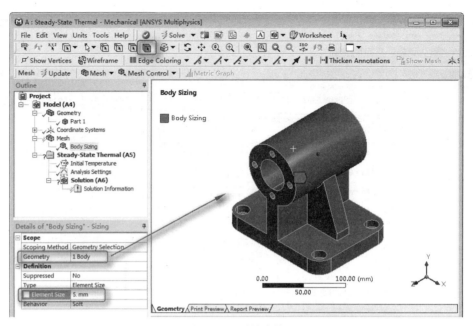

图 17-16　属性窗格

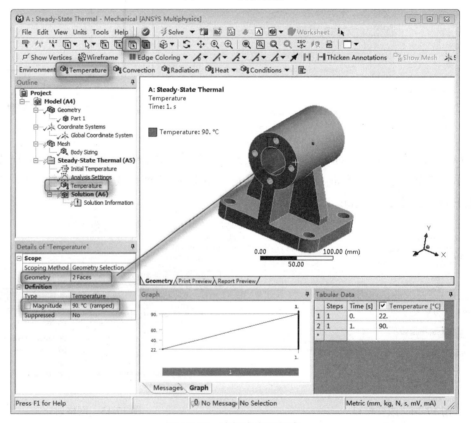

图 17-17　施加内表面温度

（11）选择内表面后单击属性窗格中的 Geometry（几何模型）栏中的 Apply（应用）按钮，此时 Geometry（几何模型）栏显示为 21 Faces，然后将 Magnitude 改为 90°。

（12）施加对流载荷。在工具栏中单击 Convection（对流）按钮，然后选择如图 17-18 所示的基座外表面。

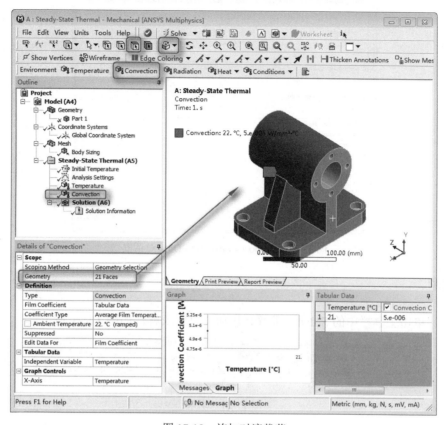

图 17-18　施加对流载荷

（13）选择基座外表面后单击属性窗格的 Geometry（几何模型）栏中的 Apply（应用）按钮。此时 Geometry（几何模型）栏显示为 25 Faces。

（14）在属性窗格中，单击 Film Coefficient 栏中的箭头状按钮，在弹出的菜单中选择 Import... 命令，如图 17-19 所示。

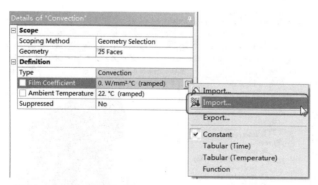

图 17-19　属性窗格

（15）在弹出的 Import Convection Data 对话框中选中 Stagnant Air-Simplified Case 单选按钮，如图 17-20 所示。然后单击 OK 按钮，关闭该对话框。

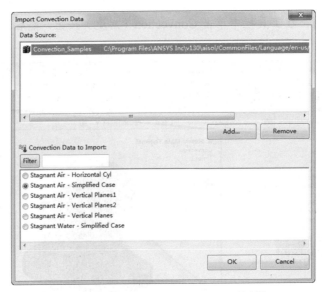

图 17-20　Import Convection Data 对话框

17.6.4　求解

求解模型。单击工具栏中的 Solve（求解）按钮，进行求解，如图 17-21 所示。

图 17-21　求解

17.6.5　结果

（1）查看热分析的结果。单击树形目录中的 Solution（A6）分支，此时 Context（配置）工具条显示为 Solution（求解）工具条。单击其中的 Thermal（热）按钮，在下拉列表中分别选择 Temperature 和 Total Heat Flux，如图 17-22 所示。

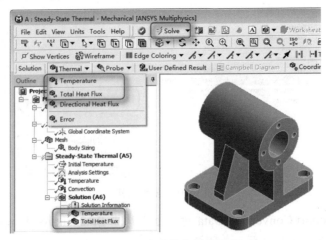

图 17-22　查看热分析的结果

（2）单击工具栏中的 Solve（求解）按钮，对模型进行计算。如图 17-23 和图 17-24 所示分别为温度和总热通量的云图。

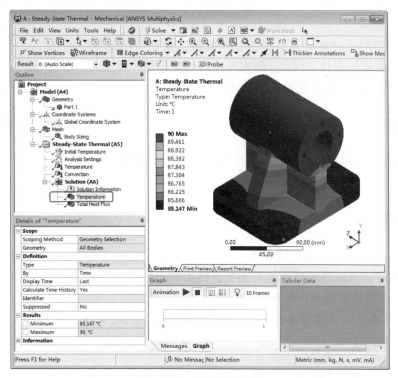

图 17-23 查看温度结果

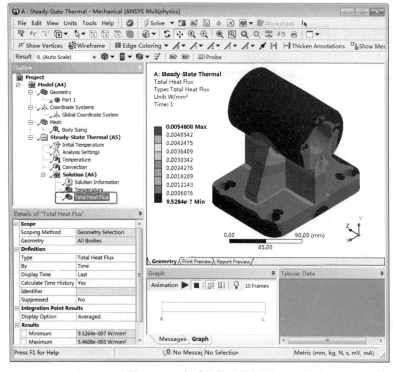

图 17-24 查看总热通量结果

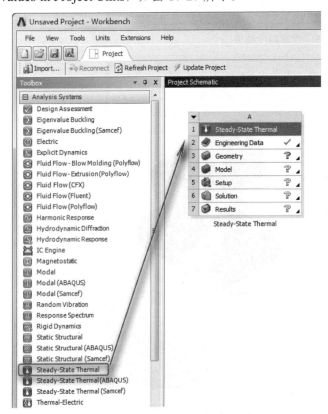

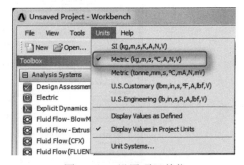

17.7　热分析实例2——齿轮泵基座

齿轮泵基座传热对其性能有重要影响。降低传热量则会增加零件的热应力，导致润滑油性能的恶化。因此，研究基座内传热显得非常重要。本实例将分析一个如图 17-25 所示齿轮泵基座的热传导特性。

17.7.1　问题描述

本实例中，假设环境温度为 22℃，齿轮泵内部温度为 90℃，齿轮泵基座外表面的传热方式为静态空气对流换热。

图 17-25　齿轮泵基座

17.7.2　项目概图

（1）打开 ANSYS Workbench 17.0 程序，展开左侧的 Analysis Systems（分析系统）工具箱，将其中的 Steady-State Thermal 选项直接拖动到项目概图中，或者直接在项目上双击载入，建立一个含有 Steady-State Thermal 的项目模块，如图 17-26 所示。

（2）设置项目单位。单击菜单栏中的 Units→Metric (kg, m, s, ℃, A, N, V)，然后选择 Display Values in Project Units，如图 17-27 所示。

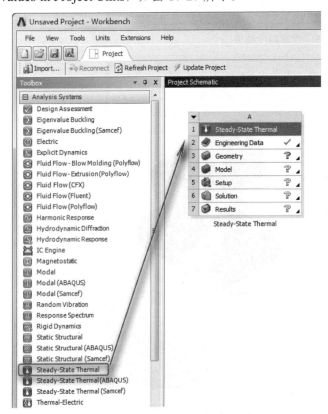

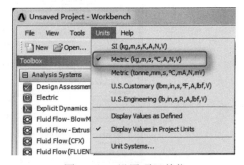

图 17-26　添加 Steady-State Thermal 选项　　　　图 17-27　设置项目单位

（3）导入模型。右击 A3 栏 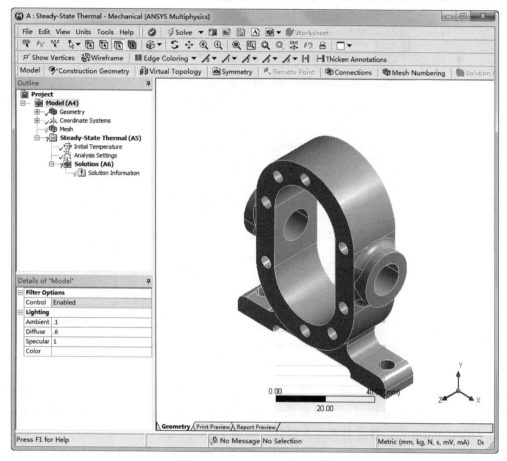 3 　Geometry　　？，在弹出的快捷菜单中选择 Import Geometry→ Browse，然后在弹出的"打开"对话框中选择光盘源文件中的 gear_pump.igs。

（4）双击 A4 栏 4 　Model　　，启动 Mechanical 应用程序，如图 17-28 所示。

图 17-28　Mechanical 应用程序

17.7.3　前处理

（1）设置单位系统。在菜单栏中选择 Units→Metric (mm, kg, N, s, mV, mA)，设置单位为毫米单位。

（2）为部件选择一个合适的材料。返回到 Project schematic 窗口并双击 A2 栏 2 　Engineering Data ✓　 Engineering Data，得到它的材料特性。

（3）在打开的材料特性应用中，单击工具栏中的 Engineering Data Sources 按钮。打开左上角的 Engineering Data Sources 窗格，单击其中的 General Materials 使之点亮。

（4）在 General Materials 点亮的同时单击 Outline of General Materials 窗格中的 Gray Cast Iron 旁边的"+"，将这两种材料添加到当前项目，如图 17-29 所示。

（5）单击 A2:Engineering Data 标题栏右侧的"关闭"按钮，返回到 Project（项目）中。这时 Model 模块指出需要进行一次刷新。

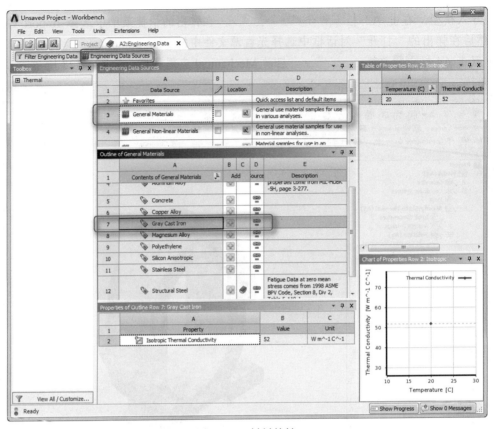

图 17-29 材料特性

（6）在 Model 栏单击鼠标右键，在弹出的快捷菜单中选择 Refresh（刷新），刷新 Model 栏。

（7）返回到 Mechanical 窗口，在树形目录中选择 Geometry（几何模型）下的 Gear Case，并选择 Material→Assignment 栏，将材料改为灰铸铁，如图 17-30 所示。

（8）网格划分。在树形目录中右击 Mesh 分支，在弹出的快捷菜单中选择 Sizing，如图 17-31 所示。在属性窗格中单击 Geometry（几何模型），在绘图区域中选择整个基体，然后在属性窗格中设置 Element Size 为 3mm，如图 17-32 所示。

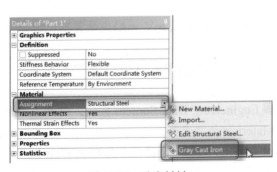

图 17-30 改变材料

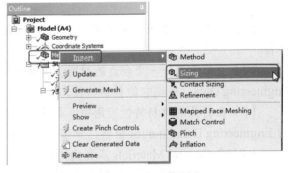

图 17-31 网格划分

（9）施加温度载荷。在树形目录中单击 Steady-State Thermal（A5）分支，此时 Context（配置）工具条显示为 Environment（环境）工具条，单击其中的 Temperature（温度）按钮。

（10）选择面。单击工具栏中的"面选择"按钮，然后选择如图 17-32 所示的基座内表面（此时可首先选择一个面，然后单击工具栏中的 Extend to Limits 按钮）。

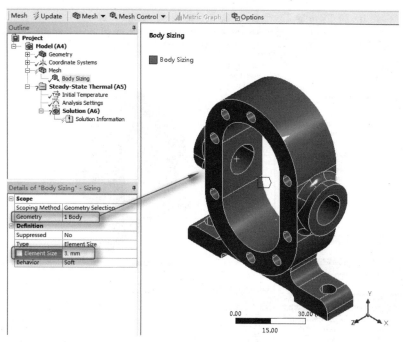

图 17-32 属性窗格

（11）选择内表面后单击属性窗格的 Geometry（几何模型）栏中的 Apply（应用）按钮，此时 Geometry（几何模型）栏显示为 4 Faces（如图 17-33 所示），然后更改 Magnitude 为 90°。

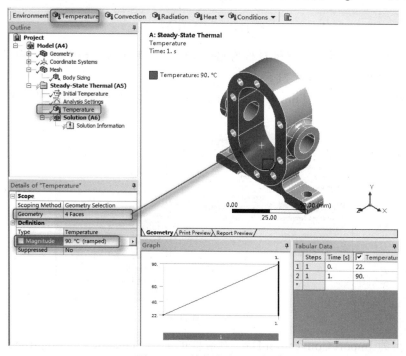

图 17-33 施加内表面温度

（12）施加对流载荷。在工具栏中单击 Convection（对流）按钮，然后选择如图 17-34 所示的基座外表面。

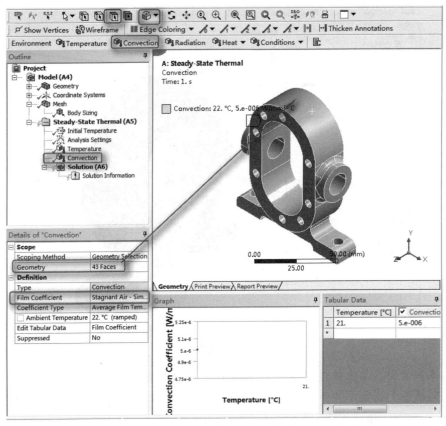

图 17-34　施加对流载荷

（13）选择基座外表面后单击属性窗格的 Geometry（几何模型）栏中的 Apply（应用）按钮。此时 Geometry（几何模型）栏显示为 71 Faces。

（14）在属性窗格中，单击 Film Coefficient 栏中的箭头状按钮，在弹出的菜单中选择 Import... 命令，如图 17-35 所示。

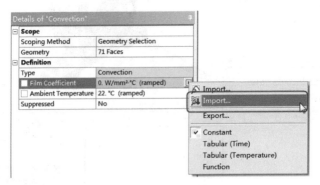

图 17-35　属性窗格

（15）在弹出的 Import Convection Data 对话框中选中 Stagnant Air-Simplified Case 单选按钮，如图 17-36 所示。然后单击 OK 按钮，关闭该对话框。

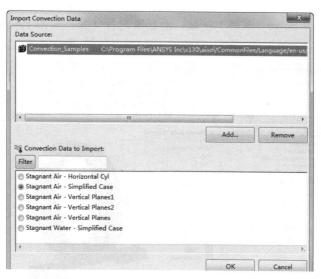

图 17-36 Import Convection Data 对话框

17.7.4 求解

求解模型。单击工具栏中 Solve（求解）按钮，进行求解，如图 17-37 所示。

图 17-37 求解

17.7.5 结果

（1）查看热分析的结果。单击树形目录中的 Solution（A6）分支，此时 Context（配置）工具条显示为 Solution（求解）工具条。单击其中的 Thermal（热）按钮，在下拉列表中分别选择 Temperature 和 Total Heat Flux，如图 17-38 所示。

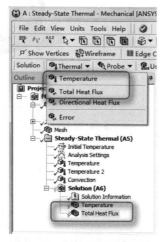

图 17-38 查看热分析的结果

（2）单击工具栏中的 Solve（求解）按钮，对模型进行计算。如图 17-39 和图 17-40 所示分别为温度和总热通量的云图。

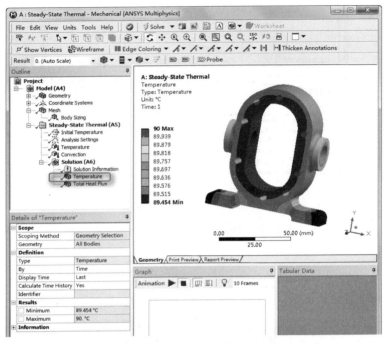

图 17-39　查看温度结果

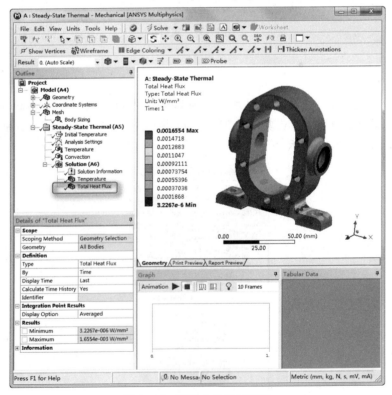

图 17-40　查看总热通量结果

第18章 优 化 设 计

内容简介

优化设计是一种寻找确定最优设计方案的技术。本章介绍了 ANSYS 优化设计的全流程，详细讲解了其中各种参数的设置方法与功能，最后通过拓扑优化设计实例对 ANSYS Workbench 17.0 优化设计功能进行了具体演示。

通过本章的学习，可以完整、深入地掌握 ANSYS Workbench 17.0 优化设计的各种功能和应用方法。

内容要点

❯ 优化设计概论
❯ 优化设计界面
❯ 优化设计实例——连杆六西格玛优化设计

案例效果

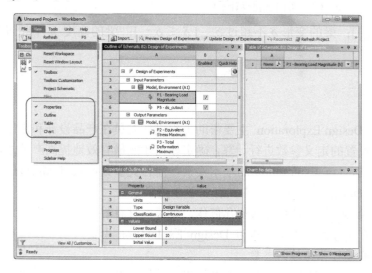

18.1 优化设计概论

所谓"最优设计"，指的是一种方案可以满足所有的设计要求，而且所需的支出（如重量、面积、体积、应力、费用等）最小。即最优设计方案也可理解为一个最有效率的方案。

设计方案的任何方面都是可以优化的，如尺寸（如厚度）、形状（如过渡圆角的大小）、支撑位置、制造费用、自然频率、材料特性等。实际上，所有可以参数化的 ANSYS 选项均可做优化设计。

18.1.1　ANSYS 优化方法

ANSYS 提供了两种优化的方法，这两种方法可以处理绝大多数的优化问题。零阶方法是一个很完善的处理方法，可以有效地处理大多数的工程问题。一阶方法基于目标函数对设计变量的敏感程度，因此更加适合于精确的优化分析。

对于这两种方法，ANSYS 提供了一系列的分析——评估——修正的循环过程。简言之，就是对于初始设计进行分析，对分析结果就设计要求进行评估，然后修正设计。这一循环过程重复进行，直到所有的设计要求都满足为止。除了这两种优化方法，ANSYS 还提供了一系列的优化工具以提高优化过程的效率。例如，随机优化分析的迭代次数是可以指定的。随机计算结果的初始值可以作为优化过程的起点数值。

在 ANSYS 的优化设计中包括的基本定义有：设计变量、状态变量、目标函数、合理和不合理的设计、分析文件、迭代、循环、设计序列等。可以参考以下这个典型的优化设计问题。

在以下约束条件下找出如图 18-1 所示矩形截面梁的最小重量：

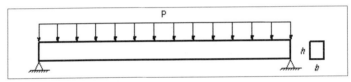

图 18-1　梁的优化设计示例

总应力 σ 不超过 σ_{max} [$\sigma \leqslant \sigma_{max}$]；梁的变形 δ 不超过 δ_{max} [$\delta \leqslant \delta_{max}$]；梁的高度 h 不超过 h_{max} [$h \leqslant h_{max}$]。

18.1.2　定义参数

在 ANSYS Workbench 17.0 中，Design Exploration 主要帮助工程设计人员在产品设计和使用之前确定其他因素对产品的影响。根据设置的定义参数进行计算，确定如何才能最有效地提高产品的可靠性。在优化设计中所使用的参数是 Design Exploration 的基本要素，而各类参数可来自 Mechanical、DesignModeler 和其他应用程序中。Design Exploration 中共有以下 3 类参数。

（1）Input Parameters（输入参数）：输入参数可以从几何体、载荷或材料的属性中设定。如可以在 CAD 系统或 DesignModeler 中定义厚度、长度等作为 Design Exploration 中输入参数，也可以在 Mechanical 中定义压力、力或材料的属性作为输入参数。

（2）Output Parameters（输出参数）：典型的输出参数有体积、质量、频率、应力、热流、临界屈曲值、速度和质量流等输出值。

（3）Derived Parameters（导出参数）：导出参数是指不能直接得到的参数，所以导出参数可以是输入和输出参数的组合值，也可以是各种函数表达式等。

18.1.3　Design Exploration 优化类型

ANSYS Workbench 17.0 中的 Design Exploration 的优化工具包括以下 4 种。

（1）Parameter Correlation（相关参数）：用于得到输入参数的敏感性，也就是说可以得出某一输入参数对相应曲面的影响究竟是大还是小。

（2）Response Surface（响应曲面）：主要用于能直观观察到输入参数的影响，图表形式能动态地显示输入与输出参数间的关系。

（3）Goal-Driven Optimization（目标驱动优化）：简称 GDO。在 Design Exploration 中分为两部分，分别是 Direct Optimization 及 Response Surface Optimization。实际上它是一种多目标优化技术，是从给出的一组样本中得到一个"最佳"的结果。其一系列的设计目标都可用于优化设计。

（4）Six Sigma（六西格玛设计）：主要用于评估产品的可靠性概率，其技术上是基于 6 个标准误差理论。例如假设材料属性、几何尺寸、载荷等不确定性输入变量的概率分布（Gaussian、Weibull分布等）对产品性能的影响，判断产品是否符合六西格玛标准。

18.2　优化设计界面

18.2.1　Design Exploration 用户界面

进行优化设计时，需要自 ANSYS Workbench 17.0 中进入 Design Exploration 的优化设计模块。在 ANSYS Workbench 17.0 界面中，展开 Toolbox 窗格中的 Design Exploration 工具箱，可以看到其中包含优化设计的 5 个应用程序或系统：Direct Optimization、Parameters Correlation、Response Surface、Response Surface Optimization 和 Six Sigma Analysis，如图 18-2 所示。

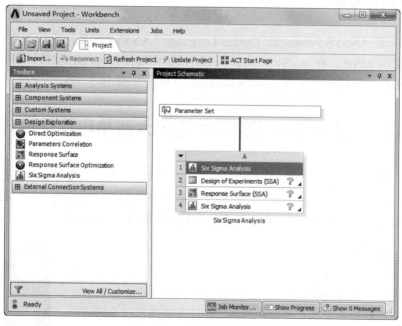

图 18-2　图形界面

18.2.2　Design Exploration 数据参数界面

在 Design Exploration 中，用户能看到特征（Properties）、提纲（Outline）、表格（Table）等，如图 18-3 所示。

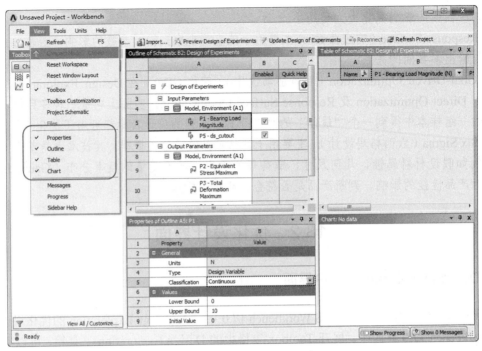

图 18-3　数据参数图形界面

18.2.3　读入 APDL 文件

ANSYS APDL 是 ANSYS Parametric Design Language（ANSYS 参数化设计语言）的简称。Design Exploration 可以引用 APDL。在 ANSYS Workbench 17.0 中要读入 APDL 文件，先要打开 Mechanical APDL，读入 APDL 文件后再进行 Design Exploration 分析，如图 18-3 所示。

18.3　优化设计实例——连杆六西格玛优化设计

扫一扫，看视频

六西格玛设计主要用于评估产品的可靠性概率，其技术上是基于 6 个标准误差理论，如假设材料属性、几何尺寸、载荷等不确定性输入变量的概率分布对产品的性能如应力、变形等的影响。判断产品是否符合六西格玛标准是指在 1 000 000 件产品中是否仅有 3、4 件失效。

18.3.1　问题描述

在本例中对模型（如图 18-4 所示）进行六西格玛优化设计，目的是检查工作期间连杆的安全因子是否大于 6，并且决定满足这个条件的重要因素有哪些。因为在工作中人为误差会影响到连杆的结构性能，希望通过设计确定六西格玛性能。

18.3.2　项目概图

图 18-4　连杆模型

（1）打开 ANSYS Workbench 17.0 程序，展开左侧 Toolbox 窗格中的 Analysis Systems 工具箱，

将其中的 Static Structural 选项直接拖动到项目概图中，或者直接在项目上双击载入，建立一个含有 Static Structural 的项目模块，结果如图 18-5 所示。

图 18-5　添加 Static Structural 选项

（2）设置项目单位。选择菜单栏中的 Units→Metric (kg, m, s, ℃, A, N, V)，然后选择 Display Values in Project Units，如图 18-6 所示。

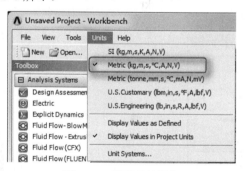

图 18-6　设置项目单位

（3）导入模型。右击 A3 栏 3 ⬡ Geometry 　？◢，在弹出的快捷菜单中选择 Import Geometry→Browse，然后在弹出的对话框中选择光盘源文件中的 con_rod.agdb。

18.3.3　Mechanical 前处理

（1）在 ANSYS Workbench 17.0 界面中双击项目概图中的 A4 栏 4 ⬡ Model ，打开 Mechanical 应用程序，如图 18-7 所示。

（2）设置单位系统。在菜单栏中选择 Units→Metric (mm, kg, N, s, mV, mA)，设置单位为毫米制单位。

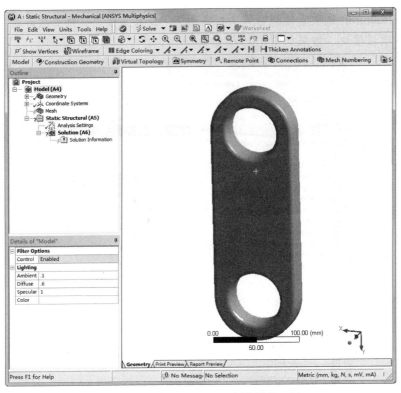

图 18-7　Mechanical 应用程序

（3）网格划分。单击树形目录中的 Mesh 分支，在属性窗格中将 Element Size 更改为 10mm，如图 18-8 所示。在树形目录中右击 Mesh 分支，在弹出的快捷菜单中选择 Generate Mesh 命令，进行网格的划分，结果如图 18-9 所示。

图 18-8　网格划分尺寸

图 18-9　网格划分

（4）施加固定约束。在树形目录中选择 Static Structural（A5）栏，之后单击工具栏中的 Supports

（约束）按钮，在弹出的下拉列表中选择 Fixed Supports（固定约束），插入一个固定约束，然后指定固定面为上端圆孔的上顶面，如图 18-10 所示。

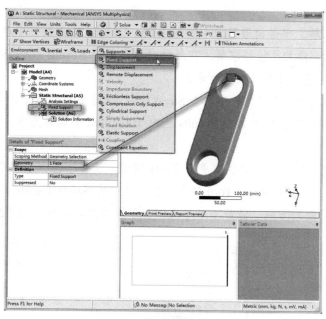

图 18-10　施加固定约束

（5）施加载荷约束，实体最大负载为 10 000N，作用于下圆孔垂直向下。单击工具栏中的 Loads（载荷）按钮，在弹出的下拉列表中选择 Force（力），插入一个力。在树形目录中将出现一个 Force 选项。

（6）选择参考受力面，并指定受力位置为下圆孔的下底面。将 Define By 栏更改为 Components，然后将 Y Component 改为 -10000N（负号表示方向沿 Y 轴负方向），如图 18-11 所示。

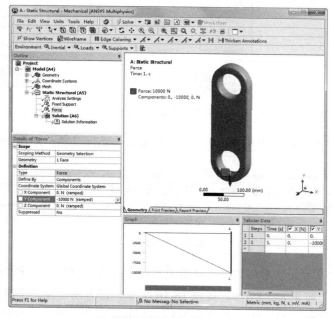

图 18-11　施加载荷

18.3.4 设置求解

（1）设置总位移求解。单击树形目录中的 Solution（A6），在工具栏中单击 Deformation 按钮，选择下拉列表中的 Total，添加总位移求解。在属性窗格中单击 Results 栏内 Maximum 前面的方框，使最大变形值作为参数输出，如图 18-12 所示。

（2）设置 Mises 应力求解。在工具栏中单击 Stress 按钮，选择下拉列表中的 Equivalent（von-Mises），添加 Mises 应力求解。在属性窗格中单击 Results 栏内 Maximum 前面的方框，使最大变形值作为参数输出，如图 18-13 所示。

（3）设置应力工具求解。在工具栏中单击 Tools 按钮，选择下拉列表中的 Stress Tools，添加应力工具求解。展开树形目录中的 Stress Tool 分支，单击其中的 Safety Factor，然后在属性窗格中单击 Results 栏内 Minimum 前面的方框，使最小变形值作为参数输出，如图 18-14 所示。

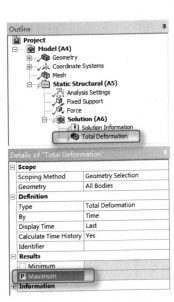

图 18-12　总位移求解

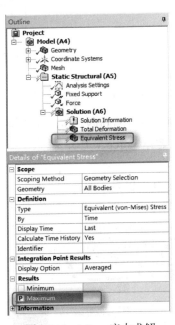

图 18-13　Mises 应力求解

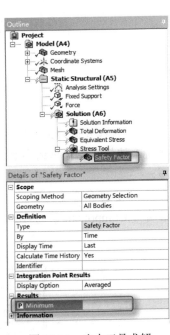

图 18-14　应力工具求解

（4）求解模型。单击工具栏中的 Solve（求解）按钮，进行求解，如图 18-15 所示。

图 18-15　求解

（5）查看最小安全因子。求解结束后可以查看结果，在属性窗格中的 Resucts 栏内列出了最小安全因子，可以看到求解的结果为 5.876 9，如图 18-16 所示。因为该值接近于期待的 6.0 的目标，在计算中包含了人为的不确定性，因此将应用 Design Exploration 的六西格玛来分析。

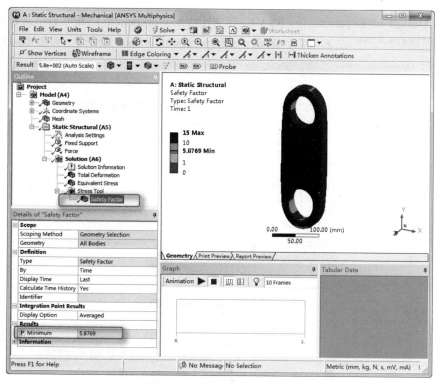

图 18-16 查看最小安全因子

18.3.5 六西格玛设计

（1）展开左侧的 Design Exploration 工具箱，双击其中的 Six Sigma Analysis 选项，建立一个含有 Six Sigma Analysis 的项目模块，如图 18-17 所示。

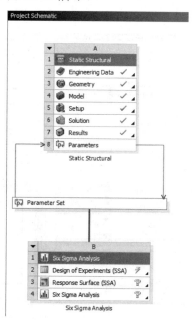

图 18-17 添加六西格玛设计

（2）进入 Design of Experiments（SSA）。在 ANSYS Workbench 17.0 界面中双击项目概图中的 B2 栏 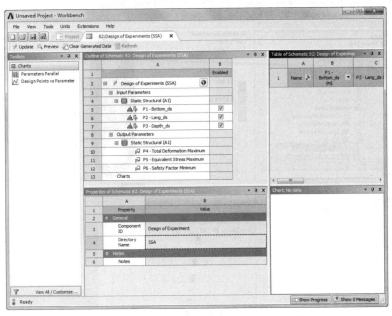，打开 Design of Experiments（SSA）模块，如图 18-18 所示。

图 18-18　Design of Experiments（SSA）模块

（3）更改输入参数。在 Outline of Schematic B2: Design of Experiments（SSA）窗格中单击第 5 栏中的 P1-Bottom_ds，在 Properties of Schematic B2: Design of Experiments（SSA）窗格中将 Standard Deviation（标准差）更改为 0.8，如图 18-19 所示，可看到数据的分布形式为正态分布。采用同样的方式更改 P2-Lang_ds 和 P3-Depth_ds 输入参数，将它们的标准差均更改为 0.8。

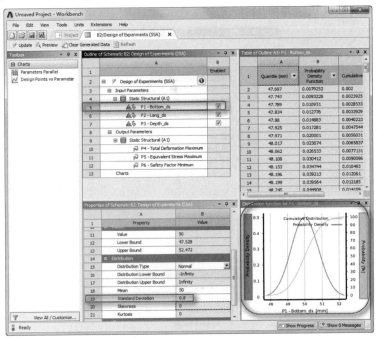

图 18-19　更改输入参数

（4）查看 DOE 类型。单击 Outline of Schematic B2: Design of Experiments（SSA）窗格中的 Design of Experiments（SSA）栏，在 Properties of Outline A2: Design of Experiment 窗格中查看 DOE 类型和设计类型，确保与图 18-20 所示相同。

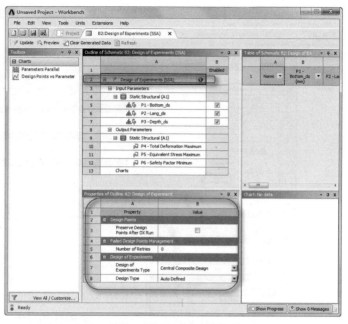

图 18-20　查看 DOE 类型

（5）查看和更新 DOE（SSA）。单击工具栏中的 Preview Design of Experiments（SSA）按钮，查看预览效果。查看 Table of Schematic B2: Design of Experiments（SSA）窗格中列举的 3 个输入参数，如果无误可以单击 Update Design of Experiments（SSA）按钮更新数据。这个过程需要的时间比较长，表中列举的 16 行数据都要进行计算，结果如图 18-21 所示。

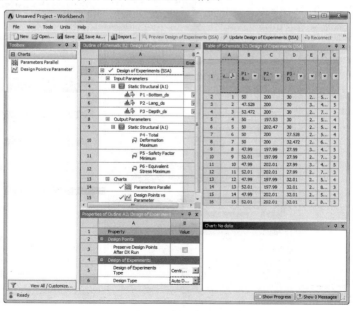

图 18-21　计算结果

（6）计算完成后，单击 Retun to Project 按钮返回到 ANSYS Workbench 17.0 界面。

（7）进入 Response Surface（SSA）。在 ANSYS Workbench 17.0 界面中双击项目概图中的 B3 栏

3 ▪ Response Surface (SSA) ↻ ◢，打开响应面模块，如图 18-22 所示。

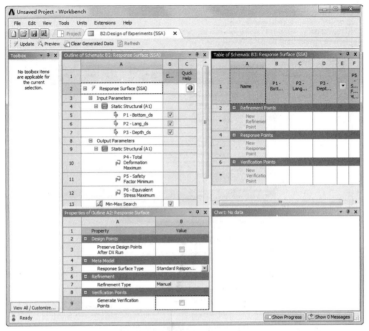

图 18-22　响应面模块

（8）设置响应面类型。在 Outline of Schematic B3: Response Surface（SSA）窗格中单击 Response Surface（SSA）栏，在 Properties of Outline A2: Response Surface 窗格中查看响应面类型，确保它为完全二次多项式，如图 18-23 所示。

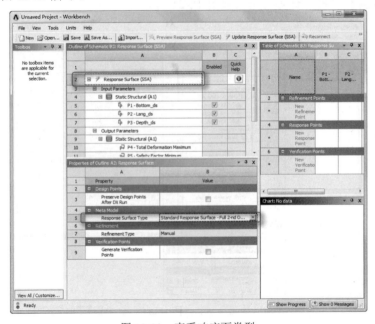

图 18-23　查看响应面类型

（9）更新响应面。单击工具栏中的 Response Surface（SSA）按钮，进行响应面的更新。

（10）查看图形模式。响应面更新后，可以进行图示的查看。在 Outline of Schematic B3: Response Surface（SSA）窗格中单击第 18 栏，默认以二维模式查看 Total Deformation vs Bottom_ds，如图 18-24 所示。此外，还可以通过更改查看方式来查看三维显示效果，如图 18-25 所示。

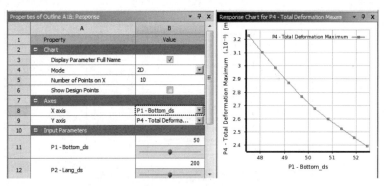

图 18-24 二维显示

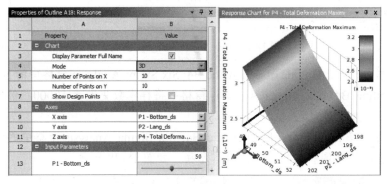

图 18-25 三维显示

（11）查看蛛状图。在 Outline of Schematic B3: Response Surface（SSA）窗格中单击第 20 栏，可以查看蛛状图。另外，可以通过单击 Local Sensitivity 按钮，得到局部灵敏度图，如图 18-26 所示。

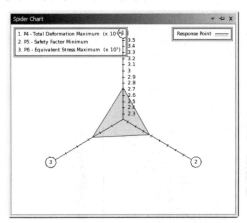
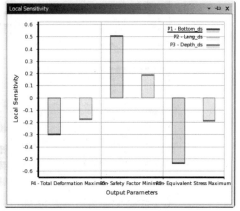

图 18-26 蛛状图和局部灵敏度图

（12）完成后，单击 Retun to Project 按钮，返回到 ANSYS Workbench 17.0 界面。

（13）进入六西格玛分析。双击项目概图中的 B4 栏 Six Sigma Analysis，打开 Six Sigma Analysis

模块，如图 18-27 所示。

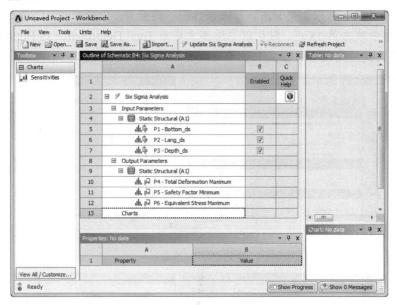

图 18-27　Six Sigma Analysis 模块

（14）更改样本数。单击 Outline of Schematic B4: Six Sigma Analysis 窗格中的 Six Sigma Analysis，在 Properties of Outline B4: Six Sigma Analysis 窗格中将样本数更改为 10000，然后单击 Update Six Sigma Analysis 按钮更新数据。

（15）查看结果。单击 Outline of Schematic B4: Six Sigma Analysis 窗格中的参数 P6-Equivalent Stress Manimum，查看柱状图和累积分布函数信息和，如图 18-28 所示。

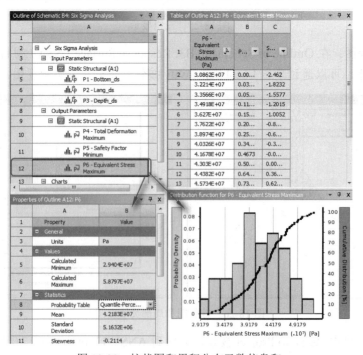

图 18-28　柱状图和累积分布函数信息和

（16）查看六西格玛计算结果。在 Table of Outline A12: P6-Safety Factor 窗格中，在中间新建单元格中输入 6.0，确定连杆的安全因子等于 6.0，如图 18-29 所示。输入完成后可以看到，本例中统计信息显示了安全因子低于目标 6 的可能性大约是 53%。

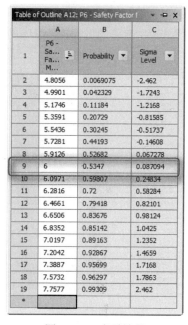

	A	B	C
1	P6 - Sa... Fa... M...	Probability	Sigma Level
2	4.8056	0.0069075	-2.462
3	4.9901	0.042329	-1.7243
4	5.1746	0.11184	-1.2168
5	5.3591	0.20729	-0.81585
6	5.5436	0.30245	-0.51737
7	5.7281	0.44193	-0.14608
8	5.9126	0.52682	0.067278
9	6	0.5347	0.087094
10	6.0971	0.59807	0.24834
11	6.2816	0.72	0.58284
12	6.4661	0.79418	0.82101
13	6.6506	0.83676	0.98124
14	6.8352	0.85142	1.0425
15	7.0197	0.89163	1.2352
16	7.2042	0.92867	1.4659
17	7.3887	0.95699	1.7168
18	7.5732	0.96297	1.7863
19	7.7577	0.99309	2.462
*			

图 18-29　查看结果